中 外 物 理 学 精 品 书 系

本 书 出 版 得 到 " 国 家 出 版 基 金 " 资 助

国家出版基金项目
NATIONAL PUBLICATION FOUNDATION

# 中外物理学精品书系

## 前沿系列 · 30

# 核物质

王正行　著

北京大学出版社
PEKING UNIVERSITY PRESS

**图书在版编目(CIP)数据**

核物质/王正行著. —北京:北京大学出版社,2014.7
(中外物理学精品书系)
ISBN 978-7-301-24395-4

Ⅰ. ①核… Ⅱ. ①王… Ⅲ. ①核物理学 Ⅳ. ①O571

中国版本图书馆 CIP 数据核字(2014)第 133427 号

书　　　名：核物质
著作责任者：王正行　著
责 任 编 辑：顾卫宇
标 准 书 号：ISBN 978-7-301-24395-4/O · 0974
出 版 发 行：北京大学出版社
地　　　址：北京市海淀区成府路 205 号　100871
网　　　址：http://www.pup.cn
新 浪 微 博：@北京大学出版社
电 子 信 箱：zpup@pup.cn
电　　　话：邮购部 62752015　发行部 62750672　编辑部 62765014
　　　　　　出版部 62754962
印 　刷 　者：北京中科印刷有限公司
经 　销 　者：新华书店
　　　　　　730 毫米×980 毫米　16 开本　15 印张　280 千字
　　　　　　2014 年 7 月第 1 版　2014 年 7 月第 1 次印刷
定　　　价：40.00 元

# "中外物理学精品书系"
# 编 委 会

# 序　言

　　物理学是研究物质、能量以及它们之间相互作用的科学。她不仅是化学、生命、材料、信息、能源和环境等相关学科的基础,同时还是许多新兴学科和交叉学科的前沿。在科技发展日新月异和国际竞争日趋激烈的今天,物理学不仅囿于基础科学和技术应用研究的范畴,而且在社会发展与人类进步的历史进程中发挥着越来越关键的作用。

　　我们欣喜地看到,改革开放三十多年来,随着中国政治、经济、教育、文化等领域各项事业的持续稳定发展,我国物理学取得了跨越式的进步,做出了很多为世界瞩目的研究成果。今日的中国物理正在经历一个历史上少有的黄金时代。

　　在我国物理学科快速发展的背景下,近年来物理学相关书籍也呈现百花齐放的良好态势,在知识传承、学术交流、人才培养等方面发挥着无可替代的作用。从另一方面看,尽管国内各出版社相继推出了一些质量很高的物理教材和图书,但系统总结物理学各门类知识和发展,深入浅出地介绍其与现代科学技术之间的渊源,并针对不同层次的读者提供有价值的教材和研究参考,仍是我国科学传播与出版界面临的一个极富挑战性的课题。

　　为有力推动我国物理学研究、加快相关学科的建设与发展,特别是展现近年来中国物理学者的研究水平和成果,北京大学出版社在国家出版基金的支持下推出了"中外物理学精品书系",试图对以上难题进行大胆的尝试和探索。该书系编委会集结了数十位来自内地和香港顶尖高校及科研院所的知名专家学者。他们都是目前该领域十分活跃的专家,确保了整套丛书的权威性和前瞻性。

　　这套书系内容丰富,涵盖面广,可读性强,其中既有对我国传统物理学发展的梳理和总结,也有对正在蓬勃发展的物理学前沿的全面展示;既引进和介绍了世界物理学研究的发展动态,也面向国际主流领域传播中国物理的优秀专著。可以说,"中外物理学精品书系"力图完整呈现近现代世界和中国物理科学发展的全貌,是一部目前国内为数不多的兼具学术价值和阅读乐趣的经典物理丛书。

　　"中外物理学精品书系"另一个突出特点是,在把西方物理的精华要义"请进来"的同时,也将我国近现代物理的优秀成果"送出去"。物理学科在世界范围内的重要性不言而喻,引进和翻译世界物理的经典著作和前沿动态,可以满足当前国内物理教学和科研工作的迫切需求。另一方面,改革开放几十年来,我国的物理学研究取得了长足发展,一大批具有较高学术价值的著作相继问世。这套丛书首次将一些中国物理学者的优秀论著以英文版的形式直接推向国际相关研究的主流领域,使世界对中国物理学的过去和现状有更多的深入了解,不仅充分展示出中国物理学研究和积累的"硬实力",也向世界主动传播我国科技文化领域不断创新的"软实力",对全面提升中国科学、教育和文化领域的国际形象起到重要的促进作用。

　　值得一提的是,"中外物理学精品书系"还对中国近现代物理学科的经典著作进行了全面收录。20 世纪以来,中国物理界诞生了很多经典作品,但当时大都分散出版,如今很多代表性的作品已经淹没在浩瀚的图书海洋中,读者们对这些论著也都是"只闻其声,未见其真"。该书系的编者们在这方面下了很大工夫,对中国物理学科不同时期、不同分支的经典著作进行了系统的整理和收录。这项工作具有非常重要的学术意义和社会价值,不仅可以很好地保护和传承我国物理学的经典文献,充分发挥其应有的传世育人的作用,更能使广大物理学人和青年学子切身体会我国物理学研究的发展脉络和优良传统,真正领悟到老一辈科学家严谨求实、追求卓越、博大精深的治学之美。

　　温家宝总理在 2006 年中国科学技术大会上指出,"加强基础研究是提升国家创新能力、积累智力资本的重要途径,是我国跻身世界科技强国的必要条件"。中国的发展在于创新,而基础研究正是一切创新的根本和源泉。我相信,这套"中外物理学精品书系"的出版,不仅可以使所有热爱和研究物理学的人们从中获取思维的启迪、智力的挑战和阅读的乐趣,也将进一步推动其他相关基础科学更好更快地发展,为我国今后的科技创新和社会进步做出应有的贡献。

"中外物理学精品书系"编委会　主任

中国科学院院士,北京大学教授

**王恩哥**

2010 年 5 月于燕园

献给我的父母

王志符先生和姚蕙芳女士

# 内 容 提 要

核物质是当前基础物理研究的一个重要前沿，涉及原子核特别是高不对称度奇特核、中重核巨共振、相对论性重离子碰撞 、中子星和超新星爆发等多个领域，实验观测和理论探索都正在进行. 本书是对这一研究前沿的简要介绍，着重从物理上进行讨论，在概述之后，先介绍有关的基本概念和简单模型，然后依次讨论如何从基态核、巨共振核、核碰撞的实验和中子星的观测来获取核物质的实际信息，具体讨论了核半径、核质量和结合能、核单极巨共振能和相对论性重离子碰撞相关实验数据的模型分析，以及中子星质量、半径、脉冲频率等观测数据的理论分析. 讨论围绕核物质的物态方程进行，涉及核物质的饱和点、对称能、抗压性、相平衡、液气相变、相变临界点等性质，分别介绍了上述各个方面的研究现状，采用的理论、模型和方法，以及得到的具体结果和存在的问题. 书中重点介绍了一些重要和有代表性的工作，也提到和适当介绍了作者和我国学者的相关工作. 本书适合相关领域的研究生和对核物质问题有兴趣的研究人员及一般读者.

# 自　　序

面对核物质这一活跃且涉及面很广的领域，有着多个不同的进入渠道，进行探索研究可供选择的视角和着眼点就更多．整个领域各个方面的相关研究，还在紧锣密鼓地进行．现在就想作出系统深入和统一的理论概括与阐述，既不容易，恐怕也还不是时候．从物理和理论上看，核物质问题的物理基础，是核子间的强相互作用，这已经纠缠了核物理七八十年，而原子核这种小系统的统计力学，则还是一个正在研究尚未成熟的论题．从实验和观测上看，现有的核数据基本上还在稳定核附近，大量脉冲星的发现也只是最近一二十年的事．在未来一二十年间，可以期望会获得大量新的实验与观测数据，引起更大的兴趣与关注，吸引更多的年轻人进入这个领域．本书的目的，主要就是尝试为他们准备一个适当的研究基础，和为想对此领域有所了解的读者提供一份比较具体和深入的介绍．

为进入一个领域所需要的基础和背景知识，通常可在有关的评述和专著中获得．关于核物质各个相关领域的评述已有很多，并且随着研究的进展，不断会有跟进的长篇专文发表，这是学界历来已经形成的优良传统．而关于核物质的有关专著，迄今看到的还不多．专著与评述对读者的设定不同，写法与风格自然也就不同．评述又叫综述或述评，英文 review article，虽然可以写得很长，但本质上还是由刊物发表的 article，拥有大致固定的读者群．所以评述的写作，假设读者对相关领域的工作已有基本的了解，只是进行扼要但全面的概括与陈述，重点落在评论，要能给出闪光和富于启发的看点 (highlights)．而专著意指针对某一专题的著作，是著作，即由出版社出版的书籍，读者面较宽，包括对论题有兴趣但并无基本了解的读者．所以专著的写作，在内容选择上可以不必面面俱到，但对所选问题要讲述清楚．这种著作，通常设定读者已经修过研究生课程，在此基础上一步一步具体展开，要使读者阅后能够基本把握．这就是本书写作的原则宗旨和希望达到的目标．至于能否如愿，则取决于作者的学识水准与眼界，那就要请读者进行评判了．

作者进入核物质这个领域，缘于一个很偶然的机会，但却影响和改变了作者随后的工作甚至人生．这也可以算是人竞天择吧．看来人的一生，在冥冥之中还真的有一个主宰. 记得在 "文革" 末期, 作者跟随胡济民先生做核参数时, 曾在一次会间与杨泽森聊起, 说到这核参数够我们做一辈子了. 没有想到 "文革" 嘎然中止, 随之国门渐开, 开始与外界交往. 胡先生赴美开会, 返程途经旧金山, 受 Bill (William D. Myers) 之邀到 LBL (Lawrence Berkeley National Laboratory, 简称 LBNL, 当时称 LBL) 顺访. 接着 Bill 来华回访, 胡先生让我做接待, 但特别叮嘱我勿与 Bill 提出国的事, 因为他这是回访. 那时作者刚刚结束本科电磁学和研究生量子场论这两门课的讲授, 正在做用 Fokker-Planck 方程算重核裂变质量分布的问题. 在我陪同 Bill 期间, 他给了我一份 reprint, 即本书第 2 章的文献 [6]. 他返美后, 我放下手头裂变理论的研究, 转而参考这篇文章做了些核物质两相平衡的计算. 这些计算最后形成的论文, 就是本书第 2 章给出的文献 [21], 并在本书第 5 章 5.1 节有较详细的介绍. 当时我把初步的结果寄给 Bill, 他看后有了兴趣, 立刻来信 (那时还没有手机和互联网), 问我愿不愿去跟他做. 故事就这么开始.

　　LBL 在 UC Berkeley 校园背后的山上, 那是禁区, 入口有警卫把守. 记得我到 LBL 后 Bill 领着我做的第一件事, 就是去山谷那边的人事处建档, 接着回过头去拍照办出入证. 那时中美正在度蜜月, LBL 开始对中国人开放, 但还不让苏联人进去. 在 LBL 的核科学部核理论组, 我从 1982 年待到 1984 年, 其间还赶上在山顶的 Lawrence Hall of Science 欢迎中国总理的到访. 在那个期间, 陈佳洱在 LBL 的 88′ 回旋加速器, 丁石孙在山下校园里陈省身的研究所, 杨国桢在物理系沈元壤的实验室, 都先后待过一段时间.

　　在 Bevalac 加速器那个巨大圆形建筑的对面, 隔过一条马路和停车场就是 70 楼. 上山进 70A 楼到四层, 经过李远哲的实验室, 就到了位于 70 楼的核理论组. 那是一个倒 L 型的走廊, 进去左手边就是 Bill 的办公室. 紧挨着是 Norman (N.K. Glendenning) 的. 右转弯过去, 左手依次是 Miklos (M. Gyulassy), Jørgen (J. Randrup), Thomas (T. Dössing), Wladek (Wladyslaw J. Świątecki), 和 Pawel (P. Danielewicz). 右手与 Bill 办公室对着的是会议室, 弯过来是与其相通的餐具室, 接下来依次是松井哲男 (Tetsuo Matsui)、我、 Redlich 的房间. 我一开始与 John (J. Boguta) 同室, 他博士后聘期结束走后, 断断续续先后来过与我同室的, 有 Rutgers 的 A.Z. Mekjian, 法国的 J. Treiner, 和巴西的钟启祥 (Kai Cheong Chung), 再后来就是 Stony Brook 的 Edward (E. Baron), 直到我离开. 其间到过核理论组的, 还有以前在过那里的 J.I. Kapusta 和永宫 (Shoji Nagamiya), Los Alamos 的 P. Möller 和 J.R. Nix, 以及西雅图华大的 L. Wilets 等. 特别是诺奖得主 Ben R. Mottelson, 我做学生时就学过他与 A. Bohr 的著名模型. 他离开丹麦玻尔研究所所长的位子，到那里整整待了一年，每天背个学生背包上山，中午和大家一起围坐在会议室的桌边午餐，饭后还经常收拾桌上的餐具送回餐厅 (cafeteria). 一次他拿起我身边的一个托盘问我还用不用，我说 It's not mine, 引得大家哄堂大笑.

　　那是一个勤奋活跃而且朴实友善的集体，还记得 Pawel 准备回波兰参加一个会议时，大家聚精会神听他试讲，热心地给他出主意. 那时波兰国内时局动荡，大家聚会送一位波兰朋友回国，一再叮嘱他当心，祝他好运. 整个理论组以 Bill, Wladek, Norman, Miklos, Jørgen 为核心，分成几个松散的小组，共同围绕 Bevalac 的物理转. 他们的工作在本书中多有介绍和提及. 我跟 Bill 和 Wladek 做的，是超新星爆发中的相变和中子过剩核体系. 钟启祥在那里待了三个月，回到巴西后，很快做到 CBPF (巴西物理研究中心) 和里约热内卢州立大学的系主任，我们之后有过长期的合作，这从本书可以看出. 本书提到的 F. Weber, 则是 Norman 后来的合作者，他应郭汉英之邀到中科院理论物理所访问时，我们还见过. Edward 也是做超新星爆发 (见本书第 6 章文献 [28] 和 [29]), 他那时正在做博士论文，计算机玩得很熟. 那时 PC 才刚刚出现，整个理论组只是 Bill 有一台在用. 那是公家的财产, Bill 为建新加速器去华盛顿国会作证时，他办公室那台 PC 立刻就被拉走给别人去用. 当时做计算都是通过终端 (terminal) 接到计算中心的大机器，打印结果要去 50B 楼地下的计算中心取. 每个房间都有一台终端, Edward 把我们的那台调整得可以接到五十多公里外 Livermore (Lawrence Livermore National Laboratory, 简称 LLNL, 当时称 LLL) 更大的机器. 他的计算量太大, LBL 的 CDC 7600 不够他用. 这些故事说起来话长，而且离题太远，还是就此打住吧.

　　国内的原子核本来就是高手云集的圈子，先后做到核物质这一块的人很多，无论是北边的京津，和更北边的长春哈尔滨，或者南方的沪宁杭，还是西北的兰州，西南的成都，以及中南的武汉，都有很强的团队. 作者虽然交游不广，接触了解不多，加之长时间不在国内，但还是尽己所知，在书中进行介绍和提及，这就不在此一一列举. 当然，囿于作者的能力与水平，肯定有理解不确甚至不妥乃至错误，以及疏漏没有说到提到的，还要请各位海涵.

　　本书的部分内容，曾经作为系列演讲、seminar 或者学术报告，先后在巴西物理研究中心、巴西联邦里约热内卢大学、国外和国内的学术会议以及北大技术物理系的核理论专题课上讲过. 本书内容的选择，受限于作者的研究经历和熟悉范围，带有相当的主观性，这对此类书籍恐怕是不可避免，请读者阅读时心中有数. 同样，在理论的选择和具体运用上，不同作者有各自的优势与偏爱，这也是有关问题研究进展到某一阶段的自然状态，读者可从书中具体问题的讨论和处理看出和品味.

再就是名词术语，比如抗压系数，最初称 compressibility, 也有人称 compression modulus, 后来又称 incompressibility, 各有各的理. 又如核物质的饱和密度 saturation density of nuclear matter, 又称基态核物质密度 ground state nuclear matter density 和标准核物质密度 standard nuclear matter density, 等等. 同样在中文里，每个作者的偏爱与选择自然也不会一样. 对这种情形，本书在行文中就采取相容共用的方式，每个词都介绍，让读者知道实际上存在的差异.

还要说明的是，本书内容涉及面相当宽，同一个物理量，不同方面的作者习惯使用的符号往往不同，考虑到读者进一步阅读的方便，本书在尽量保持统一的情况下，有的还是采用了习惯的用法而放弃了全书的统一，但仍保持在一章内的统一. 这种情况不多，是鱼与熊掌不可皆得的无奈之举. 本书对文献采用章后注，文献写法参照 Nuclear Physics A 的格式，加上了字体的变化. 英文和中文分别为：

Author(s), *Journal* **vol.** (year) page./*Book*, Publishing, year.

作者，刊名 **卷** (年) 页. / 书名, 出版社, 页, 年.

此外，由于每章独立编号，在引用另一章的文献时，在序号前加章号，用下圆点分开.

本书引用的图形，近期的大多是彩色，为了降低成本，这里改用黑白印出，有兴趣的读者，可以查阅原图. 因为是引用而不是本书的原创，相当于照相拷贝，所以图中文字大都保持原样，只在正文中作必要的说明. 而为了全书的风格统一，对引用图形的坐标和题名，在字体和位置上作了适当调整. 同样，在转述一些原始文献时，也对数学符号和公式的表述作了适当的改变，以保持全书前后一致. 这样做的结果，仍可基本保持原来的图像与公式，读者既可顺当地阅读本书，而去查阅原文时，只需注意和进行适当的转换就行. 最后还要说明，作者在行文时偶尔会混用个别感到难以准确译出的英文字词，相信本书读者当能自己体会其语境和含义.

感谢国家出版基金和中外物理学精品书系编委会的支持，感谢赵恩广教授对书稿的细心审阅和宝贵意见，感谢北京大学出版社和编辑的大力帮助，特别是采纳作者选择的文献书写格式，和让作者用中文 LATEX 自己排版. 文字和排版上的问题，都属于作者的责任. 作者学识和水平所限，不妥和错误之处，请读者不吝指正.

2014 年初夏作者谨识于北京大学物理学院

# 目　　录

# 1  引  言

## a. 核物质的概念

关于核物质的概念，可以追溯到 中子星 (neutron star) 的提出. 1932 年 Chadwick 发现中子后， Landau 立即提出中子星的设想 [1]. 接着， Baade 和 Zwicky 就进行了中子星的早期研究 [2]. 由于没有库仑排斥，大量中子在核力作用下可以凝聚成宏观体系. 这种作为中子星主要成分的中子物质，就是一种特殊的核物质.

与核物质概念有关的早期研究，还可举出几个工作. 一是 von Weizsäcker [3] 和 Bethe 等 [4] 把原子核看作核物质液滴的原子核 液滴模型 (liquid drop model). 另一是 Bohr 和 Wheeler 关于重核裂变的宏观模型理论 [5]，它在 Meitner 与 Frisch 液滴图像 [6] 的基础上，着重考虑原子核变形的效应. 图 1.1 是 Bohr 和 Wheeler 用液滴模型图像描绘的重核裂变过程 (c→b→a) [5].

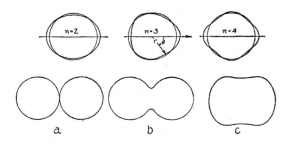

图 1.1  Bohr-Wheeler 裂变理论的液滴模型图像 [5]

这两个工作的物理图像，都是把原子核看作一小滴核物质. 与纯中子物质不同，除中子外，原子核中还有质子. 由于质子间存在库仑排斥，原子核增大到一定程度就因静电斥力而碎裂，其大小被限制在微观的范围，不可能像中子物质那样广延到宏观的尺度.

再就是 Weisskopf 关于受激核发射中子的蒸发模型 [7]. 与前两个工作不同的是，这个工作考虑液态核物质的热激发，涉及液态与气态之间的平衡与转变，引进了统计和热力学的描述.

由于核子间的核力比质子间的库仑力强得多，早期对核体系的理论研究，为了简化思考和计算，常常略去库仑作用，而把注意集中于核子间的强相互作用. 这就形成了一个流行的概念：一般地，由大量核子组成的均匀系，若只考虑核子间的强作用而略去库仑作用，就称为 核物质 (nuclear matter) [8]. 这样定义的核物质，虽然只是一个理想的概念和模型，但与物理学中其他理想概念和模型一样，对有关问题的理论分析和计算却十分有用. 而对作为无限核体系的理想核物质，也不可能考虑库仑作用，因为它在原则上是无限大.

需要指出，随着研究的深入和发展，核物质这个名称已经不能确切反映所研究对象的实际内容，或者说实际研究的对象已经大大超出了核物质的范畴. 这源于两个方面的进展，它们分别开辟和逐渐形成了两大崭新的研究领域.

**b. 与核物质相关的两个研究领域**

原子核的核心区域大体上是均匀的，可以近似当作一小滴核物质. 于是，通过对原子核的系统研究，就可从中提取核物质的实际信息，用来改进和加深对核力的了解和认识. 可以说，早期对核物质的理论分析和计算，主要还是为了检验和探索核力的性质 [9]. 只是从上世纪七十年代开始，核物质本身才逐渐成为物理学研究和探索的对象，成为研究的前沿和热点.

一方面，是 1967 年 Hewish 观测和发现了脉冲星. 这使得中子星不再仅仅是一个猜测的对象，而是变成了可以观测和探索的实体，对中子星的探索成为天体物理研究的一个重要领域. 在各种中子星和超新星爆发的模型中，核物质的性质都是一个关键因素. 对中子星和超新星爆发的观测，能为核物质的研究提供有关信息. 反之，对核物质的了解，则能帮助和改进对中子星的猜测. 迄今的看法，由于引力引起的极大压缩，在中子星内核的高密度区域会存在各种强子自由度的激发，出现 $\pi$ 凝聚和 K 凝聚，甚至会存在夸克自由度的激发，形成色超导奇异夸克物质. 除了主要由中子物质构成的中子星，也可能有主要是由夸克物质构成的夸克星体. 对核物质的研究，需要发展扩充到对这种包含更多实际自由度的 致密物质 (dense matter) 甚至 超密物质 (superdense matter) 的研究. 按照 Weber 的看法 [10]，现在中子星这个名称完全是个误读，应代之以核子星，超子星，夸克混杂星，或者奇异夸克星等. 图 1.2 是他给出的对中子星内部结构的描述. 对图中的细节有兴趣的读者，可以进一步参阅他的专文.

另一方面，1974 年美国劳伦斯伯克利实验室 (LBL, 现称劳伦斯伯克利国家实验室，简称 LBNL) 的 BEVALAC 加速器建成，开辟了 相对论性重离子碰撞 这一核物理研究的新领域，因而那一时期的 LBL 被称为相对论性重离子物理的圣地 (mecca). 继 BEVALAC 之后，密西根州立大学 (MSU) 的 NSCL (国家超导

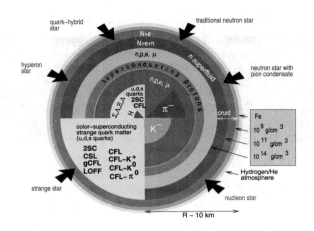

图 1.2　Weber 给出的对中子星内部结构的描述 [10]

回旋加速器实验室), 德国 GSI (重离子研究所), 法国 GANIL (国家重离子加速器系统) 等中、高能重离子加速器, 以及中国 HIRFL (Heavy Ion Research Facility in Lanzhou, 兰州重离子研究装置) 也一一投入运行, 形成了一个分布全球的大科学共同体. 美国布鲁克海文国家实验室 (BNL) 的 RHIC (相对论性重离子对撞机), 则把目标转向和对准了 夸克胶子等离子体 (quark-gluon plasma, QGP).

　　通常, 当碰撞粒子的动能比它的静质能小得多时, 称之为非相对论性的, 可与静质能相比时, 称之为相对论性的, 而比静质能大得多时, 则称之为极端相对论性的. 对于后两者, 有时也不加区分地都称之为相对论性的. BEVALAC 可以把 $^{238}U$ 加速到 $2.1AGeV$, 这时 $^{238}U$ 核中每个核子的动能都是它的静质能的两倍多, 是相对论性的. 这里 $A$ 是被加速核的核子数. 高能重离子碰撞时间十分短, ~ $10^{-23}$ s (这里用 ~ 表示数值或数量级相近), 相互作用十分强, 可以略去质子间的库仑相互作用, 把碰撞核心形成的高温高密度区域近似看成核物质. 这样, 相对论性重离子碰撞就为核物质的研究提供了新的实验手段.

　　图 1.3 给出的相对论性重离子碰撞的电脑模拟, 是网站 http://th.physik.uni-frankfurt.de/~weber/CERNmovies/ 的电影截图, 这里转引自文献 [11]. 图中两个以接近光速对撞的铀核由于洛伦兹收缩变成扁球形 (左), 在碰撞的瞬间发生高度压缩形成高温高密度区域 (中), 然后快速膨胀分散使得核子间脱离强相互作用 (右). 碰撞前的初始核子, 在碰撞中会产生重子共振态 (深色), 以及各种介子 (浅色). 这个在碰撞中短暂形成的高温高密度物质, 就是一种核物质, 或者更确切地说是一种致密物质. 与中子星这个名称的误读相似, 现在核物质这个名称, 往

往超出其原意，被用来泛指这种高温高密度具有复杂成分的致密物质.

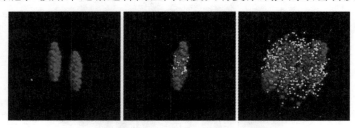

图 1.3    相对论性重离子碰撞的电脑模拟 [11]

这两个研究邻域虽然都涉及核物质，但有三点不同. 首先，中子星基本上是零温体系，而重离子碰撞是高温体系. 其次，中子星的时标长，电磁作用与弱作用不能忽略，而重离子碰撞的时标短，主要是强作用过程. 第三，中子星可近似为平衡态，而重离子碰撞要考虑非平衡的输运过程. 对这两个领域的研究进行比较和互相引证时，要注意这种差别.

**c. 核物质的相图**

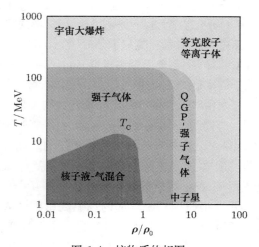

图 1.4    核物质的相图

图 1.4 是核物质的相图，它表示我们目前对核物质的了解和猜测. 横坐标是物质的相对密度 $\rho/\rho_0$，$\rho_0 \approx 0.16/\,\mathrm{fm}^3$ 是饱和核物质的密度，

$$\rho_0 m_{\mathrm{N}} \approx 0.16 m_{\mathrm{N}}/\,\mathrm{fm}^3 = 2.7 \times 10^{14} \mathrm{g}/\,\mathrm{cm}^3, \tag{1.1}$$

其中 $m_{\mathrm{N}} \approx 939\,\mathrm{MeV}$ 是核子质量. 纵坐标是物质的温度，

$$1\,\mathrm{MeV} = 1.16 \times 10^{10} \mathrm{K}, \tag{1.2}$$

这里采取 $c = \hbar = 1$ 和 Boltzmann 常数 $k_B = 1$ 的单位 (见附录 A). 注意是双对数坐标, 而且这两个坐标的单位都十分巨大, 我们日常生活的世界对应于零温零密度附近一极小区域, 而通常的原子核对应于横轴 $\rho \approx \rho_0$ 附近一极小区域.

　　核子间距离小时互相排斥, 距离大时互相吸引, 力程很短. 这很像分子间的 van der Waals 力. 所以, 核物质的 物态方程 (equation of state, 简写 EOS) 很像 van der Waals 方程, 存在液态, 气态, 和液气相变. 注意这里的 "态" (state) 指宏观平衡态, 为与微观量子态区别, 故称为 "物态".

　　原子核可以用液滴模型描述, 这表明原子核中的核物质处于液态, 其密度 $\rho \approx \rho_0$. 当温度升高时, 核物质中动能较高的核子可以摆脱周围核子的束缚而蒸发, 形成气态核物质. 当密度小于 $\rho_0$ 时, 均匀核物质不稳定, 会分裂成较小的液滴, 或处于液气混合态. 图中经过临界点 $T_C$ 到 $\rho = \rho_0$ 的那条曲线是相变曲线, 它与横轴间的区域为液气混合态. 从 $\rho_0$ 的数值估计, 液态核物质平均核子间距约为 2 fm , 于是测不准关系给出平均每核子结合能约为十几个 MeV. 考虑到原子核的表面能和库仑能, 这个估计与原子核的平均每核子结合能

$$\epsilon_B \sim 8\,\text{MeV} \tag{1.3}$$

是一致的. 根据这种估计, 核物质液气相变临界温度 $T_C$ 约为十几个 MeV,

$$T_C \sim 10\,\text{MeV}. \tag{1.4}$$

　　核物质中能量足够高的核子相碰, 会产生 π 介子和其它强相互作用粒子. 由于核子是费米子, 除了升温以外, 增加密度也会提高核子的平均动能. 所以, 高温高密度核物质已不单纯由核子组成, 还包含 π 介子和其它强作用粒子. 随着温度和密度的增加, 核物质逐渐过渡到 强子物质 (hadron matter). π 介子是玻色子, 在一定温度下会发生玻色凝聚, 在密度足够高从而有大量 π 介子的区域, 若温度比较低, 就会有 π 凝聚. 此外, 还有李政道预言的 反常核态 [12].

　　温度和密度再提高, 强子之间的作用进一步增强, 就有可能突破它们之间的界面, 形成夸克胶子等离子体. 夸克胶子等离子体不仅为粒子物理研究提供了十分重要的检验, 它本身也是粒子物理研究的重要对象. 所以, 通过极端相对论性重离子碰撞来探索从核物质到夸克胶子等离子体的相变, 已成为当前核物理与粒子物理研究的前沿与汇合点, 并且是最有希望取得突破性进展的领域. 这个发生夸克退禁闭的区域, 估计在从横轴 3—10 到纵轴 150—200 MeV 的带内.

　　对于这张相图, 目前了解得比较清楚的只有原点 (凝聚态物理) 和横轴 $\rho \approx \rho_0$ 附近 (核物理), 其余广大区域都还在探索之中. 探索的基础和出发点, 是已经足够熟悉和理解的原子核. 从这一点出发, 沿着增加密度的方向, 即沿着横轴向右延伸, 就是构成中子星的致密物质区域. 沿着增加温度的方向, 则先是液气混合

区域, 经过液气相变曲线到达强子气体区域, 再经过夸克退禁闭到达强子气体与夸克胶子等离子体的混合区域, 最后到达完全的夸克胶子等离子体区域. 最受关注的探索前沿主要有三: 夸克退禁闭和夸克胶子等离子体 (极端相对论性重离子碰撞), 核物质的物态方程和液气相变 (相对论性重离子碰撞以及中、低能核过程), 以及致密星体问题. 头一个问题的实验研究, 从 1986 年秋欧洲粒子物理实验室 (CERN) 的超级质子同步加速器 SPS 把 $^{16}$O 加速到 $200A$GeV 算起, 至今已经二十多年. 因为涉及早期宇宙和夸克退禁闭, 属于最基本的探索, 也最困难和最具挑战性. 后两个问题, 今天已有一定的了解, 其核心都是核物质的物态方程.

本书讨论在本来意义上的以核子为主要构成单元的核物质, 着重从物理上探讨核物质物态方程的问题和现状, 及其在当前有关研究中的地位和作用. 致密星体和夸克胶子等离子体, 现在都已成为要用专门著作来详尽和深入论述的主题 [10][11][13][14], 本书只对前者作简单介绍, 对后者就不涉及.

## 参 考 文 献

[1] L.D. Landau, *Phys. Z. Sowjetunion*, **1** (1932) 285.

[2] W. Baade and F. Zwicky, *Proc. Nat. Acad. Soc. Amer.*, **20** (1934) 301.

[3] C.F. von Weizsäcker, *Z. Phys.* **96** (1935) 431.

[4] H.A. Bethe and R.F. Bacher, *Rev. Mod. Phys.* **8** (1936) 82.

[5] N. Bohr and J.A. Wheeler, *Phys. Rev.* **56** (1939) 426.

[6] L. Meitner and O.R. Frisch, *Nature* **143** (1939) 239.

[7] V.F. Weisskopf, *Phys. Rev.* **52** (1937) 295.

[8] Philip J. Siemens and Aksel S. Jensen, *Elements of Nuclei*, Adison-Wesley Publishing Company Inc., Redwood city, CA, 1987.

[9] H.A. Bethe, *Ann. Rev. Nucl. Sci.* **21** (1971) 93.

[10] F. Weber, *Strange quark matter and compact stars*, Prog. Part. Nucl. Phys. **54** (2005) 193; arXiv:astro-ph/0407155.

[11] B. Friman et. al. (Eds.), *The CBM Physics Book*, Lect. Notes. Phys. 814, Springer-Verlag, 2010.

[12] T.D. Lee, *Rev. Mod. Phys.* **47** (1975) 267.

[13] 李家荣, 夸克物质理论导论, 湖南教育出版社, 1989.

[14] 庄鹏飞, 高温高密核物质理论, 2009 年全国核物理粒子物理研究生暑期学校, 北京.

# 2　简单的模型和概念

## 2.1　概述

### a. 物态方程的概念

考虑由 $N$ 个中子和 $Z$ 个质子组成的均匀核物质体系，总核子数为 $A$,

$$A = N + Z. \tag{2.1}$$

设体系的体积为 $V$, 则核物质的中子数密度 $\rho_{\mathrm{n}}$, 质子数密度 $\rho_{\mathrm{p}}$ 和核子数密度 $\rho$ 分别为

$$\rho_{\mathrm{n}} = \frac{N}{V}, \qquad \rho_{\mathrm{p}} = \frac{Z}{V}, \qquad \rho = \frac{A}{V} = \rho_{\mathrm{n}} + \rho_{\mathrm{p}}. \tag{2.2}$$

由此可定义核物质的 不对称度 (asymmetry) $\delta$,

$$\delta = \frac{\rho_{\mathrm{n}} - \rho_{\mathrm{p}}}{\rho}, \tag{2.3}$$

它又称为核物质的 中子过剩度 (relative neutron excess). 不对称度 $\delta = 0$ 的核物质, 称为 对称核物质. 强作用中同位旋守恒, $\delta$ 不是一个变量, 而是给定的参数. 注意原子核的中子过剩度记为 $I$, 定义为

$$I = \frac{N - Z}{A}. \tag{2.4}$$

只有对于均匀系, 有 $\delta = I$, 这两个定义才等效.

设体系总能量为 $E$, 则核物质的每核子能量 $e = E/A$ 一般是温度 $T$, 核子数密度 $\rho$ 和不对称度 $\delta$ 的函数,

$$e = \frac{E}{A} = e(T, \rho, \delta). \tag{2.5}$$

类似地, 设体系的熵为 $S$, 则核物质的每核子熵 $s = S/A$ 也是 $T$, $\rho$ 和 $\delta$ 的函数,

$$s = \frac{S}{A} = s(T, \rho, \delta). \tag{2.6}$$

从每核子能量 $e$, 可以算出体系的 力学压强 $p$. 力学压强的定义是

$$p = -\frac{\partial E}{\partial V}\Big|_{A}, \tag{2.7}$$

用每核子能量和核子数密度，可以把它改写成核物质问题中常用的形式 [1]

$$p = -\frac{\partial(E/A)}{\partial(V/A)}\Big|_A = -\frac{\partial e}{\partial(1/\rho)} = \rho^2 \frac{\partial e}{\partial \rho}. \tag{2.8}$$

这样算得的压强 $p$ 是 $T, \rho, \delta$ 的函数．由于 $\rho = A/V$，通常 $A$ 是常数，所以自变量 $\rho$ 等价于 $V$．在热力学中，把 $p = p(T, V, \delta)$ 称为物态方程，而在核物理中，习惯上，特别是早期，把 (2.5) 式 $e = e(T, \rho, \delta)$ 称为物态方程，它们之间有关系 (2.8)．

**b. 标准核物质的基本特征**

零温核物质的物态方程，简写为 $e = e(\rho, \delta)$．处于能量极小点的零温对称核物质，称为 标准核物质 (standard nuclear matter)，又称 基态核物质 (ground state nuclear matter)，其密度称为 标准核物质密度．通常把这个密度记为 $\rho_0$，相应的能量为 $e_0$，

$$e_0 = e(\rho_0, 0). \tag{2.9}$$

从压强公式 (2.8) 可以看出，核物质在能量极小点压强为零，是稳定的．密度低于这点时，压强是负的，体系将收缩而趋于这一点．密度高于这点时，压强是正的，体系将膨胀而趋于这一点．所以这个能量极小的稳定点，又称为核物质的 饱和点 (saturation point)，$\rho_0$ 又称为 饱和密度 (saturation density)．这点的密度和能量 $(\rho_0, e_0)$，即 $e$-$\rho$ 图中曲线极小点的坐标，是标准核物质的两个基本参数．

稳定点 $e$ 随不对称度 $\delta$ 的变化，可用 对称能系数 来描述，其定义为

$$J = \frac{1}{2}\frac{\partial^2 e}{\partial \delta^2}\Big|_0, \tag{2.10}$$

其中 $|_0$ 表示在能量极小点 $(\rho_0, 0)$ 取值．注意核物质对中子与质子的交换对称，物态方程 $e(\rho, \delta)$ 是不对称度 $\delta$ 的偶函数，

$$e(\rho, -\delta) = e(\rho, \delta), \tag{2.11}$$

所以 $e$ 不含 $\delta$ 的奇次项，是 $\delta$ 的偶函数，$\partial e/\partial \delta = 0$．

描述稳定点的另一特征量为核物质的 压缩系数 (compressibility) [2] $K_0$，其定义为

$$K_0 = 9\frac{\partial p}{\partial \rho}\Big|_0 = 9\rho_0^2 \frac{\partial^2 e}{\partial \rho^2}\Big|_0. \tag{2.12}$$

可以看出，$K_0$ 正比于稳定点核物质压强随密度的增加率，所以是核物质压缩性的量度．

从数学上看，$K_0$ 描述曲线 $e$-$\rho$ 在其极小点的曲率．换句话说，物态方程在极小点的弯曲程度可由核物质的压缩系数 $K_0$ 来确定．$K_0$ 越大，核物质就越

难压缩, 亦即越硬, 相应的曲线在这点弯曲得越厉害, 曲线在这点之后也越陡. 反之, $K_0$ 越小, 核物质就越容易压缩, 亦即越软, 相应的曲线在这点弯曲得越小, 曲线在这点之后也越平缓. 故 $K_0$ 亦可称为核物质的 *硬度* (stiffness).

在热力学中, 均匀物质的等温压缩系数 $\kappa$ 定义为 [3]

$$\kappa = -\frac{1}{V}\left(\frac{\partial V}{\partial p}\right)_T, \tag{2.13}$$

它与体积弹性模量 $B$ 互为倒数,

$$B = -V\left(\frac{\partial p}{\partial V}\right)_T = \frac{1}{\kappa}. \tag{2.14}$$

由 (2.8) 式, 又有

$$B = -V\left(\frac{\partial p}{\partial V}\right)_T = \rho\frac{\partial}{\partial\rho}\left(\rho^2\frac{\partial e}{\partial\rho}\right). \tag{2.15}$$

注意在稳定点 $(\rho_0, 0)$ 有 $\partial e/\partial\rho = 0$, 由上式可得

$$K_0 = \frac{9B}{\rho}\Big|_0, \tag{2.16}$$

即核物质的压缩系数 $K_0$ 正比于其体积弹性模量 $B$, 从而反比于其等温压缩系数 $\kappa$, 所以也常把 $K_0$ 称为核物质的 *压缩模量* (compression modulus) 或 *抗压系数* (incompressibility). 注意有的作者也把 incompressibility 译为 *不可压缩系数*.

(2.12) 和 (2.16) 式中的因子 9, 来自 $K_0$ 的早期定义 [4]

$$K_0 = \left[\frac{R^2}{A}\frac{\partial^2 E}{\partial R^2}\right]_{R_0}, \tag{2.17}$$

这里 $E$ 是半径为 $R$ 的均匀核物质球的能量, $A$ 是其总核子数, $R_0$ 是体系稳定时的半径. 由于 $\rho \propto R^{-3}$, 在上式中把自变量换成 $\rho$, 二阶微商就出来一个因子 9, 再注意 $\partial e/\partial\rho|_0 = 0$, 就得到 (2.12) 式.

在文献中也常用自由核子气体费米动量 $k_{\mathrm{F}}$ 作自变量, 而把核物质压缩系数 $K_0$ 定义为 [5]

$$K_0 = \left[k_{\mathrm{F}}^2\frac{\partial^2 e}{\partial k_{\mathrm{F}}^2}\right]_{k_{\mathrm{F0}}}, \tag{2.18}$$

$k_{\mathrm{F0}}$ 是体系稳定时的费米动量. 由于 $\rho \propto k_{\mathrm{F}}^3$, 显然这个定义也与 (2.12) 式等效.

除了上述 $e_0$, $\rho_0$, $J$, $K_0$ 这四个最重要的核物质参量, 还有一些描述稳定点特征的量, 将在以后遇到时再作介绍. 而所有这些参量, 都出现在一些联系实验结果的唯象模型中, 可由相应的实验来确定.

**c. 液滴模型给出的结果**

核物质的概念, 源于原子核密度基本上是常数这一事实. 原子核的宏观模型, 假设原子核由核物质球体及其表面层构成, 把总能量写成 *体积能*、*表面能*、

库仑能 和 剩余能 四项,

$$E(A, Z) = E_{\mathrm{V}} + E_{\mathrm{S}} + E_{\mathrm{C}} + E_{\mathrm{res}}, \tag{2.19}$$

其中剩余能 $E_{\mathrm{res}}$ 包括 壳修正、 奇偶项和 Wigner 项等非光滑的修正. 作为密度基本均匀的体系, 可以把体积能近似写成

$$E_{\mathrm{V}} = Ae(\rho, \delta), \tag{2.20}$$

把表面能近似写成

$$E_{\mathrm{S}} = 4\pi\sigma(\delta)R^2, \tag{2.21}$$

其中 $\sigma(\delta)$ 为表面张力系数, 即表面的物态方程, $R$ 为原子核半径, 可用核子数密度定义为

$$\frac{4\pi}{3}R^3\rho = A. \tag{2.22}$$

液滴模型假设核物质不可压缩, 近似取 $\rho = \rho_0$, 于是上式给出

$$R = r_0 A^{1/3}, \tag{2.23}$$

其中 $r_0$ 是与 $\rho_0$ 相应的 半径常数,

$$\rho_0 = \frac{1}{4\pi r_0^3/3}. \tag{2.24}$$

假设质子中子均匀分布, 半皆为 $R$, 利用 (2.23) 式, 可把库仑能写成

$$E_{\mathrm{C}} = c_1 \frac{Z^2}{A^{1/3}}, \tag{2.25}$$

其中

$$c_1 = \frac{3}{5}\frac{e^2}{r_0} \tag{2.26}$$

为 库仑能系数. 作近似

$$e(\rho, \delta) \approx e_0 + J\delta^2, \qquad \sigma(\delta) \approx \sigma(0) = \sigma_0, \tag{2.27}$$

由于质子中子均匀分布, 有 $\delta = I$, 即得

$$E(A, Z) = -a_1 A + a_2 A^{2/3} + c_1 Z^2 A^{-1/3} + J\frac{(N-Z)^2}{A} + E_{\mathrm{res}}, \tag{2.28}$$

其中 体积能系数 $a_1$ 和 表面能系数 $a_2$ 分别为

$$a_1 = -e_0 = -e(\rho_0, 0), \qquad a_2 = 4\pi\sigma_0 r_0^2. \tag{2.29}$$

由公式 (2.28) 计算原子核质量的公式是

$$M(A, Z) = m_{\mathrm{n}}N + m_{\mathrm{p}}Z + E(A, Z), \tag{2.30}$$

$m_{\mathrm{n}}$ 和 $m_{\mathrm{p}}$ 分别是中子和质子的质量. 算出原子核质量, 与实验数据拟合, 可给出

$$a_1 \approx 16\,\mathrm{MeV}, \quad a_2 \approx 20\,\mathrm{MeV}, \quad c_1 \approx 0.76\,\mathrm{MeV}, \quad J \approx 32\,\mathrm{MeV}, \tag{2.31}$$

由 $a_1$ 和 $c_1$ 可得

$$e_0 \approx -16\,\text{MeV}, \qquad \rho_0 \approx 0.16/\,\text{fm}^3. \tag{2.32}$$

假设原子核密度 $\rho$ 与 $\rho_0$ 有一微小差别，在近似展开 (2.27) 式中保留二级及以上的修正项，并考虑库仑能的交换项，还可得到对液滴模型的各种修正版，比如小液滴模型 [6][7]. 核物质的 $e_0$, $\rho_0$, $J$ 这三个参量出现在液滴模型中，而抗压系数 $K_0$ 等另外一些核物质参量则出现在小液滴模型中，参见下章 3.3 节.

**d. 早期的几个物态方程**

核物质的物态方程，既可由半唯象的考虑根据实验来确定，也可用一定的物理模型从理论上推出. 1968 年 Scheid, Ligensa 和 Greiner 提出的半唯象物态方程，是只在 $\rho = \rho_0$ 附近适用的线性和二次方程 [8],

$$e(\rho) = e(\rho_0) + \frac{K_1}{18\rho_0\rho}(\rho - \rho_0)^2, \tag{2.33}$$

$$e(\rho) = e(\rho_0) + \frac{K_2}{18\rho_0^2}(\rho - \rho_0)^2, \tag{2.34}$$

其中 $K_1$ 和 $K_2$ 是相应的核物质压缩系数. 注意第一式尽管称为线性方程，其实并不真是 $\rho$ 的线性方程，见图 2.1. 这两个方程虽然简单，但由于它们各自都只包含一个可调参数，并且这个参数直接描述核物质的压缩性质，所以在相对论性重离子碰撞的实验数据分析和相对论性流体力学模型的理论计算中常被采用.

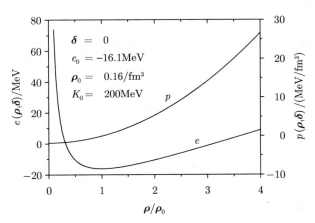

图 2.1 Scheid-Ligensa-Greiner 线性物态方程

1979 年 Siemens 和 Kapusta 提出的物态方程是 [9]

$$e(\rho) = e(\rho_0) + \frac{K}{9}\left[\frac{\rho_0}{\rho} - 1 + \ln\frac{\rho}{\rho_0}\right], \tag{2.35}$$

其中 $K = 200\,\mathrm{MeV}$ 是核物质抗压系数.

Sierk 和 Nix 1980 年提出的物态方程分成两段 [10],

$$e(\rho) = e(\rho_0) + \begin{cases} a(\rho/\rho_0)^{2/3} - b(\rho/\rho_0), & 0 \leqslant \rho \leqslant \rho_a, \\ \frac{2}{9}K[(\rho/\rho_0)^{1/2} - 1]^2, & \rho_a \leqslant \rho, \end{cases} \tag{2.36}$$

其中

$$a = \frac{3}{5}\frac{1}{2m_\mathrm{N}}\left(\frac{3\pi^2\rho_0}{2}\right)^{2/3} \tag{2.37}$$

是自由核子费米气体模型给出的结果 (见下节), 参数 $b$ 和 $\rho_a$ 的选择要使得 $e(\rho)$ 连续光滑. $e(\rho_0)$ 的值选为

$$e(\rho_0) = -8\,\mathrm{MeV}, \tag{2.38}$$

这是考虑到实际原子核的表面能、库仑能以及有限大小等效应, 使得核内核子的平均每核子结合能从 16 MeV 下降到 8 MeV.

此外, 1981 年 Nix 和 Strottman 还提出了一个包含亚稳态的物态方程 [11]. 他们给出的 $e(\rho)$ 除了在 $\rho = \rho_0$ 处有一个深度为 $-8\,\mathrm{MeV}$ 的极小点外, 在 $\rho \approx 3\rho_0$ 附近还有一深度约为 $-6\,\mathrm{MeV}$ 的次极小点, 使得核物质有一个高密度的亚稳态. 这个方程与 SK 方程 (2.35) 和 SN 方程 (2.36) 比较, 它们的极小点重合, 在极小点的曲率相近, 而在离开极小点的高密度区域则偏离很大, 这说明对核物质物态方程的知识和了解还有相当大的不确定度. 这些由半唯象考虑或简单模型得到的物态方程, 包含一些需要用核物理实验确定的参数, 适用的密度不能太高, 否则算出的核物质声速会超过光速.

核物质是由具有强相互作用的核子组成的统计体系, 从理论上推导核物质的物态方程, 既要考虑核子之间强相互作用的有效核力, 还要选择能够处理这种强相互作用的统计方法. 采用得较多的唯象核力是 Skyrme 势 [12], 此外还有 Seyler-Blanchard 势 [13]. 采用得较多的统计方法则是 Thomas-Fermi 近似和 Hartree-Fock 近似.

## 2.2 费米气体模型: 零温

### a. 物理模型

考虑由大量核子组成的均匀系. 假设除了瞬间的弹性碰撞外, 核子间没有相互作用, 可用自由粒子的平面波来描述. 核子是费米子, 这种体系就是 近独立费米子系, 或称 自由费米气体, 简称 费米气体 [14]. 把核物质当作费米气体, 这就是核物质的 费米气体模型. 这个模型虽然简单, 但包含了核物质的一些基本

概念和特征. 在零温时, 它也就是原子核的费米气体模型.

由于核子之间没有相互作用, 体系的能量是各个核子能量之和,

$$E = \sum_{n=1}^{A} \epsilon(n) = \sum_i n_i \epsilon_i, \tag{2.39}$$

其中 $n$ 是核子的指标, $i$ 是核子能级的指标, $\epsilon(n)$ 是第 $n$ 个核子的能量, $n_i$ 是处于第 $i$ 核子态的核子数, $\epsilon_i$ 是该态的能级, $A$ 是体系总核子数,

$$\sum_i n_i = A. \tag{2.40}$$

这里没有明写出中子与质子的指标, 而是把它们吸收到能级指标 $i$ 之中. 换言之,

$$\sum_{i \in \mathrm{n}} n_i = N, \qquad \sum_{i \in \mathrm{p}} n_i = Z, \tag{2.41}$$

其中 $i \in \mathrm{n}$ 或 $i \in \mathrm{p}$ 分别表示 $i$ 只取中子或质子的能级, $N$ 与 $Z$ 分别是体系总中子数与总质子数, 有 $N + Z = A$.

### b. 费米动量

考虑在体积 $V$ 内由大量核子组成的费米气体. 假设 $V$ 足够大, 核子动量近似连续, 则对动量的求和即可过渡为积分. 取 $\hbar = c = 1$ 的自然单位 (见附录 A), 并考虑在动量空间各向同性, 就可写出

$$\sum_{\boldsymbol{k}} \longrightarrow \int \frac{4\pi V k^2 \mathrm{d}k}{(2\pi)^3}. \tag{2.42}$$

核子是费米子, 在每个核子态上填充的核子数 $n_i$ 只能是 0 或 1, 态的指标 $i$ 除动量 $\boldsymbol{k}$ 和同位旋投影外还包括自旋投影 $s_z$. 零温时, 体系处于基态, 核子从 $\boldsymbol{k} = 0$ 的态开始, 填充到某一最高值为止. 对于中子, 条件 (2.41) 给出

$$N = \sum_{s_z} \int_0^{k_\mathrm{n}} \frac{4\pi V k^2 \mathrm{d}k}{(2\pi)^3} = \frac{V k_\mathrm{n}^3}{3\pi^2}, \tag{2.43}$$

其中 $k_\mathrm{n}$ 为中子的 费米动量. 上式给出体系中子数密度与费米动量的关系

$$\rho_\mathrm{n} = \frac{N}{V} = \frac{k_\mathrm{n}^3}{3\pi^2}, \tag{2.44}$$

已知 $\rho_\mathrm{n}$, 即可由它算出 $k_\mathrm{n}$. 同样, 对质子有

$$\rho_\mathrm{p} = \frac{Z}{V} = \frac{k_\mathrm{p}^3}{3\pi^2}, \tag{2.45}$$

已知 $\rho_\mathrm{p}$, 即可由它算出 $k_\mathrm{p}$. 对于对称核物质, 费米动量 $k_\mathrm{F} = k_\mathrm{n} = k_\mathrm{p}$,

$$\rho = \frac{2k_\mathrm{F}^3}{3\pi^2}, \qquad k_\mathrm{F} = \left(\frac{3\pi^2 \rho}{2}\right)^{1/3} \tag{2.46}$$

### c. 物态方程

考虑核子数密度不太高, 费米动量比核子质量 $m_N$ 小得多的情形,

$$k_n, \ k_p \ll m_N, \tag{2.47}$$

这时可用非相对论的牛顿近似, 核子能级为

$$\epsilon_{\boldsymbol{k}} = \frac{k^2}{2m_N}. \tag{2.48}$$

把它代入 (2.39), 并用 (2.42), 分别计算中子与质子, 即得体系能量为

$$E = \frac{V k_n^5}{10\pi^2 m_n} + \frac{V k_p^5}{10\pi^2 m_p} = \frac{3}{5}(N\epsilon_{nF} + Z\epsilon_{pF}), \tag{2.49}$$

此即费米气体模型的核子总动能, 其中

$$\epsilon_{nF} = \frac{k_n^2}{2m_n}, \qquad \epsilon_{pF} = \frac{k_p^2}{2m_p}, \tag{2.50}$$

分别是中子和质子的费米能级. 核物质问题中通常不区分中子与质子的质量, 可把核子的费米能级写成

$$\epsilon_F = \frac{k_F^2}{2m_N}. \tag{2.51}$$

在饱和点 $\rho_0 \approx 0.16\,\text{fm}^{-3}$, 有

$$k_F \approx 1.33\,\text{fm}^{-1}, \qquad \epsilon_F \approx 37\,\text{MeV}. \tag{2.52}$$

由 (2.49) 式, 即可推出

$$e(\rho, \delta) = \frac{E}{A} = \epsilon_F \frac{3}{10}\left[(1+\delta)^{5/3} + (1-\delta)^{5/3}\right]\left(\frac{\rho}{\rho_0}\right)^{2/3}, \tag{2.53}$$

$$p(\rho, \delta) = \rho^2 \frac{\partial e}{\partial \rho} = \epsilon_F \rho_0 \frac{1}{5}\left[(1+\delta)^{5/3} + (1-\delta)^{5/3}\right]\left(\frac{\rho}{\rho_0}\right)^{5/3}. \tag{2.54}$$

(2.53) 式表明, 上节一些唯象物态方程的 $\rho^{2/3}$ 项, 来自自由核子费米气体的贡献, 属于动能项. 图 2.2 所示, 是 $\delta = 0$ 的对称核物质的情形.

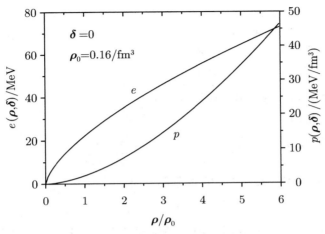

图 2.2　零温费米气体物态方程

## 2.3　费米气体模型：强简并情形

讨论含温费米气体模型, 要用统计力学. 统计力学中, 通常把粒子分布缩并到能量最低状态的趋势称为 简并 (degenerate). 零温费米气体的粒子全填在费米能级以下, 以上全空, 处于基态, 是 完全简并 的. 低激发的费米气体, 绝大多数粒子仍填在费米能级以下, 以上较少, 是 强简并 的. 当激发到费米能级以上的粒子数增加, 填在费米能级以下的粒子数没那么多时, 则是 弱简并 的. 激发再增高, 费米气体的量子性就淡化, 而过渡到经典气体. 注意量子统计中描述粒子在能级上分布的这个 "简并", 与量子力学中说不同态的能级相等的 "简并", 虽然中文与英文都是同一个词, 物理上却是两个不同的概念.

### a. 统计力学公式

核子间通过碰撞交换能量, 使核子在各能级上有一统计分布, 达到平衡时可以求统计平均. 体积 $V$ 中核子数一定时, 处于能态 $E$ 的统计权重为 $\mathrm{e}^{-\beta E}$, 它遍及核子在能级上各种可能分布 $\{n_k\}$ 之和

$$Q(A, V, T) = \sum_{\{n_k\}} \mathrm{e}^{-\beta E} = \sum_{\{n_k\}} \mathrm{e}^{-\beta \sum_i n_i \epsilon_i} \tag{2.55}$$

即正则系综的配分函数, 其中

$$\beta = \frac{1}{k_\mathrm{B} T} = \frac{1}{T}. \tag{2.56}$$

不难看出

$$E = -\frac{\partial}{\partial \beta} \ln Q. \tag{2.57}$$

还可证明体系的 Helmholtz 自由能 [15]

$$F(T, V) = -T \ln Q, \tag{2.58}$$

用热力学公式即可从它算出各种热力学函数.

核子数可变时, 更方便的是用巨配分函数

$$\mathcal{Q}(V, T, \mu) = \sum_A \sum_{\{n_k\}} e^{-\alpha A - \beta E} = \sum_A \sum_{\{n_k\}} e^{\beta \sum_i n_i(\mu - \epsilon_i)}, \tag{2.59}$$

其中对 $\{n_k\}$ 的求和受条件 (2.40) 的限制, 而

$$\alpha = -\beta \mu = -\frac{\mu}{T}, \tag{2.60}$$

$\mu$ 是核子的化学势. 注意这里是把中子与质子数的变化合起来考虑, 若分别考虑, 则需分别引进中子与质子的化学势. 现在能量和核子数的平均值分别为

$$E = -\left(\frac{\partial}{\partial \beta} \ln \mathcal{Q}\right)_{V, \alpha}, \tag{2.61}$$

$$A = -\left(\frac{\partial}{\partial \alpha} \ln \mathcal{Q}\right)_{V, \beta}, \tag{2.62}$$

而与 (2.58) 式相应的热力学函数为

$$pV = T \ln \mathcal{Q}, \tag{2.63}$$

其中 $p$ 是体系的 热力学压强. 仅当 $V \to \infty$ 时, 上式定义的热力学压强才与 (2.7) 式定义的力学压强等价 [15].

### b. 低激发体系的基本公式

不区分中子与质子, 由 (2.59) 算出巨配分函数为

$$\mathcal{Q}(V, T, \mu) = \prod_i \sum_{n_i} e^{\beta n_i(\mu - \epsilon_i)} = \prod_i \left(1 + e^{-\alpha - \beta \epsilon_i}\right). \tag{2.64}$$

把它代入 (2.61) 和 (2.62) 式, 并用 (2.42) 式过渡到积分, 注意自旋和同位旋贡献一个因子 4, 可得

$$E = 4 \int_0^\infty \frac{4\pi V k^2 \mathrm{d}k}{(2\pi)^3} \frac{\epsilon e^{-\alpha - \beta \epsilon}}{1 + e^{-\alpha - \beta \epsilon}}, \tag{2.65}$$

$$A = 4 \int_0^\infty \frac{4\pi V k^2 \mathrm{d}k}{(2\pi)^3} \frac{e^{-\alpha - \beta \epsilon}}{1 + e^{-\alpha - \beta \epsilon}}, \tag{2.66}$$

$$pV = 4T \int_0^\infty \frac{4\pi V k^2 \mathrm{d}k}{(2\pi)^3} \ln(1 + e^{-\alpha - \beta \epsilon}). \tag{2.67}$$

对于低激发体系, 牛顿近似 (2.48) 适用, 可进一步写出

$$E = \frac{(2m_{\mathrm{N}})^{3/2}V}{\pi^2} \int_0^\infty \frac{\epsilon^{3/2}\mathrm{d}\epsilon}{1 + \mathrm{e}^{\beta(\epsilon-\mu)}}, \tag{2.68}$$

$$A = \frac{(2m_{\mathrm{N}})^{3/2}V}{\pi^2} \int_0^\infty \frac{\epsilon^{1/2}\mathrm{d}\epsilon}{1 + \mathrm{e}^{\beta(\epsilon-\mu)}}, \tag{2.69}$$

$$pV = \frac{2}{3}\frac{(2m_{\mathrm{N}})^{3/2}V}{\pi^2} \int_0^\infty \frac{\epsilon^{3/2}\mathrm{d}\epsilon}{1 + \mathrm{e}^{\beta(\epsilon-\mu)}} = \frac{2}{3}E. \tag{2.70}$$

其中化学势 $\mu$ 可由 (2.69) 式定出, 为粒子数密度 $\rho$ 和温度 $T$ 的函数. 在 (2.68) 和 (2.69) 式中包含 费米积分 [16]

$$I_\kappa = \int_0^\infty \frac{\epsilon^\kappa \mathrm{d}\epsilon}{1 + \mathrm{e}^{\beta(\epsilon-\mu)}}, \tag{2.71}$$

或其约化形式 (见附录 B)

$$\mathcal{I}_\kappa(y) = I_{1\kappa}(y) = \int_0^\infty \frac{x^\kappa \mathrm{d}x}{1 + \mathrm{e}^{x-y}}, \tag{2.72}$$

其中

$$y = \beta\mu, \tag{2.73}$$

$$I_{\lambda\kappa}(y) = \int_0^\infty \frac{x^\kappa \mathrm{d}x}{(1 + \mathrm{e}^{x-y})^\lambda}, \qquad \lambda > 0, \ \kappa > -1. \tag{2.74}$$

这类积分没有解析的结果, 只能求不同条件下的近似.

### c. 强简并情形

现在来求 $\mu \gg T$ 的近似. 费米积分 (2.71) 中的 费米分布

$$f(\epsilon) = \frac{1}{1 + \mathrm{e}^{\beta(\epsilon-\mu)}}, \tag{2.75}$$

当 $T = 0$ 时是在 $\epsilon = \mu$ 处从 1 突降为 0 的阶跃函数, 而当 $T \ll \mu$ 时是在 $\epsilon = \mu$ 附近宽度约为 $T$ 的范围有一陡降的 薄皮分布 (leptodermous distribution) [17], 如图 2.3 所示. 阶跃函数的微商是 $-\delta$ 函数. 而薄皮分布的微商, 当皮足够薄时则是近似的 $-\delta$ 函数. 利用这个性质, 可以把 (2.71) 式的积分近似算出.

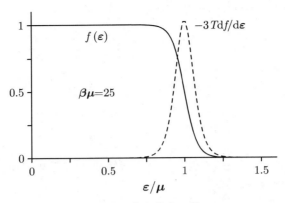

图 2.3　费米分布函数

对 (2.71) 式求换步积分，得

$$I_\kappa = \int_0^\infty \frac{\epsilon^{\kappa+1}}{\kappa+1} \left[ \frac{\mathrm{d}}{\mathrm{d}\epsilon} \frac{-1}{1+\mathrm{e}^{\beta(\epsilon-\mu)}} \right] \mathrm{d}\epsilon. \tag{2.76}$$

当 $\mu \gg T$ 时 $y = \beta\mu \gg 1$，积分下限可近似推到 $-\infty$，

$$I_\kappa = \frac{1}{(\kappa+1)\beta^{\kappa+1}} \int_{-\infty}^\infty (x+y)^{\kappa+1} \left( \frac{\mathrm{d}}{\mathrm{d}x} \frac{-1}{1+\mathrm{e}^x} \right) \mathrm{d}x. \tag{2.77}$$

把 $(x+y)^{\kappa+1}$ 展开成 Taylor 级数，

$$(x+y)^{\kappa+1} = y^{\kappa+1} + (\kappa+1)y^\kappa x + \frac{(\kappa+1)\kappa y^{\kappa-1}}{2!} x^2 + \cdots, \tag{2.78}$$

第一项在 (2.77) 式中的积分就是 $y^{\kappa+1}$，其余 $x$ 奇次项的积分为 $0$，$x$ 偶次项的积分

$$\int_{-\infty}^\infty x^l \left( \frac{\mathrm{d}}{\mathrm{d}x} \frac{-1}{1+\mathrm{e}^x} \right) \mathrm{d}x = \int_{-\infty}^\infty \frac{x^l \mathrm{e}^{-x} \mathrm{d}x}{(1+\mathrm{e}^{-x})^2} = 2\int_0^\infty \frac{x^l \mathrm{e}^{-x} \mathrm{d}x}{(1+\mathrm{e}^{-x})^2}$$

$$= 2\int_0^\infty x^l (1 - 2\mathrm{e}^{-x} + 3\mathrm{e}^{-2x} - 4\mathrm{e}^{-3x} + \cdots)\mathrm{e}^{-x}\mathrm{d}x, \tag{2.79}$$

其中 $l$ 为偶数，而积分

$$\int_0^\infty x^l \mathrm{e}^{-nx} \mathrm{d}x = \frac{1}{n^{l+1}} \int_0^\infty x^l \mathrm{e}^{-x} \mathrm{d}x = \frac{l!}{n^{l+1}}, \tag{2.80}$$

所以

$$\int_{-\infty}^\infty x^l \left( \frac{\mathrm{d}}{\mathrm{d}x} \frac{-1}{1+\mathrm{e}^x} \right) \mathrm{d}x = 2l! \left( 1 - \frac{1}{2^l} + \frac{1}{3^l} - \frac{1}{4^l} + \cdots \right)$$

$$= 2l!(1 - 2^{1-l})\zeta(l), \tag{2.81}$$

其中 $\zeta(l)$ 是 Riemann $\zeta$ 函数 [18]，特别是 $\zeta(2) = \pi^2/6$，$\zeta(4) = \pi^4/90$. 于是可算得

$$
\begin{aligned}
I_\kappa &= \frac{1}{(\kappa+1)\beta^{\kappa+1}}\Big[ y^{\kappa+1} + (\kappa+1)\kappa\zeta(2)y^{\kappa-1} \\
&\quad + \frac{(\kappa+1)\kappa(\kappa-1)(\kappa-2)7\zeta(4)}{4}y^{\kappa-3} + \cdots \Big] \\
&= \frac{\mu^{\kappa+1}}{\kappa+1}\Big[ 1 + \frac{(\kappa+1)\kappa\pi^2}{6}\frac{T^2}{\mu^2} + \frac{(\kappa+1)\kappa(\kappa-1)(\kappa-2)7\pi^4}{360}\frac{T^4}{\mu^4} + \cdots \Big].
\end{aligned} \tag{2.82}
$$

运用公式 (2.82) 于 (2.69) 式，得

$$
\rho = \frac{A}{V} = \frac{(2m_N)^{3/2}}{\pi^2}I_{1/2} = \frac{2(2m_N\mu)^{3/2}}{3\pi^2}\Big( 1 + \frac{\pi^2}{8}\frac{T^2}{\mu^2} + \cdots \Big). \tag{2.83}
$$

当 $T = 0$ 时上式给出核子的零温化学势，亦即核子费米能

$$
\mu_F = \epsilon_F = \frac{1}{2m_N}\Big( \frac{3\pi^2\rho}{2} \Big)^{2/3}. \tag{2.84}
$$

于是 (2.83) 式可改写成

$$
\mu = \mu_F\Big( 1 - \frac{\pi^2}{12}\frac{T^2}{\mu^2} + \cdots \Big), \tag{2.85}
$$

用迭代法即解出

$$
\mu = \mu_F\Big( 1 - \frac{\pi^2}{12}\frac{T^2}{\mu_F^2} + \cdots \Big). \tag{2.86}
$$

可以看出，当 $\mu \gg T$ 时，核子化学势对费米能的偏离不大，而费米能正比于核子数密度的 2/3 次方，所以这种薄皮分布的强简并属于低温高密度情形.

同样，运用公式 (2.82) 于 (2.68) 和 (2.69) 式，得

$$
e(\rho, T) = \frac{E}{A} = \frac{I_{3/2}}{I_{1/2}} = \frac{3}{5}\mu\Big( 1 + \frac{\pi^2}{2}\frac{T^2}{\mu^2} + \cdots \Big) = \frac{3}{5}\mu_F\Big( 1 + \frac{5\pi^2}{12}\frac{T^2}{\mu_F^2} + \cdots \Big). \tag{2.87}
$$

由它就可算出低温高密度费米气体的物态方程，在零温时它成为对称核物质 ($\delta = 0$) 的 (2.53) 式.   (2.53) 和 (2.87) 式描述自由核子气体，是一些唯象和半唯象核模型的第一项.

### d. 费米气体的蒸发

原子核作为核物质的液滴，处于凝聚态. 为了描述这种凝聚，费米气体模型隐含了一个假设：核子受某种势场的作用而被约束在一定的体积内. 所以，就像金属自由电子模型一样，核子要能蒸发逸出核外，其动能必须大于某一阈能.

假设这个阈能为 $\chi_0$. 射向边界的核子，只有在与界面垂直方向的动能大于 $\chi_0$ 时，才可克服约束而逸出. 于是单位时间逸出单位表面的核子数为

$$
\Gamma = \frac{1}{V}\int_{\sqrt{2m_N\chi_0}}^{\infty}\frac{4Vk^2\mathrm{d}k}{(2\pi)^3}\int_0^{\arccos\sqrt{2m_N\chi_0/k^2}}\sin\theta\mathrm{d}\theta\int_0^{2\pi}\frac{\mathrm{d}\varphi\cdot k\cos\theta/m_N}{1 + \mathrm{e}^{\beta(\epsilon-\mu)}}
$$

$$= \frac{m_{\mathrm{N}}}{\pi^2} \int_{\chi_0}^{\infty} \frac{(\epsilon-\chi_0)\mathrm{d}\epsilon}{1+\mathrm{e}^{\beta(\epsilon-\mu)}} = \frac{m_{\mathrm{N}}T^2}{\pi^2}\, \mathrm{e}^{-(\chi_0-\mu)/T}, \tag{2.88}$$

其中 $(\theta,\varphi)$ 是动量方位角, 最后一步用到阈能比费米能大得多的条件 $\chi_0 \gg \mu$. (2.88) 式比金属热电子发射的 Richardson 公式[14] 多一倍数 2, 是由于核子比电子多一同位旋自由度.

对于原子核, $\rho \approx \rho_0$, 从图 2.2 可以看出, 平均每核子动能约为 22 MeV, 费米能 $\mu_{\mathrm{F}} \approx \frac{5}{3} \times 22\,\mathrm{MeV} = 37\,\mathrm{MeV}$. 而原子核最后一个核子的结合能约为 8 MeV. 所以, 势阱深度约为 $\chi_0 \approx (37+8)\,\mathrm{MeV} = 45\,\mathrm{MeV}$. 于是可以估计, 这个模型适用的化学势范围约为 $20\,\mathrm{MeV} < \mu < 40\,\mathrm{MeV}$, 与此相应的密度范围大约是 $0.05\,\mathrm{fm}^{-3} < \rho < 0.2\,\mathrm{fm}^{-3}$. 密度不能太低, 因为是强简并近似. 同样, 温度不能太高, $0 < T < 20\,\mathrm{MeV}$. 这个范围, 在核物质相图 (图 1.1) 上是液气混合到核子气体的区域.

为了描述核物质的凝聚而假设一个势场来约束核子, 这当然是一种唯象的手工作业, 英语的说法是 added by hands[①]. 改善和淡化这一人工斧凿痕迹的途径, 就是引入和考虑核子间的相互作用, 使凝聚成为相互作用的自然结果. 一个简单的模型, 就是 Seyler-Blanchard 相互作用的 Thomas-Fermi 统计模型.

## 2.4  核 Thomas-Fermi 模型

### a. Seyler-Blanchard 相互作用

描述核子间强作用的唯象核力, 有很多模型. 这些模型都含有一些用来拟合实验的参数. 一般来说, 参数越多, 就可以调整得与实验符合得越好, 但相应的计算就越繁, 推广到实验范围以外的可信度也就越低. 为了阐明一些基本概念, 这里以比较简单和直观的 Seyler-Blanchard 相互作用[13] 为例.

核子间的 Seyler-Blanchard 势为

$$v(r,k) = -C_{l,u} \frac{\mathrm{e}^{r/a}}{r/a} \left[1 - \frac{k^2}{k_{\mathrm{D}}^2}\right], \tag{2.89}$$

其中 $r$ 和 $k$ 分别是核子间的相对距离和动量, $C_{l,u}$, $a$ 和 $k_{\mathrm{D}}$ 为模型参数. 可以看出, Seyler-Blanchard 势为一种引入动量相关的汤川势. 核子间动量小于某一阈

① 英语的这个说法反映了一种文化与追求, 这里按字面译为 "手工作业". 在英国工业革命初期, 蒸汽机的换气阀是人工操作, 瓦特 (James Watt, 1736—1819) 的发明把它改成了自动的. 物理也有这种从人工到自动的发展, 例如从玻尔的轨道量子化假设到量子力学的角动量量子化, 从普朗克的能量子假设到量子电动力学的电磁场量子化. 在这种意义上可以说, 玻尔和普朗克的假设都是手工作业, 这属于物理发展的一个阶段和层次.

值时是短程吸引, 大于阈值时变成排斥, 是一种 *动量相关相互作用* (momentum-dependent interaction, 简称 MDI). 由于这种动量相关, Seyler-Blanchard 势是非定域的, 严格地说不是一种势场.

### b. 核子相互作用能

除了费米气体模型考虑过的核子动能 (2.48), 现在还要考虑核子受其他核子作用的相互作用能 $\epsilon_P$. 按照 Thomas-Fermi 近似 [19][20], 核子的空间分布采用经典描述. 对于均匀分布的核物质, 在 $\boldsymbol{r}$ 处动量为 $\boldsymbol{k}$ 的核子所受其他核子的相互作用能可写成

$$
\begin{aligned}
\epsilon_{\tau P}^{l,u} &= \int \frac{2\mathrm{d}^3\boldsymbol{r}'\mathrm{d}^3\boldsymbol{k}'}{(2\pi)^3} v(|\boldsymbol{r}'-\boldsymbol{r}|,|\boldsymbol{k}'-\boldsymbol{k}|) = -C_{l,u}\int \mathrm{d}^3\boldsymbol{r}' \frac{\mathrm{e}^{-r'/a}}{r'/a} \int \frac{2\mathrm{d}^3\boldsymbol{k}'}{(2\pi)^3}\left[1-\frac{(\boldsymbol{k}'-\boldsymbol{k})^2}{k_\mathrm{D}^2}\right] \\
&= -\frac{C_{l,u}a^3}{\pi^2 k_\mathrm{D}^2} \int \mathrm{d}^3\boldsymbol{k}'(k_\mathrm{D}^2 - k'^2 - k^2) = -c_{l,u}\frac{1}{2m_\mathrm{N}}\frac{k_{\tau\mathrm{F}}^3}{k_\mathrm{D}^3}\left[k_\mathrm{D}^2 - k^2 - \frac{3}{5}k_{\tau\mathrm{F}}^2\right],
\end{aligned}
\tag{2.90}
$$

其中因子 2 来自自旋自由度, $\tau = \mathrm{n},\mathrm{p}$, 而

$$
c_{l,u} = \frac{8m_\mathrm{N}a^3 k_\mathrm{D}}{3\pi}C_{l,u}.
\tag{2.91}
$$

参数 $C_l$ 或 $c_l$ 用于同类核子 n-n 或 p-p 间, $C_u$ 或 $c_u$ 用于不同核子 n-p 间. 于是中子所受作用能为

$$
\begin{aligned}
\epsilon_{\mathrm{nP}} &= \epsilon_{\mathrm{nP}}^l + \epsilon_{\mathrm{pP}}^u \\
&= -c_l \frac{1}{2m_\mathrm{N}}\frac{k_\mathrm{n}^3}{k_\mathrm{D}^3}\left[k_\mathrm{D}^2 - k^2 - \frac{3}{5}k_\mathrm{n}^2\right] - c_u \frac{1}{2m_\mathrm{N}}\frac{k_\mathrm{p}^3}{k_\mathrm{D}^3}\left[k_\mathrm{D}^2 - k^2 - \frac{3}{5}k_\mathrm{p}^2\right].
\end{aligned}
\tag{2.92}
$$

全部中子的贡献为

$$
\begin{aligned}
E_{\mathrm{nP}} &= \frac{1}{2}\int_0^{k_\mathrm{n}} \frac{2V\cdot 4\pi k^2 \mathrm{d}k}{(2\pi)^3}\epsilon_{\mathrm{nP}} \\
&= -\frac{c_l V k_\mathrm{n}^3}{12m_\mathrm{N}\pi^2}\frac{k_\mathrm{n}^3}{k_\mathrm{D}^3}\left[k_\mathrm{D}^2 - \frac{3}{5}k_\mathrm{n}^2 - \frac{3}{5}k_\mathrm{n}^2\right] - \frac{c_u V k_\mathrm{n}^3}{12m_\mathrm{N}\pi^2}\frac{k_\mathrm{p}^3}{k_\mathrm{D}^3}\left[k_\mathrm{D}^2 - \frac{3}{5}k_\mathrm{n}^2 - \frac{3}{5}k_\mathrm{p}^2\right] \\
&= -\epsilon_\mathrm{D}N\left\{c_l\frac{\rho_\mathrm{n}}{\rho_\mathrm{D}}\left[1-\frac{6}{5}\left(\frac{2\rho_\mathrm{n}}{\rho_\mathrm{D}}\right)^{2/3}\right] - c_u\frac{\rho_\mathrm{p}}{\rho_\mathrm{D}}\left[1-\frac{3}{5}\left(\frac{2\rho_\mathrm{n}}{\rho_\mathrm{D}}\right)^{2/3}-\frac{3}{5}\left(\frac{2\rho_\mathrm{p}}{\rho_\mathrm{D}}\right)^{2/3}\right]\right\},
\end{aligned}
\tag{2.93}
$$

除以 2, 是因为积分重复计算了每一对核子间的作用, 其中

$$
\epsilon_\mathrm{D} = \frac{k_\mathrm{D}^2}{2m_\mathrm{N}}, \qquad \rho_\mathrm{D} = \frac{2k_\mathrm{D}^3}{3\pi^2}.
\tag{2.94}
$$

交换 (2.93) 式中的 n 与 p, 即得全部质子的贡献 $E_{\mathrm{pP}}$. 于是相互作用能的贡献 $E_{\mathrm{P}} = E_{\mathrm{nP}} + E_{\mathrm{pP}}$

$$
\begin{aligned}
&= -\epsilon_{\mathrm{D}} N \left\{ c_l \frac{\rho_{\mathrm{n}}}{\rho_{\mathrm{D}}} \left[ 1 - \frac{6}{5} \left( \frac{2\rho_{\mathrm{n}}}{\rho_{\mathrm{D}}} \right)^{2/3} \right] - c_u \frac{\rho_{\mathrm{p}}}{\rho_{\mathrm{D}}} \left[ 1 - \frac{3}{5} \left( \frac{2\rho_{\mathrm{n}}}{\rho_{\mathrm{D}}} \right)^{2/3} - \frac{3}{5} \left( \frac{2\rho_{\mathrm{p}}}{\rho_{\mathrm{D}}} \right)^{2/3} \right] \right\} \\
&\quad - \epsilon_{\mathrm{D}} Z \left\{ c_l \frac{\rho_{\mathrm{p}}}{\rho_{\mathrm{D}}} \left[ 1 - \frac{6}{5} \left( \frac{2\rho_{\mathrm{p}}}{\rho_{\mathrm{D}}} \right)^{2/3} \right] - c_u \frac{\rho_{\mathrm{n}}}{\rho_{\mathrm{D}}} \left[ 1 - \frac{3}{5} \left( \frac{2\rho_{\mathrm{p}}}{\rho_{\mathrm{D}}} \right)^{2/3} - \frac{3}{5} \left( \frac{2\rho_{\mathrm{n}}}{\rho_{\mathrm{D}}} \right)^{2/3} \right] \right\} \\
&= -\epsilon_{\mathrm{D}} \left\{ (c_l N + c_u Z) \frac{\rho_{\mathrm{n}}}{\rho_{\mathrm{D}}} + (c_l Z + c_u N) \frac{\rho_{\mathrm{p}}}{\rho_{\mathrm{D}}} - c_l \frac{3}{5} \left[ N \left( \frac{2\rho_{\mathrm{n}}}{\rho_{\mathrm{D}}} \right)^{5/3} + Z \left( \frac{2\rho_{\mathrm{p}}}{\rho_{\mathrm{D}}} \right)^{5/3} \right] \right. \\
&\quad \left. - c_u \frac{3}{5} \left( N \frac{\rho_{\mathrm{p}}}{\rho_{\mathrm{D}}} + Z \frac{\rho_{\mathrm{n}}}{\rho_{\mathrm{D}}} \right) \left[ \left( \frac{2\rho_{\mathrm{n}}}{\rho_{\mathrm{D}}} \right)^{2/3} + \left( \frac{2\rho_{\mathrm{p}}}{\rho_{\mathrm{D}}} \right)^{2/3} \right] \right\} \\
&= -\epsilon_{\mathrm{D}} A \left\{ \frac{1}{2} \left[ c_l (1 + \delta^2) + c_u (1 - \delta^2) \right] \frac{\rho}{\rho_{\mathrm{D}}} - \frac{3}{10} \left( c_l \left[ (1 + \delta)^{8/3} + (1 - \delta)^{8/3} \right] \right. \right. \\
&\quad \left. \left. - c_u (1 - \delta^2) \left[ (1 + \delta)^{2/3} + (1 - \delta)^{2/3} \right] \right) \left( \frac{\rho}{\rho_{\mathrm{D}}} \right)^{5/3} \right\}. \qquad (2.95)
\end{aligned}
$$

### c. 零温物态方程

(2.95) 式除以 $A$, 即得物态方程的相互作用项 $e_{\mathrm{P}}(\rho, \delta)$, 加上核子动能项 (2.53) 式, 就得到零温核物质的 Seyler-Blanchard 物态方程

$$
e(\rho, \delta) = \epsilon_{\mathrm{D}} \left[ D_2(\delta) \left( \frac{\rho}{\rho_{\mathrm{D}}} \right)^{2/3} - D_3(\delta) \left( \frac{\rho}{\rho_{\mathrm{D}}} \right)^{3/3} + D_5(\delta) \left( \frac{\rho}{\rho_{\mathrm{D}}} \right)^{5/3} \right], \qquad (2.96)
$$

其中

$$
D_2(\delta) = \frac{3}{10} \left[ (1 + \delta)^{5/3} + (1 - \delta)^{5/3} \right], \qquad (2.97)
$$

$$
D_3(\delta) = \frac{1}{2} \left[ (c_l + c_u) + (c_l - c_u) \delta^2 \right], \qquad (2.98)
$$

$$
D_5(\delta) = \frac{3}{10} \left\{ c_l \left[ (1+\delta)^{8/3} + (1-\delta)^{8/3} \right] + c_u (1-\delta^2) \left[ (1+\delta)^{2/3} + (1-\delta)^{2/3} \right] \right\}. \qquad (2.99)
$$

由 (2.96) 式可算出

$$
p(\rho, \delta) = \frac{2}{3} \epsilon_{\mathrm{D}} \rho_{\mathrm{D}} \left[ D_2(\delta) \left( \frac{\rho}{\rho_{\mathrm{D}}} \right)^{5/3} - \frac{3}{2} D_3(\delta) \left( \frac{\rho}{\rho_{\mathrm{D}}} \right)^{6/3} + \frac{5}{2} D_5(\delta) \left( \frac{\rho}{\rho_{\mathrm{D}}} \right)^{8/3} \right]. \qquad (2.100)
$$

(2.96) 和 (2.100) 式的第一项来自核子动能, 第二项来自核子间的汤川吸引, 第三项来自核子间动量相关的排斥. 注意其中 $\rho_{\mathrm{D}}$ 是与动量参数 $k_{\mathrm{D}}$ 相应的密度, 而不是标准核物质密度 $\rho_0$. 从 $D_2(\delta)$, $D_3(\delta)$ 和 $D_5(\delta)$ 的表达式可以看出, Seyler-Blanchard 物态方程只包含 $c_l$, $c_u$ 和 $k_{\mathrm{D}}$ 三个参数, 力程参数 $a$ 被积分掉了. 注意只是对无限大的核物质, $a$ 才会被积分掉, 在有限核的模型中, $a$ 是一个很重要的参数.

$\delta = 0$ 的 Seyler-Blanchard 物态方程如图 2.4 所示. 这时参数 $c_l$ 和 $c_u$ 以 $c_l + c_u$ 的形式出现, 相当于一个参数. 取 $\rho_0 = 0.161\,\mathrm{fm}$, $e_0 = -16.1\,\mathrm{MeV}$, 算得抗压系数 $K = 308\,\mathrm{MeV}$. 不同 $\delta$ 的 Seyler-Blanchard 物态方程则如图 2.5 所示 [21].

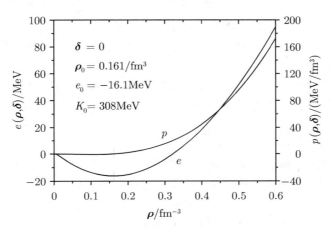

图 2.4　对称核物质 Seyler-Blanchard 物态方程

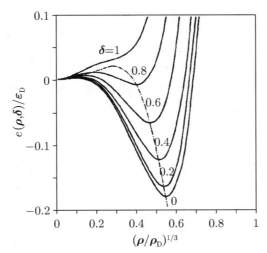

图 2.5　不同 $\delta$ 的 Seyler-Blanchard 物态方程 [21]

### d. 其它核力的物态方程

比较图 2.2 和图 2.4 可以看出, 未引入相互作用时, 核子间由于 Pauli 原理引起的排斥, 每核子能量 $e$ 恒正, 随密度增加而单调上升. 引入相互作用后, 由于汤川吸引, $e$ 有一为负的区间, 因而有一极小点, 对应于压强 $p$ 的零点.

核物质的这一性质是普遍的, 并不限于 Seyler-Blanchard 相互作用. 对于其他唯象核力, 如 Skyrme 相互作用 [12], Tondeur 相互作用 [22], 或 Myers-Świątecki 相互作用 [23], 在 Thomas-Fermi 近似或 Hartree-Fock 近似的框架下, 核物质的每核子能量都可写成 $\rho^{1/3}$ 的多项式. 其中来自核子动能的 $\rho^{2/3}$ 项为正, 来自汤川吸引的 $\rho^{3/3}$ 项为负, 来自核力排斥部分的其他高次项为正, 如此等等. 于是物态方程至少存在一个极小.

Ravenhall, Pethick 和 Lattimer 于 1983 年用 Skyrme 势和 Thomas-Fermi 近似给出的物态方程 [24], 对于 $\delta = 0$ 的对称核物质为

$$e(\rho) = a_2\Big(\frac{\rho}{\rho_0}\Big)^{2/3} + a_3\Big(\frac{\rho}{\rho_0}\Big)^{3/3} + a_5\Big(\frac{\rho}{\rho_0}\Big)^{5/3} + a_6\Big(\frac{\rho}{\rho_0}\Big)^{6/3}, \tag{2.101}$$

其中第一项是自由核子费米气体的每核子平均动能, 第二项是核子间相互吸引作用的贡献, 第三项是核子间相互排斥作用的贡献, 第四项是核子间三体力的贡献. 系数 $a_i$ 的表达式含 Skyrme 势的参数, 算得抗压系数 $K_0 = 363.5\,\mathrm{MeV}$.

Kapusta 1984 年给出了一个类似的物态方程 [25]

$$e(\rho) = a_2\Big(\frac{\rho}{\rho_0}\Big)^{2/3} + a_3\Big(\frac{\rho}{\rho_0}\Big)^{3/3} + a_4\Big(\frac{\rho}{\rho_0}\Big)^{4/3} + a_5\Big(\frac{\rho}{\rho_0}\Big)^{5/3}, \tag{2.102}$$

其中第一项同样是自由核子费米气体的每核子平均动能, 第二项来自汤川吸引势, 第三、四项则是短程吸引和排斥的贡献. 极小点取 $\rho_0 = 0.15\,\mathrm{fm}$, $e_0 = -8\,\mathrm{MeV}$, 定出系数 $a_i$ 的值, 算得抗压系数 $K = 210\,\mathrm{MeV}$.

作为唯象的零温核物质物态方程, 可以足够一般地写成

$$e(\rho,\delta) = \epsilon_0\Big[D_2(\delta)\Big(\frac{\rho}{\rho_0}\Big)^{2/3} - D_3(\delta)\Big(\frac{\rho}{\rho_0}\Big)^{3/3} + D_5(\delta)\Big(\frac{\rho}{\rho_0}\Big)^{5/3} + D_\gamma(\delta)\Big(\frac{\rho}{\rho_0}\Big)^{\gamma/3}\Big], \tag{2.103}$$

其中 $D_i(\delta)$ 的参数和表达式对不同的相互作用不同, 并依赖于 $\rho_0$ 和 $\epsilon_0$ 的选择, 而物态方程的行为都与图 2.4 和 2.5 相似 [26]. $\rho_0$ 为标准核物质密度, 通常选择 $\epsilon_0 = \epsilon_\mathrm{F}$ 为这个密度的核子费米能,

$$\epsilon_\mathrm{F} = \frac{1}{2m_\mathrm{N}}\Big(\frac{3\pi^2\rho_0}{2}\Big)^{2/3}. \tag{2.104}$$

## 2.5  含温 Thomas-Fermi 模型

为了考虑核物质的热效应, 需要在描述中引入温度. 鉴于核力是强作用, 统计微扰论的处理并不十分理想, 所以含温 Thomas-Fermi 模型 (Temperature-dependent Thomas-Fermi theories, TTF) 就成为一种比较实用的选择.

### a. 动量空间的 Thomas-Fermi 模型

Thomas-Fermi 模型通常表述为坐标空间的密度泛函 [24], 所以又称为 密度泛函模型 (density functional models). 而为了引入温度, 除了泛函极值条件外, 还要假设核子在单粒子态有 Fermi-Dirac 分布. 这两个假设并不互相独立, 因而会引入任意性 [27]. 本节的讨论在动量空间表述, 其优点是能够自动给出核子在单粒子态的 Fermi-Dirac 分布.

Thomas-Fermi 统计模型略去单粒子态的相位特征, 用统计方法描述多粒子分布. 于是, 核子数密度 $\rho_\tau(\boldsymbol{r})$ 和运动密度 (kinetic density) $t_\tau(\boldsymbol{r})$ 可以定义为

$$\rho_\tau(\boldsymbol{r}) = \sum_i n_{\tau i}|\phi_i(\boldsymbol{r})|^2, \tag{2.105}$$

$$t_\tau(\boldsymbol{r}) = \sum_i n_{\tau i}|\nabla\phi_i(\boldsymbol{r})|^2, \tag{2.106}$$

其中 $\tau = 1, -1$ 对应于质子 p 和中子 n, $\phi_i(\boldsymbol{r})$ 是在坐标空间归一化的单核子态波函数, $i$ 为除同位旋量子数之外的单核子态量子数, 占据数 $n_{\tau i}$ 实际上描述核子在动量空间的分布. 运用这两个函数, 有

$$N_{\mathrm{n}} = N = \int \mathrm{d}^3\boldsymbol{r}\rho_{\mathrm{n}}(\boldsymbol{r}), \qquad N_{\mathrm{p}} = Z = \int \mathrm{d}^3\boldsymbol{r}\rho_{\mathrm{p}}(\boldsymbol{r}), \tag{2.107}$$

$$E = \int \mathrm{d}^3\boldsymbol{r}\mathcal{E}(\boldsymbol{r}), \qquad \mathcal{E}(\boldsymbol{r}) = \mathcal{E}[\rho_\tau(\boldsymbol{r}), t_\tau(\boldsymbol{r})], \tag{2.108}$$

其中体系的模型哈密顿密度 $\mathcal{E}(\boldsymbol{r})$ 是 $\rho_\tau(\boldsymbol{r})$ 和 $t_\tau(\boldsymbol{r})$ 的泛函, 对 Skyrme 型定域相互作用 [12], 含对 $\rho_\tau(\boldsymbol{r})$ 的微商, 对 Seyler-Blanchard 型非定域相互作用 [13][23], 含对 $\rho_\tau(\boldsymbol{r})$ 的积分.

同样, 体系的熵为

$$S = \int \mathrm{d}^3\boldsymbol{r}\mathcal{S}(\boldsymbol{r}), \tag{2.109}$$

其中的熵密度 $\mathcal{S}(\boldsymbol{r})$, 按照 Landau 准粒子近似 [28], 可写成

$$\mathcal{S}(\boldsymbol{r}) = -\sum_{\tau,i}|\phi_i(\boldsymbol{r})|^2\left[n_{\tau i}\ln n_{\tau i} + (1 - n_{\tau i})\ln(1 - n_{\tau i})\right]. \tag{2.110}$$

对非超流费米液体, 此近似在温度足够低时成立. 高温时, 有粒子产生和湮灭, 此近似就不再成立.

### b. 动量空间的变分

确定分布 $n_{\tau i}$ 的变分极值条件是

$$\frac{\delta}{\delta n_{\tau i}}\left(E - TS - \sum_\tau \mu_\tau N_\tau\right) = \frac{\delta}{\delta n_{\tau i}}\int \mathrm{d}^3\boldsymbol{r}\left[\mathcal{E}(\boldsymbol{r}) - T\mathcal{S}(\boldsymbol{r}) - \sum_\tau \mu_\tau\rho_\tau(\boldsymbol{r})\right] = 0,$$
$$\tag{2.111}$$

其中 $\mu_\tau$ 是保持总核子数 $N_\tau$ 不变的拉氏乘子. 通常 Thomas-Fermi 模型采用平面波假设,

$$\phi_{\boldsymbol{k}}(\boldsymbol{r}) \propto \mathrm{e}^{\mathrm{i}\boldsymbol{k}\cdot\boldsymbol{r}}, \tag{2.112}$$

由此可得 $n_{\tau k}$ 的 Euler-Lagrange 方程

$$\epsilon_{\tau k} - \mu_\tau + T \ln \frac{n_{\tau k}}{1 - n_{\tau k}} = 0, \tag{2.113}$$

其中

$$\epsilon_{\tau k} = k^2 \frac{\delta \mathcal{E}(\boldsymbol{r})}{\delta t_\tau(\boldsymbol{r})} + \frac{\delta \mathcal{E}(\boldsymbol{r})}{\delta n_\tau(\boldsymbol{r})} \tag{2.114}$$

是准粒子能量, 一般来说依赖于空间位置 $\boldsymbol{r}$. 方程 (2.113) 可改写为

$$n_{\tau k} = \frac{1}{\mathrm{e}^{(\epsilon_{\tau k} - \mu_\tau)/T} + 1}, \tag{2.115}$$

这正是通常坐标空间 Thomas-Fermi 模型所假设的 Fermi-Dirac 分布.

准粒子能量 $\epsilon_{\tau k}$ 的具体形式, 依赖于哈密顿密度 $\mathcal{E}(\boldsymbol{r})$ 的模型. 通常的模型 $\delta \mathcal{E}(\boldsymbol{r})/\delta t_\tau(\boldsymbol{r})$ 和 $\delta \mathcal{E}(\boldsymbol{r})/\delta \rho_\tau(\boldsymbol{r})$ 与 $k$ 无关, (2.114) 式可写成

$$\epsilon_{\tau k} = \frac{k^2}{2m_\tau^*(\boldsymbol{r})} + w_\tau(\boldsymbol{r}), \tag{2.116}$$

其中准粒子有效质量 $m_\tau^*(\boldsymbol{r})$ 和势能密度 $w_\tau(\boldsymbol{r})$ 分别为

$$\frac{1}{2m_\tau^*(\boldsymbol{r})} = \frac{\delta \mathcal{E}(\boldsymbol{r})}{\delta t_\tau(\boldsymbol{r})}, \tag{2.117}$$

$$w_\tau(\boldsymbol{r}) = \frac{\delta \mathcal{E}(\boldsymbol{r})}{\delta \rho_\tau(\boldsymbol{r})}. \tag{2.118}$$

### c. 过渡到位形空间

拉氏乘子 $\mu_\tau$ 由总核子数 $N_\tau$ 来定, 要用 (2.105) 和 (2.106) 式. 把 (2.112) 和 (2.115) 式代入这两式, 把对核子动量 $\boldsymbol{k}$ 的求和过渡到积分, 有

$$\rho_\tau(\boldsymbol{r}) = \frac{1}{2\pi^2} (2m_\tau^* T)^{3/2} \mathcal{I}_{1/2}(y_\tau), \tag{2.119}$$

$$t_\tau(\boldsymbol{r}) = \frac{1}{2\pi^2} (2m_\tau^* T)^{5/2} \mathcal{I}_{3/2}(y_\tau), \tag{2.120}$$

其中

$$y_\tau = \beta[\mu_\tau - w_\tau(\boldsymbol{r})] = \frac{\mu_\tau - w_\tau(\boldsymbol{r})}{T}. \tag{2.121}$$

实际上, $y_\tau$ 通过 (2.119) 和 (2.120) 式依赖于 $\rho_\tau(\boldsymbol{r})$ 和 $t_\tau(\boldsymbol{r})$, (2.121) 式正是确定位形空间分布 $\rho_\tau(\boldsymbol{r})$ 的 Euler-Lagrange 方程[27].

对低温情形, $y_\tau \gg 1$. 记住 $\mathcal{I}_\kappa(y) = \beta^{\kappa+1} I_\kappa$, 由 (2.82) 式可写出

$$\rho_\tau(\boldsymbol{r}) = \frac{(2m_\tau^* T y_\tau)^{3/2}}{3\pi^2} \left( 1 + \frac{\pi^2}{8} \frac{1}{y_\tau^2} + \cdots \right), \tag{2.122}$$

$$t_\tau(\boldsymbol{r}) = \frac{(2m_\tau^* T y_\tau)^{5/2}}{5\pi^2}\left(1 + \frac{5\pi^2}{8}\frac{1}{y_\tau^2} + \cdots\right). \tag{2.123}$$

由 (2.122) 式近似解出 $y_\tau$, 再把它代入 (2.123) 式, 就得

$$y_\tau = \frac{[3\pi^2\rho_\tau(\boldsymbol{r})]^{2/3}}{2m_\tau^* T}\left\{1 - \frac{\pi^2}{12}\frac{(2m_\tau^* T)^2}{[3\pi^2\rho_\tau(\boldsymbol{r})]^{4/3}} + \cdots\right\}, \tag{2.124}$$

$$t_\tau(\boldsymbol{r}) = \frac{[3\pi^2\rho_\tau(\boldsymbol{r})]^{5/3}}{5\pi^2}\left\{1 + \frac{5\pi^2}{12}\frac{(2m_\tau^* T)^2}{[3\pi^2\rho_\tau(\boldsymbol{r})]^{4/3}} + \cdots\right\}. \tag{2.125}$$

把 (2.124) 式代入 (2.121) 式, 得

$$w_\tau(\boldsymbol{r}) - \mu_\tau + \frac{[3\pi^2\rho_\tau(\boldsymbol{r})]^{2/3}}{2m_\tau^*}\left\{1 - \frac{\pi^2}{12}\frac{(2m_\tau^* T)^2}{[3\pi^2\rho_\tau(\boldsymbol{r})]^{4/3}} + \cdots\right\} = 0, \tag{2.126}$$

此即低温情形确定 $\rho_\tau(\boldsymbol{r})$ 的近似方程.

对于无相互作用的情形, (2.126) 式正是自由费米气体强简并近似的 (2.86) 式. 对于有相互作用的情形, 进一步的讨论需要关于相互作用的具体模型.

### d. Seyler-Blanchard 相互作用: 一般结果

体系的哈密顿密度 $\mathcal{E}(\boldsymbol{r})$ 包括动能密度和势能密度两部分. 动能密度与相互作用无关, 可用运动密度 $t_\tau(\boldsymbol{r})$ 来表示:

$$\mathcal{E}_k(\boldsymbol{r}) = \sum_\tau \int \frac{2V\mathrm{d}^3\boldsymbol{k}}{(2\pi)^3}\frac{k^2}{2m_\tau}n_{\tau\boldsymbol{k}}|\phi_{\boldsymbol{k}}(\boldsymbol{r})|^2 = \sum_\tau \frac{t_\tau(\boldsymbol{r})}{2m_\tau}, \tag{2.127}$$

其中用到平面波假设 (2.112), 两个自旋态给出因子 2.

再来求势能密度. 考虑各向同性体系, $\rho_\tau(\boldsymbol{r}) = \rho_\tau(r)$, $t_\tau(\boldsymbol{r}) = t_\tau(r)$. 在 $\boldsymbol{r}$ 处动量为 $\boldsymbol{k}$ 的核子 $\tau$ 所受其他核子的作用能现在可写成

$$
\begin{aligned}
\epsilon_{\tau\boldsymbol{k}}^{l,u}(r) &= -C_{l,u}\int \mathrm{d}^3\boldsymbol{r}'\int\frac{2V\mathrm{d}^3\boldsymbol{k}'}{(2\pi)^3}\frac{\mathrm{e}^{-|\boldsymbol{r}'-\boldsymbol{r}|/a}}{|\boldsymbol{r}'-\boldsymbol{r}|/a}\left[1 - \frac{|\boldsymbol{k}'-\boldsymbol{k}|^2}{k_{\mathrm{D}}^2}\right]n_{\tau'\boldsymbol{k}'}|\phi_{\boldsymbol{k}'}(r')|^2\\
&= -C_{l,u}\int \mathrm{d}^3\boldsymbol{r}'\frac{\mathrm{e}^{-|\boldsymbol{r}'-\boldsymbol{r}|/a}}{|\boldsymbol{r}'-\boldsymbol{r}|/a}\int\frac{2V\mathrm{d}^3\boldsymbol{k}'}{(2\pi)^3}\left(1 - \frac{k^2+k'^2}{k_{\mathrm{D}}^2}\right)n_{\tau'\boldsymbol{k}'}|\phi_{\boldsymbol{k}'}(r')|^2\\
&= -\frac{3\pi^2}{2m_\tau k_{\mathrm{D}}}c_{l,u}\int \mathrm{d}^3\boldsymbol{r}'f(r,r')\left[\left(1 - \frac{k^2}{k_{\mathrm{D}}^2}\right)\rho_{\tau'}(r') - \frac{1}{k_{\mathrm{D}}^2}t_{\tau'}(r')\right],\quad \tag{2.128}
\end{aligned}
$$

$$f(r,r') = \frac{\mathrm{e}^{-|r-r'|/a} - \mathrm{e}^{-|r+r'|/a}}{8\pi a r r'}, \qquad \int \mathrm{d}^3\boldsymbol{r}'f(r,r') = 1, \tag{2.129}$$

其中取 $c_l$ 时 $\tau'=\tau$, 取 $c_u$ 时 $\tau'=-\tau$, $c_{l,u}$ 的定义见 (2.91) 式. 所以体系在 $\boldsymbol{r}$ 处

的势能密度为

$$
\begin{aligned}
\mathcal{E}_{\mathrm{I}}(r) &= \frac{1}{2} \int \frac{2V\mathrm{d}^3 \boldsymbol{k}}{(2\pi)^3} \sum_\tau \left[ \epsilon_{\tau \boldsymbol{k}}^l(r) n_{\tau \boldsymbol{k}} |\phi_{\boldsymbol{k}}(\boldsymbol{r})|^2 + \epsilon_{\tau \boldsymbol{k}}^u(r) n_{\tau \boldsymbol{k}} |\phi_{\boldsymbol{k}}(\boldsymbol{r})|^2 \right] \\
&= \frac{1}{2} \sum_\tau -\frac{3\pi^2}{2m_\tau k_{\mathrm{D}}} \int \mathrm{d}^3 \boldsymbol{r}' f(r,r') \left\{ c_l \left[ \left( \rho_\tau(r) - \frac{t_\tau(r)}{k_{\mathrm{D}}^2} \right) \rho_\tau(r') - \frac{\rho_\tau(r) t_\tau(r')}{k_{\mathrm{D}}^2} \right] \right. \\
&\quad \left. + c_u \left[ \left( \rho_\tau(r) - \frac{t_\tau(r)}{k_{\mathrm{D}}^2} \right) \rho_{-\tau}(r') - \frac{\rho_\tau(r) t_{-\tau}(r')}{k_{\mathrm{D}}^2} \right] \right\} \\
&= \frac{1}{2} \sum_\tau \rho_\tau(r) v_\tau(r), \qquad v_\tau(r) = -\frac{k_{\mathrm{D}}^2}{2m_\tau} [\Gamma_\tau(r) - 2\Theta_\tau(r)],
\end{aligned} \tag{2.130}
$$

$$
\Gamma_\tau(r) = \int \mathrm{d}^3 \boldsymbol{r}' f(r,r') \gamma_\tau(r'), \qquad \gamma_\tau(r) = \frac{3\pi^2}{k_{\mathrm{D}}^3} [c_l \rho_\tau(r) + c_u \rho_{-\tau}(r)], \tag{2.131}
$$

$$
\Theta_\tau(r) = \int \mathrm{d}^3 \boldsymbol{r}' f(r,r') \theta_\tau(r'), \qquad \theta_\tau(r) = \frac{3\pi^2}{k_{\mathrm{D}}^5} [c_l t_\tau(r) + c_u t_{-\tau}(r)], \tag{2.132}
$$

其中因子 $1/2$ 是由于重复计算了相互作用; 在整理出 $v_\tau(r)$ 的表达式时, 用到 $f(r,r')$ 对 $r \leftrightarrow r'$ 的对称性和 $\sum_{-\tau} = \sum_\tau$.

于是体系哈密顿密度为

$$
\mathcal{E}(r) = \mathcal{E}_{\mathrm{k}}(r) + \mathcal{E}_{\mathrm{I}}(r) = \sum_\tau \left[ \frac{t_\tau(r)}{2m_\tau} + \frac{1}{2}\rho_\tau(r) v_\tau(r) \right]. \tag{2.133}
$$

把它带入 (2.117) 和 (2.118) 式, 并用 $f(r,r')$ 对 $r \leftrightarrow r'$ 的对称性, 可求出准粒子有效质量和势能密度分别为

$$
m_\tau^*(r) = \frac{m_\tau}{1 + \Gamma_\tau(r)}, \qquad w_\tau(r) = \frac{k_{\mathrm{D}}^2}{2m_\tau} [\Theta_\tau(r) - \Gamma_\tau(r)]. \tag{2.134}
$$

### e. Seyler-Blanchard 相互作用: 均匀对称系

对均匀系, $\rho_\tau$ 与 $r$ 无关, 因而 $\Gamma_\tau = \gamma_\tau$ 与 $r$ 无关, 于是 $m_\tau^* = m_\tau/(1+\gamma_\tau)$ 与 $r$ 无关, 从而 (2.125) 式表明 $t_\tau$ 与 $r$ 无关, 所以 $\Theta_\tau = \theta_\tau$ 亦与 $r$ 无关. 考虑对称核物质, $\rho_\tau = \rho/2$, 有

$$
\Gamma_\tau = \gamma_\tau = \frac{3\pi^2}{2k_{\mathrm{D}}^3}(c_l + c_u)\rho = c_{\mathrm{s}} \frac{\rho}{\rho_{\mathrm{D}}}, \tag{2.135}
$$

其中 $c_{\mathrm{s}} = c_l + c_u$, $\rho_{\mathrm{D}}$ 的定义见 (2.94) 式. 于是 (2.125) 式可简化为

$$
t_\tau = \frac{k_{\mathrm{D}}^5}{5\pi^2} \left( \frac{\rho}{\rho_{\mathrm{D}}} \right)^{5/3} \left[ 1 + \frac{5\pi^2}{12} \frac{(\rho/\rho_{\mathrm{D}})^{-4/3}(T/\epsilon_{\mathrm{D}})^2}{(1 + c_{\mathrm{s}}\rho/\rho_{\mathrm{D}})^2} + \cdots \right]. \tag{2.136}
$$

只保留到 $T^2$ 项, 就有

$$
\Theta_\tau = \theta_\tau = c_{\mathrm{s}} \frac{3}{5} \left( \frac{\rho}{\rho_{\mathrm{D}}} \right)^{5/3} \left[ 1 + \frac{5\pi^2}{12} \frac{(\rho/\rho_{\mathrm{D}})^{-4/3}(T/\epsilon_{\mathrm{D}})^2}{(1 + c_{\mathrm{s}}\rho/\rho_{\mathrm{D}})^2} \right]. \tag{2.137}
$$

运用上述 $\gamma_\tau$, $t_\tau$ 和 $\theta_\tau$, 可算出

$$v_\tau = -\epsilon_{\mathrm{D}} c_{\mathrm{s}} \left\{ \frac{\rho}{\rho_{\mathrm{D}}} - \frac{6}{5}\left(\frac{\rho}{\rho_{\mathrm{D}}}\right)^{5/3}\left[1 + \frac{5\pi^2}{12}\frac{(\rho/\rho_{\mathrm{D}})^{-4/3}(T/\epsilon_{\mathrm{D}})^2}{(1 + c_{\mathrm{s}}\rho/\rho_{\mathrm{D}})^2}\right]\right\}, \tag{2.138}$$

其中 $\epsilon_{\mathrm{D}}$ 的定义见 (2.94) 式. 于是当 $\delta = 0$ 时每核子能量 $e(\rho, \delta, T)$ 为

$$\begin{aligned}
e(\rho, 0, T) &= \frac{\mathcal{E}}{\rho} = \frac{1}{\rho}\sum_\tau \left[\frac{t_\tau}{2m_{\mathrm{N}}} + \frac{1}{2}\rho_\tau v_\tau\right] \\
&= \epsilon_{\mathrm{D}}\frac{3}{5}\left(\frac{\rho}{\rho_{\mathrm{D}}}\right)^{2/3}\left[1 + \frac{5\pi^2}{12}\frac{(\rho/\rho_{\mathrm{D}})^{-4/3}(T/\epsilon_{\mathrm{D}})^2}{(1 + c_{\mathrm{s}}\rho/\rho_{\mathrm{D}})^2}\right] \\
&\quad - \epsilon_{\mathrm{D}}c_{\mathrm{s}}\frac{1}{2}\left\{\frac{\rho}{\rho_{\mathrm{D}}} - \frac{6}{5}\left(\frac{\rho}{\rho_{\mathrm{D}}}\right)^{5/3}\left[1 + \frac{5\pi^2}{12}\frac{(\rho/\rho_{\mathrm{D}})^{-4/3}(T/\epsilon_{\mathrm{D}})^2}{(1 + c_{\mathrm{s}}\rho/\rho_{\mathrm{D}})^2}\right]\right\} \\
&= e(\rho, 0) + \epsilon_{\mathrm{D}}\frac{\pi^2}{4}\left(\frac{\rho}{\rho_{\mathrm{D}}}\right)^{-2/3}\frac{(T/\epsilon_{\mathrm{D}})^2}{1 + c_{\mathrm{s}}\rho/\rho_{\mathrm{D}}}. \tag{2.139}
\end{aligned}$$

其中 $e(\rho, 0)$ 是 (2.96) 式在 $\delta = 0$ 时给出的结果. 上式表明, 在低温近似下, 核物质每核子能量是 $T^2$ 的线性函数. 这个结论是普遍的, 不限于 Seyler-Blanchard 相互作用. 由此还可推知, 核物质的抗压系数也是 $T^2$ 的线性函数[29].

## 2.6 Walecka 平均场模型

前面已经说过, 唯象模型可通过适当增加可调参数, 以提高与实验符合的程度. 但模型中这种手工加入的成分越多, 把它推广到实验范围以外的可信度也就越低. 实验只是一种量化的经验, 而经验不能排除意外, 更不能随意推广. 所以爱因斯坦说, 经验不是相信的依据. 为了比较放心地推广到未知领域, 应尽量把模型建筑在坚实可信的基础上. Seyler-Blanchard 相互作用和 Skyrme 相互作用等唯象核力的理论基础, 至多只能追溯到非相对论性的 N-π 相互作用, 其经验和理论基础都是中低能核物理, 既没有采用相对论的动力学关系, 也没有考虑其它强相互作用粒子的贡献, 其适用范围大致约为 $\rho < 2\rho_0$, 超出这个密度范围, 在理论上就不能置信. 而核物质问题涉及高温高密度, 出现产生各种强作用粒子的过程, 超出了中低能核物理的范围. 所以采用以相对论性的场论为基础的模型, 就是理论进一步发展的自然选择[30]. 这方面一个成熟而比较简单的理论, 就是 Walecka 平均场模型.

### a. Walecka 模型的拉氏密度

Walecka 模型在相对论性场论的基础上考虑核子体系, 假设核子间通过交换介子发生耦合. 最简单的模型, 只考虑标量 σ 介子和矢量 ω 介子, 并略去质子

与中子质量的差别. 于是这个模型的拉氏密度可写成 [31]

$$\mathcal{L} = \mathcal{L}_N + \mathcal{L}_\sigma + \mathcal{L}_\omega + \mathcal{L}_I, \tag{2.140}$$

$$\mathcal{L}_N = \overline{\psi}(i\gamma_\mu \partial^\mu - m_N)\psi, \tag{2.141}$$

$$\mathcal{L}_\sigma = \frac{1}{2}(\partial_\mu \phi \partial^\mu \phi - m_\sigma^2 \phi^2), \tag{2.142}$$

$$\mathcal{L}_\omega = -\frac{1}{4}W_{\mu\nu}W^{\mu\nu} + \frac{1}{2}m_\omega^2 \omega_\mu \omega^\mu, \tag{2.143}$$

$$\mathcal{L}_I = \mathcal{L}_{\sigma N} + \mathcal{L}_{\omega N} = g_\sigma \phi \overline{\psi}\psi - g_\omega \omega^\mu \overline{\psi}\gamma_\mu \psi, \tag{2.144}$$

$$W^{\mu\nu} = \partial^\mu \omega^\nu - \partial^\nu \omega^\mu, \tag{2.145}$$

其中 $\psi = \binom{p}{n}$ 是核子旋量场, $\phi$ 是 $\sigma$ 介子标量场, $\omega$ 是 $\omega$ 介子矢量场; $m_N, m_\sigma,$ $m_\omega$ 分别是核子, $\sigma$ 介子, $\omega$ 介子的质量; $g_\sigma$ 和 $g_\omega$ 分别是核子与 $\sigma$ 介子和 $\omega$ 介子的耦合常数. 可以看出, 这是强子自由度的具有洛伦兹不变性的量子场论. 这种强子的相对论性量子场论, 又称为 量子强子动力学 (quantum hadrodynamics, QHD) [32].

这里核子质量 $m_N$ 和耦合常数 $g_\sigma$ 与 $g_\omega$ 没有考虑质子中子的区别, 这是核物质理论的一般做法. $\mathcal{L}_I$ 是汤川型定域相互作用, 在核子质量无限的静态极限给出有效核力位势 [33]

$$-\frac{g_\sigma^2}{4\pi}\frac{e^{-m_\sigma r}}{r} \quad 和 \quad \frac{g_\omega^2}{4\pi}\frac{e^{-m_\omega r}}{r}, \tag{2.146}$$

亦即 $\sigma$ 和 $\omega$ 介子分别提供核子间的吸引和排斥作用, 而 $\mathcal{L}_\sigma$ 和 $\mathcal{L}_\omega$ 是线性介子场.

这个模型的 $m_N, m_\sigma, m_\omega, g_\sigma, g_\omega$ 5 个参数中,

$$m_N = 939 \, \text{MeV}, \qquad m_\omega = 783 \, \text{MeV} \tag{2.147}$$

已由实验完全定死, 而

$$m_\sigma = (500 \sim 600) \, \text{MeV} \tag{2.148}$$

是一个很宽的共振, 可近似取 $m_\sigma = 550 \, \text{MeV}$. 所以, 3 个质量参数都由粒子物理实验确定, 只有两个耦合参数 $g_\sigma$ 和 $g_\omega$ 可拟合核物质性质.

### b. 平均场近似

由拉氏密度 (2.140) 可求出场的运动方程 [34]

$$[\gamma_\mu(i\partial^\mu - g_\omega \omega^\mu) - (m_N - g_\sigma \phi)]\psi = 0, \tag{2.149}$$

$$(\partial_\mu \partial^\mu + m_\sigma^2)\phi = g_\sigma \overline{\psi}\psi, \tag{2.150}$$

$$\partial_\mu W^{\mu\nu} + m_\omega^2 \omega^\nu = g_\omega \overline{\psi}\gamma^\nu \psi, \tag{2.151}$$

这是一组耦合的非线性方程. 其中, 介子场的 (2.150) 式为有标量源的 Klein-Gordon 方程, (2.151) 式类似于有质量项和矢量源的量子电动力学 (QED) 方程, 核子场有守恒的 流密度

$$B^\mu = \overline{\psi}\gamma^\mu\psi, \qquad \partial_\mu B^\mu = 0. \tag{2.152}$$

介子与正反核子的耦合, 意味着这些粒子有内禀结构, 要进行重正化. 而由于耦合常数不是小量, 微扰论不适用. 这就使得这组方程的求解复杂而且困难. 但在另一方面, 当核子场 标量密度 $\overline{\psi}\psi$ 和流密度 $\overline{\psi}\gamma^\mu\psi$ 增大时, 介子场源变得很强, 产生大量介子, 因而可把介子场当成经典场, 亦即在取平均值的意义上来看待场量 $\phi$ 与 $\omega^\mu$. 这称为 平均场近似, 或 平均场理论 (mean field theory, MFT).

对静止的均匀系, 平均场 $\phi$ 和 $\omega^\mu$ 为与时空无关的常数, 而且 $\omega^\mu$ 与方向无关, 只有 $\omega^0$ 分量, 拉氏密度 (2.140) 简化为

$$\mathcal{L} = \overline{\psi}[(\mathrm{i}\gamma_\mu\partial^\mu - g_\omega\gamma_0\omega^0) - (m_\mathrm{N} - g_\sigma\phi)]\psi - \frac{1}{2}m_\sigma^2\phi^2 + \frac{1}{2}m_\omega^2\omega_0^2, \tag{2.153}$$

运动方程 (2.149)—(2.151) 简化为

$$(\mathrm{i}\gamma_\mu\partial^\mu - g_\omega\gamma_0\omega^0 - m_\mathrm{N}^*)\psi = 0, \qquad m_\mathrm{N}^* = m_\mathrm{N} - g_\sigma\phi, \tag{2.154}$$

$$\phi = \frac{g_\sigma}{m_\sigma^2}\rho_\mathrm{s}, \qquad \rho_\mathrm{s} = \langle\!\langle\overline{\psi}\psi\rangle\!\rangle, \tag{2.155}$$

$$\omega^0 = \frac{g_\omega}{m_\omega^2}\rho_\mathrm{B}, \qquad \rho_\mathrm{B} = \langle\!\langle\psi^\dagger\psi\rangle\!\rangle, \tag{2.156}$$

其中 $\langle\!\langle\ \rangle\!\rangle$ 表示取平均, $\rho_\mathrm{s}$ 和 $\rho_\mathrm{B}$ 分别是核子场平均标量密度和 重子数密度.

Dirac 方程 (2.154) 表明, 现在核子不是自由核子, 而是一种 准粒子. 首先, 平均场 $\phi$ 的作用, 使核子质量移动 $-g_\sigma\phi$, 由 $m_\mathrm{N}$ 变为有效质量 $m_\mathrm{N}^*$. 其次, 对平面波解

$$\psi_k(x) = w(k)\mathrm{e}^{-\mathrm{i}kx}, \qquad kx = k_\mu x^\mu = k^0 t - \boldsymbol{k}\cdot\boldsymbol{x}, \tag{2.157}$$

(2.154) 式给出 Dirac 旋量 $w(k)$ 的方程

$$[(k^0 - g_\omega\omega^0) - \boldsymbol{\alpha}\cdot\boldsymbol{k} - \beta m_\mathrm{N}^*]w(k, \xi) = 0, \tag{2.158}$$

把它用 Dirac 矩阵 $\boldsymbol{\alpha}$ 和 $\beta$ 写开就是

$$\begin{pmatrix} k^0 - g_\omega\omega^0 - m_\mathrm{N}^* & -\boldsymbol{\sigma}\cdot\boldsymbol{k} \\ -\boldsymbol{\sigma}\cdot\boldsymbol{k} & k^0 - g_\omega\omega^0 + m_\mathrm{N}^* \end{pmatrix} w(k, \lambda) = 0, \tag{2.159}$$

其中 $\boldsymbol{\sigma} = (\sigma^1, \sigma^2, \sigma^3)$ 是 Pauli 矩阵, $\lambda$ 是自旋和同位旋量子数. 这组方程有解的条件, 给出

$$k^0 = k_\pm^0 = g_\omega\omega^0 \pm \epsilon_{\boldsymbol{k}}^*, \qquad \epsilon_{\boldsymbol{k}}^* = \sqrt{\boldsymbol{k}^2 + m_\mathrm{N}^{*2}}. \tag{2.160}$$

上式表明, 平均场 $\omega^0$ 的作用, 使得核子能量移动 $g_\omega\omega^0$. 与 $k_\pm^0$ 相应的 "正频解"

和 "负频解" 可分别写成

$$u(\boldsymbol{k}, \lambda) = w(k_+^0, \boldsymbol{k}, \lambda), \qquad v(\boldsymbol{k}) = w(k_-^0, -\boldsymbol{k}, \lambda), \tag{2.161}$$

取归一化为

$$u^\dagger(\boldsymbol{k}, \lambda) u(\boldsymbol{k}, \lambda') = \delta_{\lambda \lambda'}, \qquad v^\dagger(\boldsymbol{k}, \lambda) v(\boldsymbol{k}, \lambda') = \delta_{\lambda \lambda'}. \tag{2.162}$$

与自由粒子的 Dirac 旋量不同, 这里 $u, v$ 描述浸在平均场 $\phi$, $\omega^0$ 中的核子与反核子. 把核子场 $\psi$ 用这种准粒子态展开, 可以写成

$$\psi(x) = \frac{1}{\sqrt{V}} \sum_{\boldsymbol{k}, \lambda} \left[ c_{\boldsymbol{k}\lambda} u(\boldsymbol{k}, \lambda) \mathrm{e}^{-\mathrm{i}kx} + d_{\boldsymbol{k}\lambda}^\dagger v(\boldsymbol{k}, \lambda) \mathrm{e}^{\mathrm{i}kx} \right], \tag{2.163}$$

其中 $c_{\boldsymbol{k}\lambda}^\dagger$, $d_{\boldsymbol{k}\lambda}^\dagger$ 及其共轭是相应核子与反核子的产生湮灭算符. 于是

$$\rho_{\mathrm{B}} = \langle\!\langle \psi^\dagger \psi \rangle\!\rangle = \frac{1}{V} \int \mathrm{d}^3 \boldsymbol{x} \langle\!\langle \psi^\dagger(x) \psi(x) \rangle\!\rangle = \frac{1}{V} \sum_{\boldsymbol{k}, \lambda} (\langle\!\langle c_{\boldsymbol{k}\lambda}^\dagger c_{\boldsymbol{k}\lambda} \rangle\!\rangle - \langle\!\langle d_{\boldsymbol{k}\lambda}^\dagger d_{\boldsymbol{k}\lambda} \rangle\!\rangle)$$

$$= \frac{1}{V} \sum_{\boldsymbol{k}, \lambda} (n_{\boldsymbol{k}\lambda} - \overline{n}_{\boldsymbol{k}\lambda}) = \frac{N - \overline{N}}{V} = \frac{B}{V}, \tag{2.164}$$

注意这里用 $N$ 表示核子数, $\overline{N}$ 表示反核子数, 重子数 $B = N - \overline{N}$. 对于基态, 反重子数为零, $\overline{n}_{\boldsymbol{k}\lambda} = 0$,

$$\rho_{\mathrm{B}} = \frac{1}{V} \sum_{\boldsymbol{k}, \lambda} n_{\boldsymbol{k}\lambda} = \sum_\lambda \int \frac{\mathrm{d}^3 \boldsymbol{k}}{(2\pi)^3} n_{\boldsymbol{k}\lambda} = \frac{1}{3\pi^2} \sum_\tau k_\tau^3 = \rho_{\mathrm{N}} = \rho. \tag{2.165}$$

为了算 $\rho_{\mathrm{s}}$, 用 $\overline{w} = w^\dagger \gamma^0$ 左乘 Dirac 方程 (2.158), 用 $\gamma^0 w$ 右乘 (2.158) 式的共轭, 二者相加, 得

$$\overline{u}(\boldsymbol{k}, \lambda) u(\boldsymbol{k}, \lambda') = \frac{m_{\mathrm{N}}^*}{\epsilon_{\boldsymbol{k}}^*} u^\dagger(\boldsymbol{k}, \lambda) u(\boldsymbol{k}, \lambda'), \quad \overline{v}(\boldsymbol{k}, \lambda) v(\boldsymbol{k}, \lambda') = -\frac{m_{\mathrm{N}}^*}{\epsilon_{\boldsymbol{k}}^*} v^\dagger(\boldsymbol{k}, \lambda) v(\boldsymbol{k}, \lambda').$$
$$\tag{2.166}$$

用此关系, 有

$$\rho_{\mathrm{s}} = \langle\!\langle \overline{\psi} \psi \rangle\!\rangle = \frac{1}{V} \int \mathrm{d}^3 \boldsymbol{x} \langle\!\langle \overline{\psi}(x) \psi(x) \rangle\!\rangle = \frac{1}{V} \sum_{\boldsymbol{k}, \lambda} (n_{\boldsymbol{k}\lambda} + \overline{n}_{\boldsymbol{k}\lambda}) \frac{m_{\mathrm{N}}^*}{\epsilon_{\boldsymbol{k}}^*}. \tag{2.167}$$

对于基态, $\overline{n}_{\boldsymbol{k}\lambda} = 0$,

$$\rho_{\mathrm{s}} = \sum_\lambda \int \frac{\mathrm{d}^3 \boldsymbol{k}}{(2\pi)^3} n_{\boldsymbol{k}\lambda} \frac{m_{\mathrm{N}}^*}{\epsilon_{\boldsymbol{k}}^*} = \frac{m_{\mathrm{N}}^3 \xi^3}{\pi^2} \sum_{\tau = \mathrm{p}, \mathrm{n}} f_1(k_\tau / \xi m_{\mathrm{N}}), \tag{2.168}$$

其中 $\xi$ 是约化的核子有效质量,

$$\xi = \frac{m_{\mathrm{N}}^*}{m_{\mathrm{N}}}, \tag{2.169}$$

而函数 (见附录 C)

$$f_l(x) = \int_0^x \mathrm{d}x \frac{x^{2l}}{\sqrt{1 + x^2}}. \tag{2.170}$$

由 $m_{\mathrm{N}}(1-\xi) = m_{\mathrm{N}} - m_{\mathrm{N}}^* = g_\sigma\phi = (g_\sigma^2/m_\sigma^2)\rho_{\mathrm{s}}$, 其中的 $\rho_{\mathrm{s}}$ 用 (2.168) 式代入, 就得计算 $\xi$ 的方程

$$1-\xi = g_\sigma^2 \frac{m_{\mathrm{N}}^2}{m_\sigma^2} \frac{\xi^3}{\pi^2} \sum_{\tau=\mathrm{p,n}} f_1(k_\tau/\xi m_{\mathrm{N}}). \tag{2.171}$$

### c. 物态方程：公式推导

体系的哈密顿密度可由 (2.153) 式算出为

$$\mathcal{H} = \frac{\partial\mathcal{L}}{\partial\dot\psi}\dot\psi - \mathcal{L} = \overline\psi(-\mathrm{i}\boldsymbol\gamma\cdot\nabla + m_{\mathrm{N}}^*)\psi + \frac{1}{2}m_\sigma^2\phi^2 + \frac{1}{2}m_\omega^2\omega_0^2, \tag{2.172}$$

对上式取平均, 即得平均场近似的能量密度. 对基态平均, 有

$$\mathcal{E}_{\mathrm{N}} = \langle\!\langle\overline\psi(-\mathrm{i}\boldsymbol\gamma\cdot\nabla + m_{\mathrm{N}}^*)\psi\rangle\!\rangle = \langle\!\langle\psi^\dagger(\mathrm{i}\partial^0 - g_\omega\omega^0)\psi\rangle\!\rangle$$

$$= \frac{1}{V}\sum_{\boldsymbol{k},\lambda}(n_{\boldsymbol{k}\lambda} - \overline{n}_{\boldsymbol{k}\lambda})\epsilon_{\boldsymbol{k}}^* = \frac{m_{\mathrm{N}}^4\xi^4}{\pi^2}\sum_{\tau=\mathrm{n,p}} F_1(k_\tau/\xi m_{\mathrm{N}}), \tag{2.173}$$

其中用到 Dirac 方程 (2.154), 而 (见附录 C)

$$F_l(x) = \int_0^x \mathrm{d}x\, x^{2l}\sqrt{1+x^2}. \tag{2.174}$$

另外

$$\mathcal{E}_\sigma = \frac{1}{2}m_\sigma^2\phi^2 = \frac{1}{2}\frac{m_\sigma^2}{g_\sigma^2}m_{\mathrm{N}}^2(1-\xi)^2 = \frac{m_{\mathrm{N}}^4}{2C_\sigma^2}(1-\xi)^2, \tag{2.175}$$

$$\mathcal{E}_\omega = \frac{1}{2}m_\omega^2\omega_0^2 = \frac{1}{2}\frac{g_\omega^2}{m_\omega^2}\rho_{\mathrm{N}}^2 = \frac{C_\omega^2\rho_{\mathrm{N}}^2}{2m_{\mathrm{N}}^2}, \tag{2.176}$$

$$C_\sigma = g_\sigma\frac{m_{\mathrm{N}}}{m_\sigma}, \qquad C_\omega = g_\omega\frac{m_{\mathrm{N}}}{m_\omega}. \tag{2.177}$$

于是得基态能量密度为

$$\mathcal{E} = \langle\!\langle\mathcal{H}\rangle\!\rangle = \mathcal{E}_{\mathrm{N}} + \mathcal{E}_\sigma + \mathcal{E}_\omega$$

$$= \frac{m_{\mathrm{N}}^4\xi^4}{\pi^2}\sum_{\tau=\mathrm{n,p}} F_1(k_\tau/\xi m_{\mathrm{N}}) + \frac{m_{\mathrm{N}}^4}{2C_\sigma^2}(1-\xi)^2 + \frac{C_\omega^2\rho_{\mathrm{N}}^2}{2m_{\mathrm{N}}^2}, \tag{2.178}$$

其中 $k_{\mathrm{n}}$ 与 $k_{\mathrm{p}}$ 为自变量, $C_\sigma$ 与 $C_\omega$ 为待定组合参数, 而 $\xi$ 由 (2.171) 式确定, 是 $k_{\mathrm{n}}$ 与 $k_{\mathrm{p}}$ 的函数.

由于 $\rho_\tau = k_\tau^3/3\pi^2$, 所以 (2.178) 式给出了基态能量密度 $\mathcal{E}$ 作为核子数密度 $\rho_{\mathrm{N}}$ 和不对称度 $\delta$ 的函数, 由它即可算出基态核物质的每核子能量

$$e(\rho_{\mathrm{N}},\delta) = \frac{\mathcal{E}}{\rho_{\mathrm{N}}} - m_{\mathrm{N}}, \tag{2.179}$$

这里减去核子静质能 $m_{\mathrm{N}}$, 是因为 $\mathcal{E}$ 的计算中出现的 $\epsilon_{\boldsymbol{k}}^*$ 是核子的相对论能量.

有了 $\mathcal{E}$ 和 $e$, 就可进一步算出压强 $p$ 和抗压系数 $K$,

$$p = -\mathcal{E} + \rho_{\mathrm{N}}\frac{\partial \mathcal{E}}{\partial \rho_{\mathrm{N}}}$$

$$= \frac{1}{3}\mathcal{E}_{\mathrm{K}} - \frac{1}{3}m_{\mathrm{N}}\xi\rho_{\mathrm{s}} - \mathcal{E}_\sigma + \mathcal{E}_\omega, \tag{2.180}$$

$$K = 9\frac{\partial p}{\partial \rho_{\mathrm{N}}}$$

$$= \frac{1}{\rho_{\mathrm{N}}}\left\{\frac{m_{\mathrm{N}}^4\xi^4}{\pi^2}\sum_{\tau=\mathrm{p,n}}\left(\frac{k_\tau}{\xi m_{\mathrm{N}}}\right)^3 f_1'(k_\tau/\xi m_{\mathrm{N}}) + 9\frac{C_\omega^2\rho_{\mathrm{N}}^2}{m_{\mathrm{N}}^2}\right.$$

$$\left.+3\frac{m_{\mathrm{N}}^4\xi^4}{\pi^2}\sum_{\tau=\mathrm{p,n}}\frac{k_\tau}{\xi m_{\mathrm{N}}}f_1'(k_\tau/\xi m_{\mathrm{N}})\frac{\rho_{\mathrm{N}}}{\xi}\frac{\partial \xi}{\partial \rho_{\mathrm{N}}}\right\}, \tag{2.181}$$

$$\frac{\rho_{\mathrm{N}}}{\xi}\frac{\partial \xi}{\partial \rho_{\mathrm{N}}} = \frac{1}{3}\frac{Q}{\xi + Q + 3C_\sigma^2\rho_{\mathrm{s}}/m_{\mathrm{N}}^3}, \tag{2.182}$$

$$Q = -\frac{C_\sigma^2\xi^3}{\pi^2}\sum_{\tau=\mathrm{p,n}}\frac{k_\tau}{\xi m_{\mathrm{N}}}f_1'(k_\tau/\xi m_{\mathrm{N}}). \tag{2.183}$$

需要指出, 前面推导核子能量密度 $\mathcal{E}_{\mathrm{N}}$ 的 (2.173) 式, 隐含了算符取正规乘积的假设, 亦即略去了真空零点能 [34]. 这相当于略去了负能态. 然而, 由于这里的核子质量有一移动, 并非真正的自由核子, 对这样算出的 $\mathcal{E}_{\mathrm{N}}$ 还应作一修正. 这项真空修正涉及对所有负能态求和, 是发散的, 需要与重正化抵消项联合一同考虑. 这称为 相对论性 Hartree 近似 (relativistic Hartree approximation), 简称 RHA, 又称 单圈近似 (one-loop approximation) [32]. 这种来自负能态的修正, 对有限核特别是对核响应的计算不可忽略, 这里就不深入讨论.

### d. 物态方程: 简单讨论

从 (2.178)—(2.181) 式可以看出, 即便是零温基态情形, Walecka 模型的公式也比非相对论的 Thomas-Fermi 模型复杂得多, 不容易直接从表达式进行分析, 而要算出数值的结果. 不过对极端的情形, 还是可以做一些简单的讨论.

从运动方程 (2.154)—(2.156) 可以看出, 平均场 $\phi$ 与 $\omega^0$ 对核子的作用, 只是减小核子有效质量, 和使核子能级发生移动. 此外, 平均场本身也对体系能量有贡献. 复杂的是, 平均场的强度, 从而核子有效质量的减小和能级的移动, 都随体系核子密度的增加而增大. 下面就来看密度很小 ($k_{\mathrm{F}} \to 0$) 和很大 ($k_{\mathrm{F}} \to \infty$) 的极限. 为简单起见, 只考虑对称核物质, $k_{\mathrm{n}} = k_{\mathrm{p}} = k_{\mathrm{F}}$.

密度很小时, (2.168) 式中 $f_1(x) \approx x^3/3$ (见附录 C), 有

$$\rho_{\mathrm{s}} \approx \frac{2k_{\mathrm{F}}^3}{3\pi^2} = \rho_{\mathrm{N}}. \tag{2.184}$$

在 (2.171) 式中略去 $k_F^3/m_N m_\sigma^2 \ll 1$ 的项, 有 $\xi \approx 1$, 即

$$m_N^* \approx m_N. \qquad (2.185)$$

这时介子场很弱, 对核子的影响可以忽略, 体系的行为与自由核子气体相同, 能量密度只剩下 $\mathcal{E}_N$. 由于 $F_1(x) \approx \frac{x^3}{3} + \frac{x^5}{10}$ (见附录 C), (2.179) 式给出每核子能量近似为

$$e(\rho_N, 0) \approx \frac{m_N^4}{\pi^2 \rho_N}\left[\frac{2k_F^3}{3m_N^3} + \frac{2k_F^5}{10m_N^5}\right] - m_N = \frac{3}{5}\frac{k_F^2}{2m_N}, \qquad (2.186)$$

与前面 (2.53) 或 (2.87) 式一致.

密度很大时, $\quad f_1(x) \approx x^2/2$, 有

$$\rho_s \approx \frac{m_N^* k_F^2}{\pi^2}, \qquad (2.187)$$

从而

$$m_N^* = \frac{m_N}{1 + \frac{C_\sigma^2 k_F^2}{\pi^2 m_N^2}}, \qquad (2.188)$$

有效质量随密度增大而趋于零, 核子趋于极端相对论性粒子. 这时 $F_1(x) \approx x^4/4$, 所以 $\mathcal{E}_N$ 和 $\mathcal{E}_\sigma$ 都正比于 $k_F^4$, 而 $\mathcal{E}_\omega \propto k_F^6$, 有

$$p \approx \mathcal{E} \approx \mathcal{E}_\omega = \frac{C_\omega^2 \rho_N^2}{2m_N^2}. \qquad (2.189)$$

这意味着体系的声速在密度很大时趋于光速,

$$c_s^2 = \frac{\partial p}{\partial \mathcal{E}} \approx 1. \qquad (2.190)$$

### e. 参数和曲线

Walecka 模型的两个组合参数 $C_\sigma$ 与 $C_\omega$, 可用标准核物质 $(\rho_0, 0)$ 点的数据定出. 这要用到对称核物质能量密度公式、压强为零条件和计算有效质量的公式, 分别是

$$\mathcal{E} = 2\frac{m_N^4 \xi^4}{\pi^2} F_1(k_F/\xi m_N) + \frac{m_N^4}{2C_\sigma^2}(1 - \xi)^2 + \frac{C_\omega^2 \rho_N^2}{2m_N^2}, \qquad (2.191)$$

$$\frac{2}{3}\frac{m_N^4 \xi_0^4}{\pi^2} f_2(k_F/\xi_0 m_N) - \frac{m_N^4}{2C_\sigma^2}(1 - \xi_0)^2 + \frac{C_\omega^2 \rho_0^2}{2m_N^2} = 0, \qquad (2.192)$$

$$1 - \xi = 2\frac{C_\sigma^2 \xi^3}{\pi^2} f_1(k_F/\xi m_N), \qquad (2.193)$$

其中压强为零条件只在 $(\rho_0, 0)$ 点成立, 下标表 0 示在该点取值. 联立 (2.191) 与 (2.192) 式消去 $C_\omega$, 所得方程中的 $C_\sigma$ 从 (2.193) 式解出代入, 可得

$$\frac{3}{\xi_0} f_1(k_F/\xi_0 m_N) + 2f_2(k_F/\xi_0 m_N) = (e_0 + m_N)\frac{k_F^3}{\xi_0^4 m_N^4}. \qquad (2.194)$$

给定标准点的 $(\rho_0, e_0)$, 由此式可算出 $\xi_0$. 把此 $\xi_0$ 和 $\rho_0$ 代入 (2.193) 式, 可算出 $C_\sigma^2$, 并由 (2.191) 或 (2.192) 式算出 $C_\omega^2$. 最后, 可由下式算出抗压系数 $K_0$:

$$K_0 = 6\frac{C_\omega^2 k_{\mathrm{F}}^3}{\pi^2 m_{\mathrm{N}}^2} + 3m_{\mathrm{N}}\xi_0 f_1'(k_{\mathrm{F}}/\xi_0 m_{\mathrm{N}})\left[1 + \frac{m_{\mathrm{N}}^2 \xi_0^2}{k_{\mathrm{F}}^2}\frac{Q_0}{3 - 2\xi_0 + Q_0}\right], \tag{2.195}$$

$$Q_0 = -2\frac{C_\sigma^2 \xi_0^3}{\pi^2}\frac{k_{\mathrm{F}}}{\xi_0 m_{\mathrm{N}}} f_1'(k_{\mathrm{F}}/\xi_0 m_{\mathrm{N}}). \tag{2.196}$$

取 $\rho_0 = 0.161/\,\mathrm{fm}^3$, $e_0 = -16.1\,\mathrm{MeV}$, 得到

$$C_\sigma^2 = 328.795, \qquad C_\omega^2 = 248.496, \tag{2.197}$$

$$\xi_0 = 0.54294, \qquad K_0 = 556.421\,\mathrm{MeV}. \tag{2.198}$$

把这样算得的 $C_\sigma^2$ 代回 (2.193) 式, 可算出有效质量 $\xi$ 随核子数密度 $\rho_{\mathrm{N}}$ 变化的关系, 如图 2.6 中的实线. 图中虚线为近似公式 (2.188) 的结果.

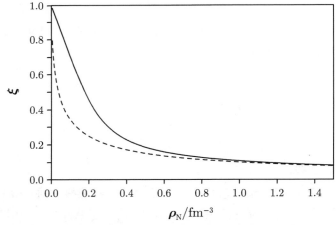

图 2.6　Walecka 模型核子约化有效质量随密度的变化

　　图 2.7 是上述参数 $C_\sigma^2$ 和 $C_\omega^2$ 给出的对称核物质每核子能量随密度的变化. 可以看出, 图 2.7 的物态方程比图 2.4 的 Seyler-Blanchard 物态方程硬得多, 在饱和点 $(\rho_0, e_0)$ 相同的情况下, $\rho_{\mathrm{N}} = 0.5\,\mathrm{fm}^{-3}$ 时图 2.4 的 $e_0 \approx 50\,\mathrm{MeV}$, 而这里的 $e_0 \approx 150\,\mathrm{MeV}$. Seyler-Blanchard 模型的 $K_0 = 308\,\mathrm{MeV}$ 已经偏高, Walecka 模型的 $K_0 = 556\,\mathrm{MeV}$ 就更高. 此外, Walecka 模型的核子有效质量 $m_{\mathrm{N}}^* \approx 0.54 m_{\mathrm{N}}$ 看来也偏低.

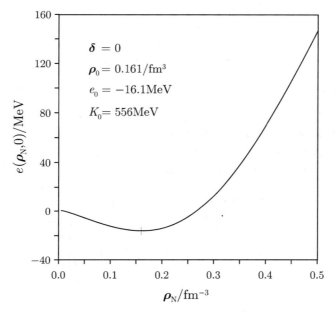

图 2.7 对称核物质 Walecka 物态方程

**f. 发展和改进**

为了使物态方程软化, 对于 Seyler-Blanchard 模型, 可引入新的动量和密度相关项, 把它推广成 Myers-Świątecki 模型 [23]. 同样, 对于 Walecka 模型, 为了描述同位旋的作用, 可引入 ρ 介子 [32] 和 π 介子 [35], 为了使物态方程软化, 可引入介子场的非线性项 [36], 或尝试引入不同介子间的耦合 [37][38].

现在被许多作者采用的非线性 σ-ω-ρ 模型 [39], 是在 Walecka 模型的基础上, 再引入 ρ 介子, 和 σ 介子场的非线性项. 对于对称核物质, 同位旋密度为零, ρ 介子不起作用, 这个模型的拉氏密度成为 Boguta-Stöcker 模型的 [40]

$$\mathcal{L} = \overline{\psi}(\mathrm{i}\gamma_\mu\partial^\mu + m_{\mathrm{N}})\psi + \frac{1}{2}\partial_\mu\phi\partial^\mu\phi - U(\phi)$$
$$- \frac{1}{4}W_{\mu\nu}W^{\mu\nu} + \frac{1}{2}m_\omega^2\omega_\mu\omega^\mu + g_\sigma\phi\overline{\psi}\psi - g_\omega\omega^\mu\overline{\psi}\gamma_\mu\psi, \tag{2.199}$$

$$U(\phi) = \frac{1}{2}m_\sigma^2\phi^2 + \frac{1}{3}m_{\mathrm{N}}b(g_\sigma\phi)^3 + \frac{1}{4}c(g_\sigma\phi)^4, \tag{2.200}$$

其中 $b$ 和 $c$ 是非线性项系数. σ 介子的这种非线性自耦合项, 是 Boguta 和 Bodmer 为改进核物质的压缩性而最先引入的 [36]. 在平均场近似下, 由此可推

出基态对称核物质的物态方程

$$e(\rho_{\rm N}) = U(\phi) + \frac{1}{2}\left(\frac{g_\omega}{m_\omega}\right)^2 \rho_{\rm N}$$

$$+ \frac{4}{(2\pi)^3 \rho_{\rm N}} \int_0^{k_{\rm F}} {\rm d}^3 \boldsymbol{k}(\boldsymbol{k}^2 + m_{\rm N}^{*2})^{1/2} - m_{\rm N}. \qquad (2.201)$$

由于 (2.155) 式的 $m_\sigma\phi = (g_\sigma/m_\sigma)\rho_{\rm s}$ 和 (2.184) 式的 $\rho_{\rm s} \approx \rho_{\rm N} = 2k_{\rm F}^3/3\pi^2$, 上式包含 $C_\sigma$, $C_\omega$, $b$, $c$, $\xi$ 等 5 个参数. 图 2.8 是 Piekarevicz 用这个模型算得的基态对称核物质物态方程, 其中 $\rho_0 = 0.148/\,{\rm fm}^3$, $e_0 = -16.0\,{\rm MeV}$, 抗压系数固定在 $K_0 = 250\,{\rm MeV}$ [41]. 图中实线 $\xi = 0.6$, $J = 38\,{\rm MeV}$, 虚线和点划线分别为 $\xi = 0.7, 0.7$, $J = 37, 28\,{\rm MeV}$, 后两条曲线基本重合.

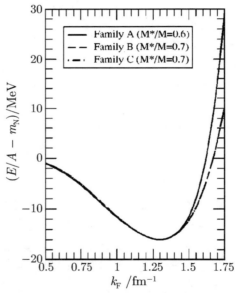

图 2.8　非线性 σ-ω-ρ 模型物态方程 [41]

除了非线性项的自作用, 还可以考虑以介子为媒介的三体相互作用 [42]. 这类改进的模型, 由于引入新的物理和参数, 有更大的灵活性来进行调整, 以降低硬度和提高核子有效质量. 但前面已经指出, 随着各种手工作业的增加, 推广到未知领域的可信度也就相应降低. 这是各种唯象理论与模型先天和不可避免的弱点与软肋.

与唯象的做法相比, 有效场论 (effective field theory) 的做法立足于对小量的系统展开, 自由参数很少, 从而预言能力较高. 但是为了与实验更精确的拟合，还是要进一步引入新的参数 [39][43]. 于是还有所谓 从头开始 (ab initio) 的做法. 在核子的层次，这就是以 Brueckner 理论 [44][45][46] 为基础的核多体理论，要做微观的计算，与 N-N 散射等实验拟合，计算相当复杂和困难 [42][47][48][49]. 这种做法目前还难以用来从实验数据系统地提取有关核物质的信息，通常只是在理论上用作对唯象模型的指导和对其结果的检验，这从后面的具体讨论将会看到，本书就不具体展开. 而最深层的 ab initio 做法，则是从夸克模型和 QCD 出发，在十分基本的理论层次上处理核物质的问题 [48]. 这种理论有助于我们对核物质性质的深入理解，但那是夸克自由度为主的问题，超出了本书的范围.

## 参 考 文 献

[1] W.D. Myers, W.J. Świątecki and C.S. Wang, *Nucl. Phys.* **A 436** (1985) 185.

[2] W.D. Myers and W.J. Świątecki, *Nucl. Phys.* **A 587** (1995) 92.

[3] Kerson Huang, *Statistical Mechanics*, John Wiley & Sons, Inc., New York, 1963.

[4] Lawrence Wilets, *Rev. Mod. Phys.*, **30** (1958) 542.

[5] A. Schmitt, *Dense Matter in Compact Stars*, Lect. Notes Phys. 811, Springer, 2010.

[6] W.D. Myers and W.J. Świątecki, *Ann. Phys.* (N.Y.) **55** (1969) 395.

[7] William D. Myers, *Droplet Model of Atomic Nuclei*, IF/PLENUM, 1977.

[8] W Scheid, R. Ligensa and W. Greiner, *Phys. Rev. Lett.* **21** (1968) 1479.

[9] P.J. Siemens and J.I. Kapusta, *Phys. Rev. Lett.* **43** (1979) 1486.

[10] A.J. Sierk and J.R. Nix, *Phys. Rev.* **C 22** (1980) 1920.

[11] J.R. Nix and D. Strottman, *Phys. Rev.* **C 28** (1981) 2548.

[12] T.H.R. Skyrme, *Nucl. Phys.* **9** (1959) 615.

[13] R.G.Seyler and C.H.Blanchard, *Phys.Rev*, **124** (1961) 227; **131** (1961) 355.

[14] 王竹溪， *统计物理学导论*, 高等教育出版社， 1956.

[15] 李政道， *统计力学*, 北京师范大学出版社， 1984.

[16] E.C. Stoner, *Phil. Mag.* **28** (1939) 257.

[17] R.W. Hasse and W.D. Myers, *Geometrical Relationships of Macroscopic Nuclear Physics*, Springer-Verlag, 1988.

[18] 王竹溪，郭敦仁， *特殊函数概论*, 北京大学出版社， 2012.

[19] L.H. Thomas, *Proc. Camb. Phil. Soc.* **23** (1927) 542.

[20] E. Fermi, *Zeit. f. Phys.* **48** (1928) 73.

[21] Cheng-Shing Wang and William D. Myers, *Commun. Theor. Phys.* (Beijing) **8** (1987) 397.

[22] F. Tondeur, *Nucl. Phys.* **A 315** (1978) 353.

[23] W.D. Myers and W.J. Świątecki, *Ann. of Phys.* **204** (1990) 401.

[24] D.G. Ravenhall, C.J. Pethick and J.M. Lattimer, *Nucl. Phys.* **A 405** (1983) 571.

[25] J.I. Kapusta, *Phys. Rev.* **C 29** (1984) 1735.

[26] K.C. Chung, C.S. Wang, A.J. Santiago, and J.W. Zhang, *Eur. Phys. J.* **A 10** (2001) 27.

[27] Cheng-Shing Wang, *Phys. Rev.* **C 45** (1992) 1084.

[28] G.E. Brown, *Many-Body Problems*, North-Holland, Amsterdam, 1972.

[29] Cheng-Shing Wang, *Commun. Theor. Phys.* (Beijing), **9** (1988) 161.

[30] 孟杰, 郭建友, 李剑等, 物理学进展 **31** (2011) 199.

[31] J.D. Walecka, *Ann. Phys. NY* **83** (1974) 491.

[32] B.D. Serot and J.D. Walecka, *Adv. Nucl. Phys.* **16** (1986) 1.

[33] J.D. Walecka, *Theoretical Nuclear and Subnuclear Physics*, Oxford University Press, 1995.

[34] 王正行, 简明量子场论, 北京大学出版社, 2008 年.

[35] Hua-lin Shi, Bao-qiu Chen, and Zhong-yu Ma, *Phys. Rev.* **C 52** (1995) 144.

[36] J. Boguta and A.R. Bodmer, *Nucl. Phys.* **A 292** (1977) 413.

[37] R.J. Furnstahl, B.D. Serot, and Hua-Bin Tang, *Nucl. Phys.* **A 615** (1997) 441.

[38] K.C. Chung, C.S. Wang, A.J. Santiago, and J.W. Zhang, *Eur. Phys. J.* **A 11** (2001) 137.

[39] B.D. Serot and J.D. Walecka, *Int. J. Mod. Phys.* **E 6** (1997) 515.

[40] J.Boguta and H. Stöcker, *Phys. Lett.* **120B** (1983) 289.

[41] J. Piekarevicz, *Phys. Rev.* **C 66** (2002) 034305.

[42] W. Zuo, A. Lejeune, U. Lombardo, and J.F. Mathiot, *Nucl. Phys* **A 706** (2002) 418.

[43] S. Fritsch, N. Kaiser, and W. Weise, *Nucl. Phys.* **A 750** (2005) 259.

[44] K.A. Brueckner, *Phys. Rev.* **97** (1955) 1353; **100** (1955) 36.

[45] H.A. Bethe, *Phys. Rev.* **103** (1956) 1353.

[46] J. Goldstone, *Proc. Roy. Soc. Lond.* **A 239** (1957) 267.

[47] Shi-shu Wu, *Meson degrees of freedom in Nuclei and the renormalization theory*, in CCAST-WL Workshop Series: Vol. 95, World Scientific, Singapore, 1998.

[48] R.J. Furnstahl, in *Lect. Notes Phys.* 641, Springer-Verlag Berlin Heidelberg, 2004.

[49] B. Frieman et al. Eds., *Lect. Notes Phys.* 814, Springer-Verlag Berlin Heidelberg, 2010.

# 3  基态核中的核物质

本章和下两章，讨论从原子核实验数据获得的对核物质的认识. 这种认识立足于有关实验数据，要进行一定的理论分析，是一个理论与实验交替互动的过程. 按涉及的实验数据分，本章涉及电子在核上的弹性散射和 μ 原子的 X 射线谱所给出的核半径和密度分布，以及原子核的质量与结合能，属于原子核的静态性质. 下两章涉及原子核集体激发的巨共振，以及相对论性重离子碰撞和高能核碰撞，属于原子核的动力学. 所涉及的理论模型，都包含一些要由实验确定的参数，具有唯象的特征. 这样获得的知识，或多或少依赖于所用的理论模型和分析方法，并非完全模型无关. 所以，需要对不同模型的结果进行分析比较，尝试减少和消除这种模型相关性. 或者从比较直接的实验数据，和采用模型依赖较少的方法，来提取有关信息. 这都有大量工作，本书无意全面论述，只是针对作者了解和熟悉的情形，举例介绍和说明.

## 3.1  核物质的饱和密度

### a. 概述

核物质的概念，源于原子核密度基本上是常数这一事实. 作为密度基本均匀的体系，给定密度常数 $\rho_0$，可以定义球形核的半径 $R$，

$$A = \frac{4\pi}{3} R^3 \rho_0, \tag{3.1}$$

这样定义的原子核半径，称为 等效锐半径 (equivalent sharp radius) [2.17]①. 由此即有

$$R = r_0 A^{1/3}, \tag{3.2}$$

$r_0$ 为半径常数，它与密度 $\rho_0$ 的关系为

$$\rho_0 = \frac{1}{4\pi r_0^3/3}. \tag{3.3}$$

实际上，密度 $\rho_0$ 对不同的核并不完全相同，$r_0$ 并非严格意义上的的常数. 只是

---

① 引用另一章的文献时，在序号前加章号，用下圆点分开. 下同.

在 $A \to \infty$ 的极限, 才可以把 $\rho_0$ 解释为核物质的饱和密度, 而把 $r_0$ 称为核物质的半径常数. 这时的 $\rho_0$, 也就是原子核中心的密度 $\rho_c$, 即 $\rho_0 = \rho_c$. 注意有的作者用下标 0 泛指体系处于稳定极小点的值, 而用下标 $\infty$ 或 nm 专指极限 $A \to \infty$ 的核物质相应值. 本书在符号上不作这种区分, 但请读者注意含义上的这种差别.

实际上, 由于原子核没有明锐的边界, 密度分布在边界附近有一弥散层, 针对不同问题可定义不同的半径. 除了上述等效锐半径和下面要定义的半密度半径, 还有平均半径和方均根半径等, 甚至还有更一般的径向矩和多极矩 [2.17], 这里就不细说.

物理上, 原子核密度基本上是常数这一性质, 来自核力的短程性. 与电磁力交换的光子不同, 核力交换的介子有质量. 由介子的质量, 可以估计出力程, 从而估计出核物质的密度. $\pi$ 介子质量 $m_\pi \approx 140\,\mathrm{MeV}$, 根据测不准关系, 力程大致为其约化 Compton 波长 $\lambda_\pi = 1/m_\pi = (197.3/140)\,\mathrm{fm} = 1.4\,\mathrm{fm}$. 早期的一种估计, 就取 $r_0 = \lambda_\pi = 1.4\,\mathrm{fm}$ [1.4][1].

实验上, 有许多定 $r_0$ 的方法. 可以测量原子核 $\alpha$ 衰变的半衰期. 核内形成的 $\alpha$ 粒子, 要穿过库仑位垒才能发生衰变, 这是量子力学的隧道效应. 粒子穿过位垒的概率与位垒的几何有关, 所以 $\alpha$ 衰变的半衰期或衰变常数与核半径有关. 早期这样给出的 $r_0$, 在 1.45 到 1.5 fm 的范围 [2][3].

$\alpha$ 衰变的库仑位垒, 来自 $\alpha$ 粒子与衰变子核间的库仑相互作用. 实际上, 涉及原子核库仑相互作用的测量, 都可尝试用来确定常数 $r_0$, 例如镜像核的库仑能差, 和原子核结合能中的库仑能. 特别是结合能中的库仑能, 拥有上千个原子核质量的数据可供利用. 这样定出的 $r_0$, 涉及因素较多, 对所用模型和方法的依赖较大. 从技术的层面看, 虽然有上千数据可供拟合, 但同时拟合的模型参数较多, 要都照顾到, 不能顾此失彼, 所以不易对这样定出的 $r_0$ 作出十分肯定的结论. 3.5 节讨论 Myers-Świątecki 模型的处理, 就会涉及这个问题.

直接测定原子核半径从而测定 $r_0$ 的主要实验, 是用各种粒子特别是电子在原子核上散射. 这类实验不仅能够确定原子核的形状和大小, 还能给出核子在核内的分布 [4]. 此外, 由于 $\mu$ 子质量比电子大得多, $\mu$ 原子基态和低激发态 $\mu$ 子波函数进入原子核内较深, 对其 X 射线谱的测量也能提供核内电荷及核子分布的信息 [5]. 这里只讨论与核物质性质有关的一些具体问题, 对这两方面工作的全面阐述, 可查阅有关著作, 例如文献 [6].

### b. 对原子核半密度半径 $C$ 的拟合

电子在原子核上的弹性散射实验和 $\mu$ 原子 X 射线谱分析, 已经积累了大量数据[7][8], 可供进行系统学的研究[9]. 实验测量的是核内电荷分布. 假设质子密度与中子密度成比例, 就可把归一化到核子数 $A$ 的电荷数密度当作核子数密度,

$$A = \int d^3 \boldsymbol{r} \rho(\boldsymbol{r}). \tag{3.4}$$

实验测得的电荷分布, 是用一些参数化的公式来表示的. 例如对 μ 原子谱的情形, 文献 [8] 把球形核的电荷分布表示为

$$\rho(r) = \frac{\rho_A}{1 + e^{(r-C)/d}}, \tag{3.5}$$

其中 $\rho_A$ 为归一化常数, $C$ 为 半密度半径 (half density radius), $d$ 为 核表面弥散度 (nuclear surface diffuseness). 在核物理中, 上式用于密度分布时称为 费米分布 或 二参数费米分布 (2pF), 用于单粒子势或光学模型势时称为 Woods-Saxon 分布. 对于 $60 \leqslant Z \leqslant 77$ 的变形核, 文献 [8] 则表示为

$$\rho(r) = \frac{\rho_A}{1 + e^{\{r - R_0[1 + \beta_2 Y_{20}(\theta, \phi)]\}/d}}, \tag{3.6}$$

其中 $R_0$ 为 半径参数, $\beta_2$ 为 变形参数, $Y_{20}(\theta, \phi)$ 为二阶球谐函数. 上式称为 变形费米分布.

把 (3.5) 式代入 (3.4) 式中积分, 运用 2.3 节强简并情形对费米积分 $I_2$ 的近似公式, 再把结果代入 (3.1) 式, 就得到

$$\frac{4\pi C^3}{3} \rho_A \left[1 + \left(\frac{\pi d}{C}\right)^2 + \cdots\right] = \frac{4\pi}{3} R^3 \rho_0. \tag{3.7}$$

其中 $\rho_A$ 与原子核中心密度 $\rho_c$ 有关系

$$\rho_c = \rho(0) = \frac{\rho_A}{1 + e^{-C/d}}. \tag{3.8}$$

$C$ 是几个 fm 的大小, 而 $d = 0.523\,\text{fm}$[8], 有 $C/d \gg 1$, 所以 $\rho_A$ 近似等于中心密度 $\rho_C$,

$$\rho_A \approx \rho_c. \tag{3.9}$$

另一方面, 从 (3.5) 式可看出, 当 $A \to \infty$ 时, $C \to \infty$, 有 $\rho(r) \to \rho_A$, 所以取 $\rho_A = \rho_0$, 即可从 (3.7) 式解出半密度半径 $C$ 与等效锐半径 $R$ 的下列关系:

$$C = R\left[1 - \frac{1}{3}\left(\frac{\pi d}{R}\right)^2 + \cdots\right], \tag{3.10}$$

略去的项 $\sim (d/R)^6$ [2.17]. 把 (3.2) 代入 (3.10) 式, 就得到半密度半径 $C$ 与核子数 $A$ 的关系,

$$C \approx r_0 A^{1/3}\left[1 - \frac{\pi^2 d^2}{3 r_0^2} A^{-2/3}\right]. \tag{3.11}$$

图 3.1 是原子核半密度半径 $C$ 与核子数 $A$ 的关系, 实验点取自文献 [8], 曲线是用 (3.11) 式对这些实验数据 (235 个核的半密度半径 $C$, 和表面弥散度

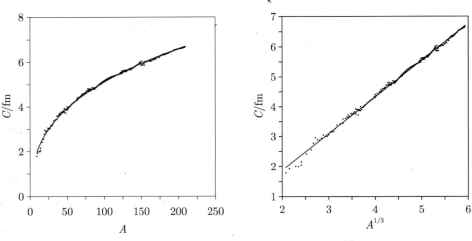

图 3.1　半密度半径 $C$ 随核子数 $A$ 的变化 [9]

$d = 0.523\,\text{fm}$) 作最小二乘法拟合 (least square fit) 的结果, 拟合给出 [9]

$$r_0 = 1.141\,\text{fm}, \tag{3.12}$$

注意这是 (3.11) 式中唯一的可调参数. 对由电子弹性散射数据 [7] 给出的电荷半径拟合所得的 $r_0 = 1.140\,\text{fm}$ [10], 对原子核质量拟合所得的 $r_0 = 1.138\,\text{fm}$ [11], 以及 3.5 节 Myers-Świątecki 的 Thomas-Fermi 模型对 1654 个原子核质量的拟合所用的 $r_0 = 1.140\,\text{fm}$ [12], 都与上述结果十分接近. 由 (3.12) 式的值可算出

$$\rho_0 = 0.1607\,\text{fm}^{-3}, \tag{3.13}$$

而从 $r_0 = 1.140\,\text{fm}$ 算得的是 $\rho_0 = 0.161\,16\,\text{fm}^{-3}$.

## 3.2　核中心密度给出的信息

### a. 模型和公式

在 2.1 节 c 中已经提到, 原子核的宏观模型, 假设原子核由核物质球体及其表面层构成, 把总能量写成体积能、表面能、库仑能和剩余能四项,

$$E(A, Z) = E_V + E_S + E_C + E_{\text{res}}, \tag{3.14}$$

其中剩余能 $E_{\text{res}}$ 包括壳修正、奇偶项和 Wigner 项 同分能 (congruence energy) [12]. 可以把体积能近似写成

$$E_V = Ae(\rho, \delta), \tag{3.15}$$

把表面能近似写成

$$E_S = 4\pi\sigma(\delta)R^2, \tag{3.16}$$

其中 $\sigma(\delta)$ 为表面张力系数, 即表面的物态方程, 而核等效锐半径 $R$ 用核子数密度定义为

$$\frac{4\pi}{3}R^3\rho = A. \tag{3.17}$$

库仑能包括直接和交换两项, 可以写成 [2.17]

$$E_C = \frac{3}{5}\frac{e^2Z^2}{R_p} - \frac{3}{4}\left(\frac{3}{2\pi}\right)^{2/3}\frac{e^2Z^{4/3}}{R_p}, \tag{3.18}$$

其中 $R_p$ 是质子分布的等效锐半径, 用质子数密度 $\rho_p$ 定义为

$$\frac{4\pi}{3}R_p^3\rho_p = Z. \tag{3.19}$$

类似地, 中子分布的等效锐半径 $R_n$ 用中子数密度 $\rho_n$ 定义为

$$\frac{4\pi}{3}R_n^3\rho_n = N. \tag{3.20}$$

库仑交换能为量子现象, 严格计算要用质子波函数. 在费米气体模型近似下为

$$E_{ex} = -e^2\frac{3}{4}\left(\frac{3}{\pi}\right)^{1/3}\int \mathrm{d}^3\boldsymbol{r}\rho_p^{4/3}(\boldsymbol{r}), \tag{3.21}$$

这给出 (3.18) 式中第二项 [2.17].

要求总能量 $E(A,Z)$ 分别对质子和中子数密度 $\rho_p$ 和 $\rho_n$ 的变分取极小, 可得下列关于 $e(\rho,\delta)$ 的方程:

$$\rho\frac{\partial e}{\partial \rho} - \frac{1}{3A}(2E_S - E_C) = 0, \tag{3.22}$$

$$\frac{\partial e}{\partial \delta} + \frac{1}{A}\left[\frac{\partial E_S}{\partial \sigma} - \frac{E_C}{3(1-\delta)}\right] = 0, \tag{3.23}$$

在作上述变分运算时略去了剩余能 $E_{res}$ [13]. 下面将把上述方程应用于一个宏观参数化的物态方程.

### b. 宏观参数化的物态方程

原子核中的核物质密度 $\rho$ 非常接近饱和密度 $\rho_0$, 不对称度 $\delta$ 是小量, 偏离标准态 $(\rho_0, 0)$ 不远. 对偏离标准态不太远的核物质, 物态方程可在饱和点 $(\rho_0, 0)$ 展开, 近似取下列形式 [2.6][14]

$$e(\rho,\delta) = -a_1 + \left(J + \frac{L}{3}\frac{\rho-\rho_0}{\rho_0}\right)\delta^2 + \frac{1}{18}(K_0 + K_s\delta^2)\left(\frac{\rho-\rho_0}{\rho_0}\right)^2, \tag{3.24}$$

其中不含 $\delta$ 的奇次项, 因为核物质的性质对交换中子与质子对称. 没有不含 $\delta$ 因子的 $(\rho-\rho_0)/\rho_0$ 的一次项, 因为有平衡条件 $\partial e/\partial\rho|_0 = 0$. 注意 $\rho_0 = 3/4\pi r_0^3$, 这个方程包含核物质的 $r_0, a_1, K_0, J, L, K_s$ 这 6 个参数, 是一个参数化的宏观唯象

物态方程. 其中的 $a_1$ 和 $J$ 分别是液滴模型 von Weiszäcker-Bethe 质量公式[1.4]中的体积能系数和对称能系数, $L$ 是小液滴模型[2.6][2.7] Myers-Świątecki 质量公式中的密度对称系数, $K_s$ 是对称抗压系数,

$$L = \frac{3}{2}\rho_0 \frac{\partial^3 e}{\partial\rho\partial\delta^2}\Big|_0, \tag{3.25}$$

$$K_s = \frac{9}{2}\rho_0^2 \frac{\partial^4 e}{\partial\partial\rho^2\partial\delta^2}\Big|_0. \tag{3.26}$$

由于 $a_1 = -e_0$, 方程 (3.24) 包含了零温核物质最重要的三个参数 $\rho_0$, $e_0$ 和 $K_0$.

为了看出这些参数的意义, 对于给定的不对称度 $\delta$, 求 $e(\rho,\delta)$ 极小点的密度 $\rho_m$ 和能量 $e_m$. 把 (3.24) 式代入极小点的条件 $\partial e/\partial\rho = 0$, 可解出近似公式

$$\rho_m = \rho_0\Big(1 - \frac{3L}{K_0}\delta^2\Big), \tag{3.27}$$

$$e_m = -a_1 + J\delta^2, \tag{3.28}$$

$$K_m = 9\Big(\rho^2\frac{\partial^2 e}{\partial\rho^2}\Big)_m = K_0 + K_{as}\delta^2, \qquad K_{as} = K_s - 6L, \tag{3.29}$$

其中只保留 $\delta^2$ 的 1 次项, 下标 m 表示在极小点取值. 下面对原子核中心密度的实验数据进行的系统学分析, 将对 (3.27) 式提供直接的证据.

由 (3.27)—(3.29) 式可以看出, 在 $e(\rho,\delta)$ 对 $\rho$ 的图中, $a_1$, $K_0$, $J$, $L$, $K_s$ 的几何意义为: 曲线在极小点 $\rho_m = \rho_0$ 的深度为 $a_1$, 曲率正比于 $K_0$; 极小点随着 $\delta$ 从 0 的增加而向左上移动, 密度 $\rho_m$ 的减小受 $3L/K_0$ 控制, 深度 $e_m$ 的减小受 $J$ 控制, 而曲率的减小受 $-K_s + 6L$ 控制. 因而, $a_1$, $K_0$, $J$, $L$, $K_s$ 不仅是核物质标准态的特征, 也描述了核物质偏离标准态不太远时的性质.

注意在标准点 $(\rho_0, 0)$ 有

$$K_m(0) = 9\Big(\rho^2\frac{\partial^2 e}{\partial\rho^2}\Big)_0 = K_0, \tag{3.30}$$

下标 0 表示在 $(\rho_0, 0)$ 点取值. 在极大与极小重合的临界点 $(\rho_C, \delta_C)$, $e(\rho, \delta_C)$ 随 $\rho$ 变化的曲率变号, $K_m(\delta_C) = 0$. 所以当 $\delta$ 沿极小线从 0 增加时, $K_m(\delta)$ 的值从 $K_0$ 下降到 0, $K_{as}$ 的值是负的, $K_s < 6L$.

值得指出, (3.24) 式不依赖于相互作用的具体模型. 所以, 由它解出的 (3.27)—(3.29) 式, 以及上述对 $a_1$, $K_0$, $J$, $L$, 和 $K_s$ 的解释, 也与相互作用的模型无关.

还可指出, 下面定义的对称能 $J(\rho)$[15][16][17], 可近似展开为

$$J(\rho) = \frac{1}{2}\frac{\partial^2 e}{\partial\delta^2}\Big|_{\delta=0} = J + \frac{1}{3}L\Big(\frac{\rho - \rho_0}{\rho_0}\Big) + \frac{1}{18}K_s\Big(\frac{\rho - \rho_0}{\rho_0}\Big)^2 + \cdots, \tag{3.31}$$

当 $\rho = \rho_0$ 时, 上式给出通常的对称能, $J(\rho_0) = J$. 同样, 下面用能量极小点压

强曲线的斜率定义的 抗压系数 $K(\delta)$, 可近似展开为

$$K(\delta) = 9\frac{\partial p}{\partial \rho}\bigg|_{\rho=\rho_{\mathrm{m}}} = 9\left[\frac{\partial}{\partial \rho}\left(\rho^2\frac{\partial e}{\partial \rho}\right)\right]_{\rho=\rho_{\mathrm{m}}} = K_0 + K_{\mathrm{as}}\delta^2 + \cdots, \tag{3.32}$$

当 $\delta = 0$ 时, 上式给出通常的抗压系数, $K(0) = K_0$.

### c. 原子核中心密度 $\rho_{\mathrm{c}}$ 的公式

把 (3.24) 式代入 (3.22) 式, 得原子核中心密度的下列公式:

$$\rho_{\mathrm{c}} = \rho_0\left[1 + \frac{3(2E_{\mathrm{S}} - E_{\mathrm{C}})}{K_0 A} - \frac{3L}{K_0}\delta^2\right], \tag{3.33}$$

这里取 $\rho \approx \rho_{\mathrm{c}}$. 从 (3.33) 式可以看出, 随着核子数 $A$ 增加到原子核断裂的区域, 表面能比库仑能增加得慢, 中心密度缓慢下降. 此外, 随着原子核不对称度 $I$ 的增加, 中心密度也缓慢下降.

取近似

$$R_{\mathrm{p}} \approx R \tag{3.34}$$

和用公式 (3.2), 得近似公式

$$\rho_{\mathrm{c}} = \rho_0\left\{1 + \frac{6a_2}{K_0 A^{1/3}} - \frac{3c_1 Z^2}{K_0 A^{4/3}}\left[1 - \frac{5}{4}\left(\frac{3}{2\pi}\right)^{2/3}\frac{1}{Z^{2/3}}\right] - \frac{3L}{K_0}I^2\right\}, \tag{3.35}$$

其中做了如下近似

$$\delta \approx I = \frac{N - Z}{A}, \tag{3.36}$$

而

$$a_2 = 4\pi r_0^2 \sigma(0) \tag{3.37}$$

为液滴模型的表面能系数,

$$c_1 = \frac{3}{5}\frac{e^2}{r_0} \tag{3.38}$$

为液滴模型的库仑能系数.

(3.35) 式给出中心密度 $\rho_{\mathrm{c}}$ 作为核子数 $A$ 和质子数 $Z$ 的函数, 其花括号中第二、三两项比第一项小, 并且在中重核和重核区域这两项几乎相消, 而第四项比其它各项小得多. 因此, 作为粗略的近似, 有

$$\rho_{\mathrm{c}} \approx \rho_0, \tag{3.39}$$

而作为下一级近似, 有

$$\rho_{\mathrm{c}} = \rho_0\left\{1 + \frac{6a_2}{K_0 A^{1/3}} - \frac{3c_1 Z^2}{K_0 A^{4/3}}\left[1 - \frac{5}{4}\left(\frac{3}{2\pi}\right)^{2/3}\frac{1}{Z^{2/3}}\right]\right\}. \tag{3.40}$$

### d. 原子核中心密度 $\rho_{\mathrm{c}}$ 的数据

以上对原子核中心密度的模型分析, 得到了实验的支持. 利用文献 [7] 和 [8]

给出的电子弹性散射数据和文献 [8] 给出的 μ 原子谱数据, 可以算出原子核的中心密度 $\rho_c$. 图 3.2 给出的是 μ 原子谱数据的结果, 图 3.3 是电子弹性散射的结果, 后者虽然数据点较分散, 但其特征和总的趋势是一样的 [14].

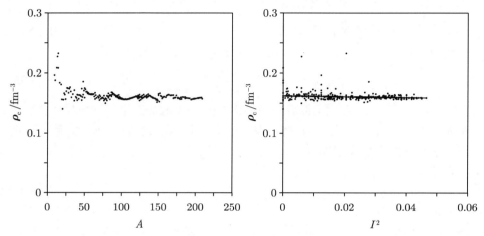

图 3.2  μ 原子谱核中心密度 $\rho_c$ 随 $A$ (左图) 和 $I^2$ (右图) 的变化 [14]

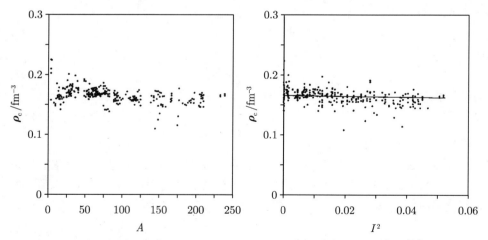

图 3.3  电子散射核中心密度 $\rho_c$ 随 $A$ (左图) 和 $I^2$ (右图) 的变化 [14]

首先, 粗略地说, 核中心密度大致在平均值 $0.16\,\mathrm{fm^{-3}}$ 附近, 与 0 级近似 (3.39) 相对应. 其次, 进一步细看, 可看出中心密度随核子数的增加而缓慢下降, 其分布在重核区域变得十分光滑, 与一级近似 (3.40) 相对应. (3.40) 式表明, 核表面张力的贡献与库仑排斥的相反, 这两项的净贡献为正, 原子核中心

密度 $\rho_c$ 比核物质饱和密度 $\rho_0$ 略高. 而随着核子数 $A$ 的增加, 其净贡献慢慢下降, 当 $A$ 趋于断裂核区域时降到零并变成负的. 另一方面, 来自核不对称性的贡献, 即 (3.35) 式中的第四项, 与上述核表面张力和库仑排斥的净贡献相比, 在轻核区域小到可以忽略. 但在重核区域, 核不对称性的贡献是负的, 与核表面张力和库仑排斥的净贡献一样, 所以中心密度 $\rho_c$ 变得低于饱和密度 $\rho_0$. 由图可看出, 在重核区域中心密度约为 $0.156\,\mathrm{fm}^{-3}$, 低于 (3.13) 式由半密度半径定出的饱和密度 $0.16\,\mathrm{fm}^{-3}$.

### e. 对中心密度 $\rho_c$ 拟合的结果

(3.35) 式中有 $\rho_0$ (即 $r_0$), $K_0$, $a_2$, $L$ 四个参数. 其中 $\rho_0$ 已由半密度半径 $C$ 的数据定出, 其余三个可由核中心密度 $\rho_c$ 的数据定出. 由于表面张力项与库仑排斥项的符号相反, 而核不对称项比其余项小得多, $K_0$, $a_2$, $L$ 这三个参数不可能一次拟合就恰当地同时定出, 需分两次拟合. 首先, 对 $\rho_c \sim I^2$ (这里用 $\sim$ 表示前后两个量之间有依从关系) 的数据点作线性拟合, 如图 3.2 和 3.3 的右图所示, 其直线斜率即 (3.35) 式第四项的系数, 由此定出比值 $L/K_0$. 然后, 把此比值代入 (3.35) 式, 再把它与中心密度的数据拟合, 定出 $a_2$ 和 $L$. 由上述两次拟合得到的 $L/K_0$ 与 $L$, 即可算出 $K_0$. 最后结果如表 3.1 所示.

**表 3.1    与核中心密度拟合的参数**

| No. | $n$ | $K_0$ | $a_2$ | $L$ |
|-----|------|-------|-------|-------|
| 1 | 301 | 220.7 | 9.26 | 32.25 |
| 2 | 235 | 251.7 | 11.52 | 85.40 |
| 3 | 536 | 222.4 | 9.77 | 48.87 |

表 3.1 中 $n$ 是数据点的数目, 第一行是对 301 个电子弹性散射数据点[7][8]的拟合, 第二行是对 235 个 μ 原子谱数据点[8]的拟合, 第三行是对上述两组合计 536 个数据点的拟合. $K_0$, $a_2$, $L$ 的单位都是 MeV. 与通常对原子核质量的拟合相比, 虽然表面能系数 $a_2$ 小得多, 但核物质抗压系数 $K_0$ 和密度对称系数 $L$ 的值都在可以接受的范围. 特别是抗压系数 $K_0$, 与 Myers-Świątecki 模型对核质量和光学势深度拟合 (见 3.5 节) 的 234 MeV 很接近. 用别的方法对 $K_0$ 的估算, 例如用非相对论性扩展的 Thomas-Fermi 模型 (Extended Thomas-Fermi Model, ETF) 对核单极巨共振的解释给出的 210—220 MeV[18], 和相对论性平均场论对核呼吸模标度模型估计的 $K_0 \leqslant 230$ MeV[19], 也在同一范围. 而考虑到各种误差, 这些估值之间的差别并没有基本的意义[20].

基于电子弹性散射和 μ 原子谱的核中心密度, 是与基于核质量的原子核结合能独立和不同的信息源. 在这个意义上, 这里对上述核物质参数特别是抗压

系数所给出的结果, 值得特别的关注. 从下一节开始, 就进入以核质量为信息源
的讨论.

## 3.3 用小液滴模型提取物态方程的信息

由于 $a_1 = -e_0$, 核物质饱和点深度 $e_0 = e(\rho_0, 0)$ 可由液滴模型的体积能系
数 $a_1$ 给出. 而 (3.38) 式表明, 核物质饱和密度 $\rho_0 (\sim r_0)$ 可由液滴模型库仑能
系数 $c_1$ 算出. 也就是说, 核物质稳定点位置可由原子核质量的实验数据定出.
其实, 从原子核质量的实验数据, 不仅可以确定稳定点 $(\rho_0, 0)$ 的位置, 还可进
一步提取稳定点附近物态方程 $e(\rho, \delta)$ 的信息.

### a. 小液滴模型

在 Thomas-Fermi 模型 [2.19][2.20] 的框架内, 放弃液滴模型关于核物质不可
压缩 (incompressibility) 的假设而考虑核物质平均密度的变化, 就可得到小液滴
模型. 小液滴模型的结合能公式为 [2.6][2.7]

$$E(A, Z) = \left[-a_1 + J\bar{\delta}^2 - \frac{1}{2}K_0\bar{\epsilon}^2 + \frac{1}{2}M\bar{\delta}^4\right]A + \left[a_2 + \frac{9}{4}\frac{J^2}{Q}\bar{\delta}^2\right]A^{2/3}B_S + a_3 A^{1/3}B_k$$

$$+ c_1\frac{Z^2}{A^{1/3}}B_C - c_2 Z^2 A^{1/3}B_r - c_3\frac{Z^2}{A} - c_4\frac{Z}{2^{1/3}} - c_5 Z^2 B_W, \tag{3.41}$$

$$\bar{\delta} = \left(\frac{\rho_n - \rho_p}{\rho_0}\right)_{ave} = \frac{1 + (3c_1/16Q)ZA^{-2/3}B_V}{1 + (9J/4Q)A^{-1/3}B_S}, \tag{3.42}$$

$$\bar{\epsilon} = -\frac{1}{3}\left(\frac{\rho - \rho_0}{\rho_0}\right)_{ave} = \frac{-2a_2 A^{-1/3}B_S + L\bar{\delta}^2 + c_1 Z^2 A^{-4/3}B_C}{K_0}, \tag{3.43}$$

其中 ave 表示求平均, $B$ 是偏离球形核的变形参数, 对于球形核皆为 $1$, $c$ 是库
仑能系数, $L$ 和 $M$ 分别是核物质密度对称系数和 对称非和谐系数,

$$M = \frac{1}{12}\frac{\partial^4 e}{\partial \delta^4}\Big|_0, \tag{3.44}$$

而 $Q$ 是 有效表面硬度系数, 亦称 中子表面硬度系数 [12].

与液滴模型不同, 小液滴模型的中子和质子密度分布不同, 在核边界有一
厚度为 $t$ 的 中子皮 (neutron skin). 与此相应, 小液滴模型的平均不对称度 $\bar{\delta}$ 比
$I$ 略小, 准到 $t/R$ 的一次项为

$$\bar{\delta} = I - \frac{3}{2}\frac{t}{R}, \tag{3.45}$$

这里 $R$ 是小液滴模型的核半径, 准到 $\bar{\epsilon}$ 的一次项为

$$R = r_0 A^{1/3}(1 + \bar{\epsilon}). \tag{3.46}$$

考虑到中子皮有厚度 $t$, 小液滴模型的原子核中子和质子分布半径不同, 分别为

$$R_{\mathrm{n}} = R + \frac{Z}{A}t, \qquad R_{\mathrm{p}} = R - \frac{Z}{A}t, \qquad (3.47)$$

出现在电子散射或 μ 原子实验中的量是 $R_{\mathrm{p}}$.

### b. 物态方程

物理上, 对不同的核 $(A, Z)$, 由于中子数 $N$ 与质子数 $Z$ 不同, 核物质的不对称度 $\delta$ 也就不同. 此外, 由于表面能 $E_{\mathrm{S}}$ 与库仑能 $E_{\mathrm{C}}$ 不同, 核物质的压缩程度不同, 相应地, 其核子数密度 $\rho$ 也不同. 所以, 不同的原子核, 其核物质的状态 $(\rho, \delta)$ 不同. 知道了不同原子核中核物质的状态 $(\rho, \delta)$ 和体积能 $E_{\mathrm{V}}$, 就能得到物态方程 $e(\rho, \delta) = E_{\mathrm{V}}/A$.

定量做这种分析, 可以用原子核的小液滴模型. 小液滴模型定义了分别与核物质不对称度和核子数密度相联系的两个量 $\bar{\delta}$ 和 $\bar{\varepsilon}$, 并给出了它们的计算公式 (3.42) 和 (3.43), 其中 $B_{\mathrm{V}}, B_{\mathrm{S}}, B_{\mathrm{C}}$ 分别为与体积能、表面能、库仑能相联系的变形系数, 对球形核都等于 1. 给定一个核的 $A$ 和 $Z$, 用上述公式即可算出核物质的 (平均) 核子数密度 $\rho$ 和不对称度 $\delta$.

小液滴模型的结合能 $E(A, Z)$, 包括体积能 $E_{\mathrm{V}}$, 表面能 $E_{\mathrm{S}}$, 库仑能 $E_{\mathrm{C}}$, 以及壳修正, 奇偶项, Wigner 项和一个唯象的修正项. 由核质量的测量值, 可得总能量的实验值 $E_{\mathrm{exp}}$, 从中减去除了体积能以外的所有其余各项能量 $E(N, Z) - E_{\mathrm{V}}$, 所剩能量就可看作实验给出的体积能 $E_{\mathrm{Vexp}}$,

$$E_{\mathrm{Vexp}} = E_{\mathrm{exp}} - E(N, Z) + E_{\mathrm{V}}. \qquad (3.48)$$

除以核子数 $A$, 就得实验给出的核物质每核子能量,

$$e_{\mathrm{exp}}(\rho, \delta) = \frac{E_{\mathrm{Vexp}}}{A}. \qquad (3.49)$$

图 3.4 是用这种方法系统分析 1643 个原子核质量的实验数据所得结果 [21], 实验数据取自文献 [22]. 上图是 974 个球形核的实验点, 中图是 669 个变形核的实验点, 下图自下而上依次给出了不对称度 $\delta$ 在 0.02, 0.04, 0.06, 0.08, 0.10, 0.12, 0.14 附近的实验点, 点线是由 Thomas-Fermi 统计理论和 Seyler-Blanchard 唯象核力给出的物态方程 [2.21] 算得的结果. 这 1643 个核的 $\rho/\rho_0$ 值分布在 1.00—1.18 之间, $\delta$ 值分布在 0—0.18 之间, 而每核子能量 $e(\rho, \delta)$ 的极小值在 $-15.2$——$16.0$ MeV 之间变化.

这样, 小液滴模型依据原子核质量的实验数据, 对于在

$$1.00 < \frac{\rho}{\rho_0} < 1.18, \qquad 0 < \delta < 0.18 \qquad (3.50)$$

范围的物态方程给出了一个大致和直观的了解.

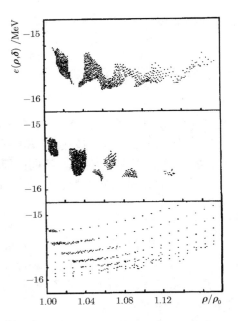

图 3.4 用小液滴模型从原子核质量提取的物态方程 [21]

### b. 抗压系数

图 3.4 相当于图 2.5 底部的局部放大, 可以看出, 随着不对称度 $\delta$ 的增加, 物态方程极小点 $e_{\mathrm{m}}(\rho_{\mathrm{m}}, \delta)$ 向左上方移动, 密度 $\rho_{\mathrm{m}}$ 和深度 $e_{\mathrm{m}}$ 逐渐减小, 曲线在极小点的曲率也逐渐减小. 极小点的位置由压强为零的条件确定,

$$\frac{\partial e}{\partial \rho} = 0. \tag{3.51}$$

这个方程能量极小的解, 给出的密度 $\rho_{\mathrm{m}}$ 是不对称度的函数,

$$\rho_{\mathrm{m}} = \rho_{\mathrm{m}}(\delta). \tag{3.52}$$

图 2.5 中的点划线, 就是对应于上式的极小点曲线. 对 $\delta = 0$ 的情形, (3.51) 式即标准核物质的平衡条件, 所以

$$\rho_{\mathrm{m}}(0) = \rho_0. \tag{3.53}$$

与 (3.32) 式的定义相比, 抗压系数可进一步推广定义为 [20]

$$K(\rho, \delta) = 9\frac{\partial p}{\partial \rho}, \tag{3.54}$$

在极小点 $\rho_{\mathrm{m}}$, 这个定义给出 (3.32) 式,

$$K(\delta) = K(\rho_{\mathrm{m}}, \delta) = 9\left(\rho^2\frac{\partial^2 e}{\partial \rho^2}\right)_{\rho=\rho_{\mathrm{m}}}, \tag{3.55}$$

而在标准点 $(\rho_0, 0)$,这个定义给出 $K_0$,

$$K(0) = 9\Big(\rho^2 \frac{\partial^2 e}{\partial \rho^2}\Big)_0 = K_0. \tag{3.56}$$

为了确定物态方程 $e(\rho, \delta)$ 在稳定点 $\rho = \rho_{\mathrm{m}}$ 的弯曲程度 $\partial^2 e/\partial \rho^2$ 或抗压系数 $K$,除了 $\rho_{\mathrm{m}}$ 点外,在原则上至少还要确定 $\rho_{\mathrm{m}}$ 点附近另外两点的结合能. 换句话说,需要确定核物质在邻近 $\rho_{\mathrm{m}}$ 的几个不同状态的密度和结合能. 这可以分为静态和动态两种情形. 在静态情形,是比较几个处于不同状态的核物质,例如不同的原子核或中子星,从而定出核物质的 $K$. 在动态情形,则是要比较同一核物质的几个不同状态,例如高能重离子碰撞过程或原子核的单极巨共振,从而定出 $K$. 无论哪种情形,迄今对密度和结合能的确定都还依赖于所考虑的模型,这就给抗压系数 $K$ 的确定带来巨大的困难和不确定性. 到目前为止,所有关于核物质抗压系数 $K$ 的实际知识都是间接和依赖于模型的 [21][23].

前面已经描述了用小液滴模型从原子核质量的实验数据来确定核物质物态方程 $e(\rho, \delta)$ 的方法. 从这样确定的物态方程 $e(\rho, \delta)$,就可确定抗压系数 $K$. 对于不同的不对称度 $\delta$,用 Scheid-Ligensa-Greiner 二次物态方程 (2.34),对于由原子核质量实验值给出的数据点 $e_{\mathrm{exp}}(\rho, \delta)$ 作最小二乘法拟合,就可给出核物质的抗压系数 $K(\delta)$. 结果如表 3.2 所示.

表 3.2 核物质的抗压系数 $K(\delta)$

| 不对称度 $\delta$ | 数据点数 | 抗压系数 $K(\delta)$/MeV |
|---|---|---|
| 0.0185 — 0.0215 | 8 | 163.99 |
| 0.0385 — 0.0415 | 20 | 34.77 |
| 0.0585 — 0.0615 | 31 | 140.47 |
| 0.0785 — 0.0815 | 48 | 162.83 |
| 0.0985 — 0.1015 | 53 | 12.84 |
| 0.1185 — 0.1215 | 64 | 77.04 |
| 0.1385 — 0.1415 | 19 | 48.57 |
| 0.0000 — 0.1800 | 1643 | 369.90 |

从表中第 3 列可以看到,这样定出的抗压系数 $K(\delta)$ 的数值离散很大. 这是由于 $K(\delta)$ 是物态方程 $e(\rho, \delta)$ 的曲线在极小点 $\rho_{\mathrm{m}}$ 弯曲程度的反映,而不可能在一个相当小的密度范围内,根据一些有实验离散特征的数据点把 $e(\rho, \delta)$-$\rho$ 曲线的弯曲程度定得很精确.

这样确定的核物质抗压系数 $K$ 显然依赖于小液滴模型的参数. 实际上,可以把 $K$ 当作小液滴模型中的一个参数 [2.6][2.7],在固定其它参数的情况下调整 $K$,与原子核质量和裂变位垒等实验数据拟合,从而确定最优的 $K$. 图 3.5 是 Möller 等人对 1593 个已知核计算的结果 [24][25],横轴为 $K$,纵轴为质量偏差的均

方差, 单位都是 MeV. 可以看出, 这是一个非常宽的平缓的极小, 有很大的不确定性, 给出

$$K = (310 \pm 100)\,\text{MeV}.\tag{3.57}$$

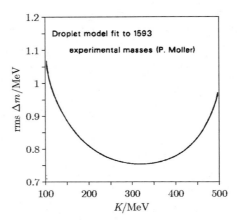

图 3.5    Möller 等人对 1593 个核的拟合 [24][25], 取自文献 [23]

这么大的不确定性, 反映了所使用的小液滴模型在处理核物质压缩系数问题上的局限性. 由表 3.2 和图 3.5 都可以看出, 对于不同的核, 密度 $\rho$ 和不对称度 $\delta$ 都不同, 它们在 $e(\rho, \delta)$-$\rho$ 图中分布在 $0 < \delta < 0.18$ 范围的一个很宽的带上, 而不是分布在某一确定不对称度 $\delta$ 的线上. 而文献 [2.6] 和 [2.7] 所给出的小液滴模型, 并没有考虑抗压系数 $K$ 随不对称度 $\delta$ 的变化.

## 3.4  拟合核质量的宏观模型

### a. 模型和理论的宏观层次

Thomas-Fermi 模型的原子核总能量, 可写成核能、库仑能和剩余能之和,

$$E(A, Z) = E_{\text{N}} + E_{\text{C}} + E_{\text{res}},\tag{3.58}$$

其中核能 $E_{\text{N}}$ 是能量密度泛函 $\mathcal{E}_{\text{N}}$ 的空间积分,

$$E_{\text{N}} = \int \mathrm{d}^3 r\, \mathcal{E}_{\text{N}}[\rho_{\text{n}}(\boldsymbol{r}), \rho_{\text{p}}(\boldsymbol{r}), \nabla\rho_{\text{n}}(\boldsymbol{r}), \nabla\rho_{\text{p}}(\boldsymbol{r})],\tag{3.59}$$

中子数密度 $\rho_{\text{n}}(\boldsymbol{r})$ 和质子数密度 $\rho_{\text{p}}(\boldsymbol{r})$ 一般依赖于空间位置, 所以核子数密度 $\rho(\boldsymbol{r})$ 和中子过剩度 $\delta(\boldsymbol{r})$ 也依赖于空间位置. $\mathcal{E}_{\text{N}}$ 可分成只依赖于密度的 $\mathcal{E}_{\text{LD}}$ 和

还依赖于密度梯度的 $\mathcal{E}_{\mathrm{GD}}$ 两项之和,

$$\mathcal{E}_{\mathrm{N}} = \mathcal{E}_{\mathrm{LD}} + \mathcal{E}_{\mathrm{GD}}. \tag{3.60}$$

$\mathcal{E}_{\mathrm{LD}}$ 一般可写成

$$\mathcal{E}_{\mathrm{LD}} = \rho(\boldsymbol{r})e(\rho, \delta), \tag{3.61}$$

而 $\mathcal{E}_{\mathrm{GD}}$ 可以足够普遍地写成 [26]

$$\mathcal{E}_{\mathrm{GD}} = \frac{1}{2}Q_1(\nabla\rho)^2 + Q_2\big[(\nabla\rho_{\mathrm{n}})^2 + (\nabla\rho_{\mathrm{p}})^2\big], \tag{3.62}$$

$Q_1$ 和 $Q_2$ 为模型参数, 与原子核的大小和表面效应有关. 于是

$$\mathcal{E}_{\mathrm{N}} = \rho(\boldsymbol{r})e(\rho, \delta) + \frac{1}{2}Q_1(\nabla\rho)^2 + Q_2\big[(\nabla\rho_{\mathrm{n}})^2 + (\nabla\rho_{\mathrm{p}})^2\big]. \tag{3.63}$$

相应地, 核能可写成

$$E_{\mathrm{N}} = E_{\mathrm{LD}} + E_{\mathrm{GD}}, \tag{3.64}$$

其中

$$E_{\mathrm{LD}} = \int \mathrm{d}^3\boldsymbol{r}\,\rho(\boldsymbol{r})e(\rho, \delta), \tag{3.65}$$

$$E_{\mathrm{GD}} = \int \mathrm{d}^3\boldsymbol{r}\left\{\frac{1}{2}Q_1(\nabla\rho)^2 + Q_2\big[(\nabla\rho_{\mathrm{n}})^2 + (\nabla\rho_{\mathrm{p}})^2\big]\right\}. \tag{3.66}$$

物态方程 $e(\rho, \delta)$ 只依赖于核相互作用模型, 而泛函 $\mathcal{E}_{\mathrm{GD}}$ 还依赖于原子核模型. (3.62) 式对 Skyrme [2.12] 和 Tondeur [2.22] 相互作用是严格的, 对 Seyler-Blanchard 类型的相互作用 [2.13] 只是一个近似. 不过这与本节的讨论无关, 因为均匀核物质性质由物态方程 $e(\rho, \delta)$ 描述, 与依赖于密度梯度的泛函 $\mathcal{E}_{\mathrm{GD}}$ 无关.

通常的做法, 是先在核相互作用唯象核力的基础上建立模型, 用以计算原子核结合能, 算出核质量等可观测量. 然后调整唯象核力的参数, 以拟合观测量, 主要是核质量. 接着再用拟合得到的核力参数算出核物质的物态方程. 最后从物态方程算出核物质的各种性质, 如体积能系数 $a_1$, 对称能系数 $J$, 抗压系数 $K_0$, 密度对称系数 $L$, 对称抗压系数 $K_{\mathrm{s}}$ 等. 如早期的文献 [2.13], [2.6], 后来的文献 [2.21], [12], [15], [16], [27] 等.

核力是微观机制, 物态方程是宏观性质. 为了获得物态方程, 从核力出发虽然是更基本从而更具理论深度和说服力的做法, 但并非唯一的途径. 如果目标只是核物质的性质而不深究其微观机制, 则可直接从物态方程的一般性质出发来建立模型, 而不必把模型建立在核力的微观层次. 本节的做法 [28], 就是在理论分析的基础上, 直接把描述核物质性质的物态方程参数化, 建立物态方程的宏观模型, 调整其参数来与核质量的测量数据进行拟合, 从而定出 $a_1$, $J$, $K_0$, $L$, $K_{\mathrm{s}}$ 等核物质性质. 理论模型不是建立在微观层次, 而是建立在宏观层次, 这是本节做法的一个特点.

与前一做法相比, 后者给出的核物质性质与测量数据的关系更直接也更清晰, 甚至有可能直接把 $a_1$, $J$, $K_0$, $L$, $K_s$ 等核物质性质用作模型参数. 在这个意义上, 3.2 节也是这种做法, 只不过 3.2 节拟合的是电子弹性散射和 μ 原子谱, 本节拟合的是核质量.

### b. 基本方程和拟合数据

把 (3.58) 式中的剩余能 $E_{res}$ 纳入数据处理, 就可在理论计算中略去. 保持中子数 $N$ 和质子数 $Z$ 不变, 对总能量 $E(A, Z)$ 取极小, 所得 Euler-Lagrange 方程为

$$e + \rho\frac{\partial e}{\partial \rho} + (1-\delta)\frac{\partial e}{\partial \delta} - Q_1\nabla^2\rho - 2Q_2\nabla^2\rho_n - \mu_n = 0, \tag{3.67}$$

$$e + \rho\frac{\partial e}{\partial \rho} - (1+\delta)\frac{\partial e}{\partial \delta} - Q_1\nabla^2\rho - 2Q_2\nabla^2\rho_p - \overline{\mu}_p = 0, \tag{3.68}$$

其中

$$\overline{\mu}_p = \mu_p - \frac{\partial E_C}{\partial Z}, \tag{3.69}$$

$\mu_n$ 和 $\mu_p$ 分别为中子与质子化学势. (3.67) 与 (3.68) 式相加和相减, 可化为

$$e + \rho\frac{\partial e}{\partial \rho} - \delta\frac{\partial e}{\partial \delta} - Q\nabla^2\rho = \frac{1}{2}(\mu_n + \overline{\mu}_p), \tag{3.70}$$

$$\frac{\partial e}{\partial \delta} - Q_2\nabla^2(\rho\delta) = \frac{1}{2}(\mu_n - \overline{\mu}_p), \tag{3.71}$$

其中

$$Q = Q_1 + Q_2. \tag{3.72}$$

从 (3.71) 式解出 $\partial e/\partial \delta$, 把它代入 (3.70) 式, 可把 (3.70) 式进一步改写为

$$e + \rho\frac{\partial e}{\partial \rho} - Q\nabla^2\rho - Q_2\delta\nabla^2(\rho\delta) = \frac{1}{2}\left[(1+\delta)\mu_n + (1-\delta)\overline{\mu}_p\right]. \tag{3.73}$$

若略去核表面能和库仑能, 并取平衡态, $\partial e/\partial \rho = 0$, 则上式简化为

$$e = \frac{1}{2}\left[(1+\delta)\mu_n + (1-\delta)\mu_p\right], \tag{3.74}$$

这称为 广义 Hugenholtz-Van Hove 定理 [29], 被成功用于原子核质量的数据拟合 [11]. (3.71) 与 (3.73) 式在核子密度上积分, 可得

$$\int d^3\boldsymbol{r}\rho\left[\frac{\partial e}{\partial \delta} - Q_2\nabla^2(\rho\delta)\right] = \frac{1}{2}(\mu_n - \overline{\mu}_p)A, \tag{3.75}$$

$$\int d^3\boldsymbol{r}\rho\left[-e + \rho\frac{\partial e}{\partial \rho}\right] = \mu_n N + \overline{\mu}_p Z - 2E_N. \tag{3.76}$$

这是现在要用的两个基本方程, 其推导用了 (3.59) 式和 $\delta = (\rho_n - \rho_p)/\rho$.

对有限核, 核子在核内的分布近似为一平台, 在表面区域快速下降. 对核

子的这种薄皮分布 $\rho(\boldsymbol{r})$, 表面区域对 (3.75) 和 (3.76) 式左边的积分贡献很小. 因此, 物态方程 (3.24) 对上述积分是足够好的近似. 用此式, 假设核子密度为二参数费米分布 (3.5), 并取其中核表面弥散度 $d = \sqrt{3}b/\pi$, $b$ 为 Süssmann 弥散宽度 [2.17][1], 方程 (3.75) 和 (3.76) 即可近似为

$$2JI\left[1 - \frac{Ld}{JR}\right] = \frac{1}{2}(\mu_{\mathrm{n}} - \overline{\mu}_{\mathrm{p}}), \tag{3.77}$$

$$a_1 - \frac{K_0 d}{4R}\left[1 - \frac{2d}{3R}\right] - J\left[1 - \frac{L}{3J}\right]I^2 = \frac{1}{A}(\mu_{\mathrm{n}}N + \overline{\mu}_{\mathrm{p}}Z - 2E_{\mathrm{N}}), \tag{3.78}$$

其中 $R = r_0 A^{1/3}$. 在得到 (3.77) 式时, 略去了 (3.75) 式左边积分中的第二项, 因为其积分是量级为 $(d/R)^2$ 的小量 [13]. (3.78) 式近似适用于不对称度 $\delta$ 小的情形, 因为在其推导中忽略了正比于 $t$ 和 $t^2$ 的项, $t = (C_{\mathrm{n}} - C_{\mathrm{p}})/d$ 是正比于 $\delta$ 的原子核中子皮约化厚度, 这里 $C_{\mathrm{n}}$ 和 $C_{\mathrm{p}}$ 分别是中子和质子半密度半径 [2.1].

库仑能用下列公式计算 [2.17]:

$$E_{\mathrm{C}} = \frac{3}{5}\frac{e^2 Z^2}{R}\left[1 - \frac{5}{2}\left(\frac{b}{R}\right)^2 + 3.0216\left(\frac{b}{R}\right)^3 + \left(\frac{b}{R}\right)^4\right], \tag{3.79}$$

这里没有包括库仑交换能. 在现在的做法中计入库仑交换能并不难, 但它对数值计算没有值得考虑的改变.

剩余能 $E_{\mathrm{res}}$ 可用文献 [30] 给出的经验公式计算. 因此, (3.58) 式中的核能可用下列公式计算 [12]:

$$E_{\mathrm{N}} = \Delta M - 8.071\,431N - 7.289\,034Z + 0.000\,014\,33Z^{2.39} - E_{\mathrm{C}} - E_{\mathrm{res}}, \tag{3.80}$$

其中各项的单位都是 MeV, 质量亏损 $\Delta M$ 的测量值取自文献 [30][31].

化学势 $\mu_{\mathrm{n}}$ 和 $\mu_{\mathrm{p}}$ 可从原子核质量的测量值用下列公式算出 [30]:

$$\mu_{\mathrm{n}} = \frac{1}{2}\left[E(A+1, Z) - E(A-1, Z)\right], \tag{3.81}$$

$$\mu_{\mathrm{p}} = \frac{1}{2}\left[E(A+1, Z+1) - E(A-1, Z-1)\right]. \tag{3.82}$$

类似地, $\partial E_{\mathrm{C}}/\partial Z$ 的计算为

$$\frac{\partial E_{\mathrm{C}}}{\partial Z} = \frac{1}{2}\left[E_{\mathrm{C}}(A+1, Z+1) - E_{\mathrm{C}}(A-1, Z-1)\right]. \tag{3.83}$$

通常的做法, 是从方程 (3.67) 和 (3.68) 解出 $\rho(\boldsymbol{r})$ 和 $\delta(\boldsymbol{r})$, 把它们代入 (3.64)—(3.66) 式算出 $E_{\mathrm{N}}$, 再把这样算得的 $E_{\mathrm{N}}$ 与 (3.80) 式核质量测量数据进行拟合, 最后用定出的模型参数算核物质性质, 如 Myers-Świątecki 的工作 [12]. 而这里基本方程 (3.75) 与 (3.76) 或近似方程 (3.77) 与 (3.78) 右边的量, 可从质量数据用上述方法算得, 是质量数据的某种组合. 模型参数不是与质量数据拟合, 而是与

质量数据的某种组合进行拟合, 这是本节做法的另一特点.

### c. 与实验的简单拟合

根据原子核质量亏损 $\Delta M$ 的测量值, 和库仑能 $E_C$ 的计算值以及剩余能 $E_{\mathrm{res}}$ 的经验值, (3.77) 和 (3.78) 式右边为已知数据. 因此, 可通过数据拟合用这两个方程来确定核物质的性质 $a_1$, $K_0$, $J$ 和 $L$. 文献 [30] 给出的核质量数据点共 1654 个, 由这些数据得到的 $\mu_{\mathrm{n}}$ 与 $\mu_{\mathrm{p}}$ 的数据点各为 1140 个. 计算取 $b = 1.0\,\mathrm{fm}$ 和 $r_0 = 1.14\,\mathrm{fm}$ [12]. 这就得到 $\mu_{\mathrm{n}} - \mu_{\mathrm{p}}$ 和 $\mu_{\mathrm{n}} - \overline{\mu}_{\mathrm{p}}$ 的数据, 如图 3.6 所示. 文献 [30] 采用前者, 而 [28] 采用后者.

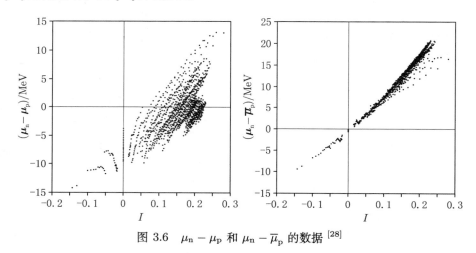

图 3.6   $\mu_{\mathrm{n}} - \mu_{\mathrm{p}}$ 和 $\mu_{\mathrm{n}} - \overline{\mu}_{\mathrm{p}}$ 的数据 [28]

从图 3.6 可看出, $\mu_{\mathrm{n}} - \overline{\mu}_{\mathrm{p}}$ 的数据对中子过剩度 $I$ 呈现出近似的线性关系, 包含了某种简单的物理. 而从 (3.77) 式看, 若 $Ld/JR$ 比 1 小得多, $Ld/JR \ll 1$, 则 (3.77) 式可近似简化为

$$\mu_{\mathrm{n}} - \overline{\mu}_{\mathrm{p}} \approx 4JI. \tag{3.84}$$

这个关系为对称能系数 $J$ 给出了一个直观的几何图像: $4J$ 近似为曲线 $(\mu_{\mathrm{n}} - \overline{\mu}_{\mathrm{p}})$-$I$ 的斜率. 把 (3.77) 式与原子核 $\mu_{\mathrm{n}} - \overline{\mu}_{\mathrm{p}}$ 的 1140 个数据点拟合, 给出

$$J = 28.16\,\mathrm{MeV}, \qquad L = 70.69\,\mathrm{MeV}. \tag{3.85}$$

图 3.7 的左图是 $(\mu_{\mathrm{n}} - \overline{\mu}_{\mathrm{p}})/(1 - Ld/JR) \sim I$ 的关系, 图中直线斜率为 $4J$.

把上述拟合得到的 $J$ 和 $L$ 值代入 (3.78) 式, 与 $|\delta|$ 值小的原子核的 $(\mu_{\mathrm{n}}N - \overline{\mu}_{\mathrm{p}}Z - 2E_{\mathrm{N}})/A$ 数据点拟合, 即可给出体积能系数 $a_1$ 和抗压系数 $K_0$. 对 $|\delta| < 0.1$ 的 222 个点, 拟合给出

$$a_1 = 15.29\,\mathrm{MeV}, \qquad K_0 = 225.7\,\mathrm{MeV}. \tag{3.86}$$

图 3.7 的右图是 $(\mu_n N - \overline{\mu}_p Z - 2E_N)/A + (J - L/3)I^2 \sim A^{-1/3}$ 的关系. 从 (3.78) 式可以看出, 外推到无限大的核, 曲线与纵轴交点的截距就是体积能系数 $a_1$, 而曲线在该点的斜率则正比于抗压系数 $K_0$. 所以 (3.78) 式在此图中给出了 $a_1$ 与 $K_0$ 的直观几何图像.

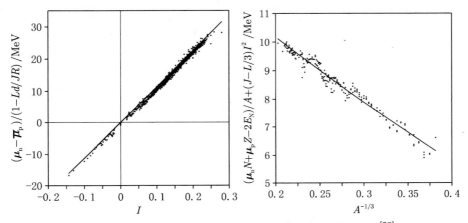

图 3.7  近似公式 (3.77) 和 (3.78) 式对原子核质量的拟合 [28]

与原始的质量数据或与之等价的 $E_N$ 相比, 现在这样重新组合的数据分成了 $\mu_n - \overline{\mu}_p$ 和 $\mu_n N - \overline{\mu}_p Z - 2E_N$ 两组. 重组后, 数据点从原始的 1654 个减少到每组 1140 个. 单纯从数据拟合的角度看, 数据的减少是降低支持率的一种损失. 但这样重组的数据呈现出原始数据之间的某种物理关联, 像从图 3.6 的左图到右图再到图 3.7 的左图所直观显示的那样. 显示出隐含在原始数据中的这种物理, 则弥补了数据减少所带来的损失. 这可说是本节这种做法一个意外的收获.

### d. 与实验的进一步拟合

(3.77) 和 (3.78) 式, 是基于物态方程 (3.24) 的近似. 更好一些的做法, 是用 2.4 节末给出的唯象物态方程 (2.103)

$$e(\rho, \delta) = \epsilon_F \left[ D_2(\delta)\left(\frac{\rho}{\rho_0}\right)^{2/3} - D_3(\delta)\left(\frac{\rho}{\rho_0}\right)^{3/3} + D_5(\delta)\left(\frac{\rho}{\rho_0}\right)^{5/3} + D_\gamma(\delta)\left(\frac{\rho}{\rho_0}\right)^{\gamma/3} \right], \quad (3.87)$$

其中 $D$ 系数依赖于相互作用模型和参数. 与 (3.24) 式类似, (3.87) 式的形式也不依赖于具体的相互作用模型, 只要对 $D_i(\delta)$ 适当参数化, 同样可当作唯象的物态方程来用.

对于原子核中的核物质, 不对称度 $\delta$ 不大, 可把 (3.87) 式中的 $D_i(\delta)$ 参数

化为

$$D_i(\delta) = D_{i0} + D_{i2}\delta^2, \qquad i = 2, 3, \gamma, \tag{3.88}$$

其中 $D_{i0}$ 和 $D_{i2}$ 是用来拟合实验数据的模型参数. 由于 $\partial e/\partial \rho|_0 = 0$ 给出的平衡条件

$$2D_{20} - 3D_{30} + \gamma D_{\gamma 0} = 0, \tag{3.89}$$

在 3 个 $D_{i0}$ 中只有两个独立, 可取 $D_{20}$ 和 $D_{\gamma 0}$. 于是, 6 个参数中, 只有 $D_{20}$, $D_{\gamma 0}$, $D_{22}$, $D_{32}$, $D_{\gamma 2}$ 这 5 个独立. 相应地, 核物质的 5 个参数 $a_1$, $J$, $K_0$, $L$, $K_s$ 可表示为

$$a_1 = -e(\rho_0, 0) = -\frac{\epsilon_F}{3}\left[D_{20} - (\gamma - 3)D_{\gamma 0}\right], \tag{3.90}$$

$$K_0 = 9\rho_0^2 \frac{\partial^2 e}{\partial \rho^2}\Big|_0 = \epsilon_F\left[-2D_{20} + \gamma(\gamma - 3)D_{\gamma 0}\right], \tag{3.91}$$

$$J = \frac{1}{2}\frac{\partial^2 e}{\partial \delta^2}\Big|_0 = \epsilon_F\left[D_{22} - D_{32} + D_{\gamma 2}\right], \tag{3.92}$$

$$L = \frac{3}{2}\rho_0 \frac{\partial^3 e}{\partial \rho \partial \delta^2}\Big|_0 = \epsilon_F\left[2D_{22} - 3D_{32} + \gamma D_{\gamma 2}\right], \tag{3.93}$$

$$K_s = \frac{9}{2}\rho_0^2 \frac{\partial^4 e}{\partial \rho^2 \partial \delta^2}\Big|_0 = \epsilon_F\left[-2D_{22} + \gamma(\gamma - 3)D_{\gamma 2}\right], \tag{3.94}$$

可以看出, $a_1$ 和 $K_0$ 只与 $D_{20}$ 和 $D_{\gamma 0}$ 有关, $J$, $L$ 和 $K_s$ 只与 $D_{22}$, $D_{32}$ 和 $D_{\gamma 2}$ 有关.

把这样参数化的方程 (3.87) 代入 (3.75) 和 (3.76) 式, 对密度 $\rho$ 取二参数费米分布 (3.5) 式, 并对积分作适当近似, 取

$$\int \mathrm{d}^3 r \rho(r)\delta\left(\frac{\rho}{\rho_0}\right)^{i/3} \approx I \int \mathrm{d}^3 r \rho(r)\left(\frac{\rho}{\rho_0}\right)^{i/3}, \tag{3.95}$$

$$\int \mathrm{d}^3 r \rho(r)\delta^2\left(\frac{\rho}{\rho_0}\right)^{i/3} \approx \xi_i I^2 \int \mathrm{d}^3 r \rho(r)\left(\frac{\rho}{\rho_0}\right)^{i/3}, \tag{3.96}$$

$$\int \mathrm{d}^3 r \rho \nabla^2 (\rho\delta) \approx -\frac{\rho_C t}{4R^2}A, \tag{3.97}$$

其中 $i = 2, 3, \gamma$, 而 $\xi_i$ 是拟合数据的可调参数. 这就可以看出, (3.75) 和 (3.76) 式左边是 $(A, Z)$ 的函数, 可与右边的数据进行拟合. 还可具体看出, (3.75) 式左边只含 $D_{22}$, $D_{32}$ 和 $D_{\gamma 2}$, (3.76) 式左边只含 $D_{20}$ 和 $D_{\gamma 0}$.

于是, 拟合计算分为两部分. 一方面, 由 (3.76) 式拟合定出参数 $D_{20}$ 和 $D_{\gamma 0}$, 用公式 (3.90) 和 (3.91) 分别算出 $a_1$ 和 $K_0$. 另一方面, 由 (3.75) 式拟合定出参数 $D_{22}$, $D_{32}$, 和 $D_{\gamma 2}$, 用公式 (3.92)—(3.94) 分别算出 $J$, $L$, 和 $K_s$. 因而, 体积能 $a_1$ 和抗压系数 $K_0$ 实质上依赖于 $\mu_n N + \overline{\mu}_p Z - 2E_N$, 对称能 $J$, 密度对称系数 $L$ 和对称抗压系数 $K_s$ 实质上依赖于 $\mu_n - \overline{\mu}_p$. 换言之, 现在的两步拟合, 实质上

是先从 $\mu_{\mathrm{n}}N + \overline{\mu}_{\mathrm{p}}Z - 2E_{\mathrm{N}}$ 的数据提取出 $a_1$ 和 $K_0$, 再从 $\mu_{\mathrm{n}} - \overline{\mu}_{\mathrm{p}}$ 的数据提取出 $J$, $L$ 和 $K_{\mathrm{s}}$. 现在用的 $(\mu_{\mathrm{n}}N + \overline{\mu}_{\mathrm{p}}Z - 2E_{\mathrm{N}})/A$ 数据点不再局限于 $|\delta| < 0.1$ 的 222 个, 而与 $\mu_{\mathrm{n}} - \overline{\mu}_{\mathrm{p}}$ 的数目一样, 共 1140 个, 如图 3.8 所示. 这样拟合得到的结果见表 3.3 中第 1 组.

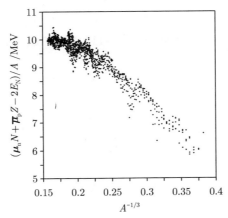

图 3.8    $(\mu_{\mathrm{n}}N + \overline{\mu}_{\mathrm{p}}Z - 2E_{\mathrm{N}})/A$ 的 1140 个数据点 [28]

表 3.3    拟合得到的 $a_1$, $K_0$, $J$, $L$ 和 $K_{\mathrm{s}}$, 单位为 MeV

| No. | $a_1$ | $K_0$ | $J$ | $L$ | $K_{\mathrm{s}}$ | $\gamma$ |
|---|---|---|---|---|---|---|
| 1 | 16.10 | 237.9 | 28.50 | 60.33 | −157.9 | 5 |
| | 15.98 | 217.5 | 28.50 | 64.32 | −101.3 | 4 |
| 2 | 16.10 | 237.9 | 28.82 | 81.81 | 40.4 | 5 |
| | (16.24) | (234 ) | (32.65) | (49.9 ) | | |
| 3 | 16.63 | 243.9 | 27.52 | 55.05 | −55.0 | 4 |
| | (15.978) | (235.8) | (32.12) | | | |
| 4 | 15.29 | 225.7 | 28.16 | 70.69 | | |
| 5 | 16.03 | 237.8 | | | | 5 |

作为比较, 表 3.3 第 2 组是与 Myers-Świątecki 物态方程 [2.21] 相当的结果, 亦即取 $\gamma = 5$, 和由于相互作用参数只有 4 个独立 (见 3.7 节) 而加上的约束条件

$$-\frac{6(3D_{22}-1)}{5D_{20}-3} + \frac{9}{5}\frac{D_{52}}{D_{50}} = 2. \tag{3.98}$$

第 3 组是与 Tondeur 物态方程 (见 3.7 节) 相当的结果, 亦即取 $\gamma = 4$, 以及 $D_{20} = 3/5$ 和 $D_{32} = D_{\gamma 2} = 0$, 这给出 $L = 2J$ 和 $K_{\mathrm{s}} = -L$. 第 4 组是前面用 (3.77) 和 (3.78) 式简单拟合的结果. 第 2 和 3 组括号内分别是 Myers-Świątecki[12] 和 Tondeur [2.22] 的结果. 注意与他们不同, 这里的拟合分成互相独立的两步,

而且作了某些近似. 特别是, 这里近似取 $\delta \approx I$, 而实际上 $\delta$ 比 $I$ 略小, 这就低估了 $J$, $L$ 和 $K_{\mathrm{s}}$.

这样拟合得到的结果, 依赖于 $\gamma$ 的选择. 图 3.9 是 $a_1$, $J$, $L$(左) 和 $K_0$, $K_{\mathrm{s}}$(右) 随 $\gamma$ 的变化. 当 $\gamma$ 从 3.1 增加到 25 时, 对称能 $J$ 从 28.50 MeV 增加到 28.52 MeV, 体积能 $a_1$ 从 15.86 MeV 增加到 17.47 MeV, 而密度对称系数 $L$ 从 61.76 MeV 减少到 50.97 MeV. 类似地, 当 $\gamma$ 从 3.1 增加到 25 时, 抗压系数 $K_0$ 从 199.2 MeV 增加到 673.9 MeV, 对称抗压系数 $K_{\mathrm{s}}$ 从 $-119.7$ MeV 减少到 $-716.4$ MeV.

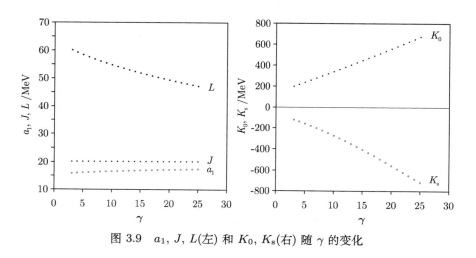

图 3.9    $a_1$, $J$, $L$(左) 和 $K_0$, $K_{\mathrm{s}}$(右) 随 $\gamma$ 的变化

单纯从这里的数据拟合本身, 没有适当方法能限制和确定 $\gamma$. 即使不把数据重组后分成两步拟合, 而直接对质量一次性拟合, 即在 (3.58), (3.59) 和 (3.63) 式中代入物态方程 (3.87), 并取参数化 (3.88) 式, 和 (3.95), (3.96) 式以及与之相似的适当近似, 这样直接与 1654 个 $E_{\mathrm{N}}$ 的数据进行拟合, 也无法限制和确定 $\gamma$. 由这样定出的 $D_{20}$ 和 $D_{\gamma 0}$, 可算出 $a_1$ 和 $K_0$. 表 3.3 的第 5 组, 是 $\gamma = 5$ 的结果. 当 $\gamma$ 从 3.1 增加到 25 时, $a_1$ 从 16.034 MeV 缓慢下降然后上升到 16.042 MeV, 在 $\gamma = 11$ 处有极小 16.028 MeV, 而 $K_0$ 从 181 MeV 单调上升到 2647 MeV.

因而, 无论是直接对 $E_{\mathrm{N}}$ 一步拟合, 还是分别对 $\mu_{\mathrm{n}} - \overline{\mu}_{\mathrm{p}}$ 和 $\mu_{\mathrm{n}} N + \overline{\mu}_{\mathrm{p}} Z - 2E_{\mathrm{N}}$ 两步拟合, 抗压系数 $K_0$ 都不能只由质量单独确定, 还必须对物态方程附加某种模型假设. 换言之, 必须对 $\gamma$ 作某种模型假设, 如 Seyler-Blanchard 型相互作用的 $\gamma = 5$, Tondeur 相互作用的 $\gamma = 4$, 和 Skyrme 相互作用的 $\gamma = 4, 5, 7/2, 18/5$ 等 (见 3.7 节). 同样, 展开式 (3.24) 也相当于是物态方程的一个模型, 这才使前面的简单拟合能给出确定的抗压系数 $K_0 = 225.7$ MeV.

若把 $\gamma$ 看作物理模型的一个要素 (ingredient), 图 3.9 就表明, 对称能 $J$ 基本上与模型无关, 体积能 $a_1$ 和密度对称系数 $L$ 对模型的依赖不大, 而抗压系数 $K_0$ 和对称抗压系数 $K_s$ 则强烈依赖于所用的模型. 特别是, 在还不能按照定义 $K_0 = 9\rho_0^2 \partial^2 e/\partial \rho^2|_0$ 直接进行测量时, 抗压系数的这种模型相关性看来不可避免.

事实上, 从不同核物理实验和天体物理观测得到的 $K_0$ 值, 散布在 180 MeV 到 800 MeV 的巨大区间 [23]. 而 $K_s$ 的值, 更是从与核呼吸模能量拟合得到的 $(-566\pm 1350)$—$(34\pm 159)$ MeV [32], 到从各种核力计算估计的 $-400$—$466$ MeV [16]. $K_0$ 值的这种不确定性, 可从图 3.7 的右图直观地看出. 由于 $K_0$ 近似比例于图中曲线左端的斜率, 要想从曲线周围这么分散的实验点把它精确定出来, 是不现实的, 即使此图只从图 3.8 的 1140 个数据点选出了 $|\delta| < 0.1$ 的 222 点. 质量数据的这种分散性, 本身就意味着不可能仅仅从质量数据来确定 $K_0$, 而需要补充另外一些实验, 例如下章要讨论的核呼吸模的能量. 其实, 物态方程的模型与核力的模型紧密相关, 而核力决不可能仅仅从质量数据来确定, 这在圈内早已是大家的经验与共识. 下面两节, 就以 Myers-Świątecki 模型等几种唯象核力为例, 来讨论在微观模型的基础上从核质量提取物态方程的尝试和结果.

## 3.5   Myers-Świątecki 模型

### a. Myers-Świątecki 相互作用

Myers 和 Świątecki 把 Seyler-Blanchard 相互作用推广成 [2.23]

$$v(r,k) = \frac{2\epsilon_{\mathrm{F}}}{\rho_0} Y(r) \left[ -\alpha + \beta \left( \frac{k}{k_{\mathrm{F}}} \right)^2 - \gamma \left( \frac{k_{\mathrm{F}}}{k} \right) + \sigma \left( \frac{2\bar{\rho}}{\rho_0} \right)^{2/3} \right], \qquad (3.99)$$

其中 $\epsilon_{\mathrm{F}}$, $k_{\mathrm{F}}$ 和 $\rho_0$ 分别为标准核物质的费米能, 费米动量和核子数密度, $Y(r)$ 为归一化汤川势,

$$Y(r) = \frac{1}{4\pi a^3} \frac{\mathrm{e}^{-r/a}}{r/a}, \qquad (3.100)$$

$\bar{\rho}$ 为下式定义的平均密度,

$$\bar{\rho}^{2/3} = \frac{1}{2} \left( \rho_1^{2/3} + \rho_2^{2/3} \right), \qquad (3.101)$$

下标 1, 2 表示函数自变量为 $r_1$, $r_2$, 在这里即 $\rho_i = \rho(r_i)$. 无量纲参数 $\alpha$, $\beta$, $\gamma$, $\sigma$ 与相互作用的两个核子相同或不同有关, 对相互作用的领头 (非饱和) 部分用参数 $\xi$ 表示为

$$\alpha_{l,u} = \frac{1}{2} (1 \mp \xi) \alpha, \qquad (3.102)$$

而对饱和部分用参数 $\zeta$ 表示为

$$\beta_{l,u} = \frac{1}{2}(1 \mp \zeta)\beta, \qquad \gamma_{l,u} = \frac{1}{2}(1 \mp \zeta)\gamma, \qquad \sigma_{l,u} = \frac{1}{2}(1 \mp \zeta)\sigma, \tag{3.103}$$

式中同类核子 $l$ 对应于负号, 不同核子 $u$ 对应于正号. 与 Seyler-Blanchard 相互作用 (2.89) 式相比, 这个 Myers-Świątecki 相互作用也是一种动量相关相互作用, 并且增加了随相对动量 $k$ 的增大而减小的一项吸引作用, 和随平均密度 $\bar\rho$ 的增大而增大的一项排斥作用. 相应地, 模型参数从 4 个增加到 7 个.

### b. Thomas-Fermi 模型

体系能量可写成核子动能 $E_{\mathrm{k}}$, 核相互作用能 $E_{\mathrm{I}}$ 和库仑能 $E_{\mathrm{C}}$ 三项之和,

$$E = E_{\mathrm{k}} + E_{\mathrm{I}} + E_{\mathrm{C}}. \tag{3.104}$$

按 Thomas-Fermi 模型, 这三项都是中子数密度 $\rho_{\mathrm{n}}$ 和质子数密度 $\rho_{\mathrm{p}}$ 的泛函. 其中 $E_{\mathrm{k}}$ 和 $E_{\mathrm{C}}$ 与核相互作用无关, 分别为

$$E_{\mathrm{k}} = \frac{1}{2}\rho_0 \epsilon_{\mathrm{F}} \int \mathrm{d}^3 \boldsymbol{r} \frac{3}{5}\left[\left(\frac{2\rho_{\mathrm{n}}}{\rho_0}\right)^{5/3} + \left(\frac{2\rho_{\mathrm{p}}}{\rho_0}\right)^{5/3}\right], \tag{3.105}$$

$$E_{\mathrm{C}} = \frac{e^2}{2} \int \frac{\mathrm{d}^3 \boldsymbol{r}_1 \mathrm{d}^3 \boldsymbol{r}_2 \rho_{\mathrm{p}}(\boldsymbol{r}_1)\rho_{\mathrm{p}}(\boldsymbol{r}_2)}{|\boldsymbol{r}_2 - \boldsymbol{r}_1|}. \tag{3.106}$$

$E_{\mathrm{I}}$ 与核相互作用有关, 用 (3.99) 式可算出

$$
\begin{aligned}
E_{\mathrm{I}} = \frac{1}{2}\rho_0\epsilon_{\mathrm{F}} \iint \mathrm{d}^3\boldsymbol{r}_1 \mathrm{d}^3\boldsymbol{r}_2 Y(r_{12}) &\left\{\frac{1}{2}\Phi_1^3\Phi_2^3\left[-\alpha_l + \frac{6}{5}B_l\Phi_1^2 - \frac{3}{2}\gamma_l\Phi_>^{-1}\left(1 - \frac{\Phi_<^2}{5\Phi_>^2}\right)\right]\right. \\
&+ \frac{1}{2}\Psi_1^3\Psi_2^3\left[-\alpha_l + \frac{6}{5}B_l\Psi_1^2 - \frac{3}{2}\gamma_l\Psi_>^{-1}\left(1 - \frac{\Psi_<^2}{5\Psi_>^2}\right)\right] \\
&\left.+ \Phi_1^3\Psi_2^3\left[-\alpha_u + \frac{3}{5}B_u(\Phi_1^2 + \Psi_2^2) - \frac{3}{2}\gamma_u X_>^{-1}\left(1 - \frac{X_<^2}{5X_>^2}\right)\right]\right\},
\end{aligned}
\tag{3.107}
$$

其中

$$r_{12} = |\boldsymbol{r}_2 - \boldsymbol{r}_1|, \qquad B_{l,u} = \frac{1}{2}(1 \mp \zeta)B, \qquad B = \beta + \frac{5}{6}\sigma, \tag{3.108}$$

$$\Phi = \left(\frac{2\rho_{\mathrm{n}}}{\rho_0}\right)^{1/3}, \qquad \Psi = \left(\frac{2\rho_{\mathrm{p}}}{\rho_0}\right)^{1/3}, \tag{3.109}$$

$$\Phi_{\gtrless} = \begin{cases} \Phi_1, & \text{当 } \Phi_1 \gtrless \Phi_2, \\ \Phi_2, & \text{当 } \Phi_2 \gtrless \Phi_1, \end{cases} \qquad \Psi_{\gtrless} = \begin{cases} \Psi_1, & \text{当 } \Psi_1 \gtrless \Psi_2, \\ \Psi_2, & \text{当 } \Psi_2 \gtrless \Psi_1, \end{cases} \tag{3.110}$$

$$X_{\gtrless} = \begin{cases} \Phi_1, & \text{当 } \Phi_1 \gtrless \Psi_2, \\ \Psi_2, & \text{当 } \Psi_2 \gtrless \Phi_1. \end{cases} \tag{3.111}$$

详细推导见文献 [2.23]. 令其中 $\gamma = \sigma = 0$, 就简化还原为 Seyler-Blanchard 相互作用的结果.

所以, Myers-Świątecki 相互作用 Thomas-Fermi 模型的核体系总能量 $E$, 是

密度分布 $\rho_\mathrm{n}(\boldsymbol{r})$ 和 $\rho_\mathrm{p}(\boldsymbol{r})$ 的泛函，是 6 个相互作用参数的函数，

$$E\left[\rho_\mathrm{n}(\boldsymbol{r}), \rho_\mathrm{p}(\boldsymbol{r}); a, \alpha, B, \gamma, \xi, \zeta\right] = \int \mathrm{d}^3\boldsymbol{r}\, \mathcal{E}\left[\rho_\mathrm{n}(\boldsymbol{r}), \rho_\mathrm{p}(\boldsymbol{r})\right]. \tag{3.112}$$

保持中子和质子数不变，能量 $E$ 对变分 $\delta\rho_\mathrm{n}$ 和 $\delta\rho_\mathrm{p}$ 取极值的条件，即

$$\frac{\delta}{\delta\rho_\tau}(E - \mu_\mathrm{n}N - \mu_\mathrm{p}Z) = 0, \qquad \tau = \mathrm{n}, \mathrm{p}, \tag{3.113}$$

给出确定密度分布 $\rho_\mathrm{n}$ 和 $\rho_\mathrm{p}$ 的 Euler-Lagrange 方程

$$\frac{\delta\mathcal{E}}{\delta\rho_\mathrm{n}} = \mu_\mathrm{n}, \qquad \frac{\delta\mathcal{E}}{\delta\rho_\mathrm{p}} = \mu_\mathrm{p}. \tag{3.114}$$

上述方程适用于有限核、半无限核物质和无限均匀核物质. 用数值迭代法求解这组方程，可算出原子核的密度分布 $\rho_\mathrm{n}$ 和 $\rho_\mathrm{p}$，从而算出结合能、光学势深度、裂变位垒等可与实验比较的数值. 通过这种比较和拟合，能调整确定模型参数. 根据这样综合确定的参数，就可算出核物质的各种性质与特征.

### c. 参数的拟合

作为实验数据的原子核质量，也就是原子核总能量. 除了核子动能 $E_\mathrm{k}$，核相互作用能 $E_\mathrm{I}$ 和库仑能 $E_\mathrm{C}$，总能量中还有一项剩余能 $E_\mathrm{res}$ [12]，

$$E(A, Z) = E_\mathrm{k} + E_\mathrm{I} + E_\mathrm{C} + E_\mathrm{res}. \tag{3.115}$$

Thomas-Fermi 模型采用密度泛函形式，是一种连续和光滑的描述. $E_\mathrm{res}$ 包括壳修正，奇偶项和 Wigner 项等三项，都是明显的非光滑项，超出了 Thomas-Fermi 模型，所以称之为剩余能. 在 Thomas-Fermi 模型的框架内，剩余能 $E_\mathrm{res}$ 不归理论处理，而纳入数据分析的范畴.

理论算得的 Thomas-Fermi 结合能和密度分布，依赖于 6 个参数 $\alpha$, $B$, $\gamma$, $\xi$, $\zeta$, $a$. 在深入分析的基础上，通过与原子核结合能的拟合，可以确定这些参数. 采取方均根 (RMS) 拟合，用中子和质子数在 8 以上 ($N, Z \geqslant 8$) 的 1654 个核，对结合能进行了剩余能修正 [30]. 在拟合中保持常数 $r_0 = 1.14\,\mathrm{fm}$ (见 3.7 节)，和标准半无限核物质的表面 Süssmann (弥散) 宽度 [2.17] $b = 1.0\,\mathrm{fm}$ [12]. 这两个限制保证了算得和测得的有限核电荷分布密切对应，而留下 4 个有效可调自由度来与 1654 个核的壳修正结合能拟合. 第一个限制的值，与不加此限制而得的最优值非常接近.

图 3.10 是 1654 个核的质量测量值与理论计算值之差，同位素用实线连接. 拟合的最大偏差约在 $\pm 2\,\mathrm{MeV}$ 之间，而总的方均根 (RMS) 偏差为 $0.655\,\mathrm{MeV}$ [12].

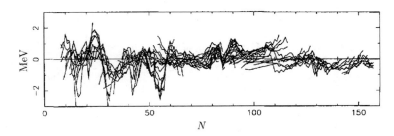

图 3.10　1654 个核的质量测量值与理论计算值之差, 同位素用实线连接[12]

第七个参数 $\sigma$ 可与上述 6 个参数分开, 用从中子、质子与核的散射实验得到的光学模型势来确定. 与入射粒子能量相关的光学势深度, 可用 Thomas-Fermi 模型公式表示为

$$U(E)/\epsilon_{\mathrm{F}} = -\alpha + \frac{3}{5}\beta + \frac{4}{3}\sigma + \beta\tau - \gamma \cdot \begin{cases} \tau^{-1/2}, & \tau \geqslant 1, \\ \frac{3}{2} - \frac{1}{2}\tau, & \tau \leqslant 1, \end{cases} \tag{3.116}$$

这里 $U(E)$ 是核子以动能 $\tau\epsilon_{\mathrm{F}}$ 穿过标准核物质时所感受到的势, 核子总能量为 $E = U + \tau\epsilon_{\mathrm{F}}$. 图 3.11 中的实验点, 是动能 5—200 MeV 的质子在 $^{40}$Ca 核上弹性散射的结果, 光学势深度已对库仑效应和中子过剩度作了校正[33], 图中曲线为用上述 Thomas-Fermi 公式 (3.116) 拟合的结果[12].

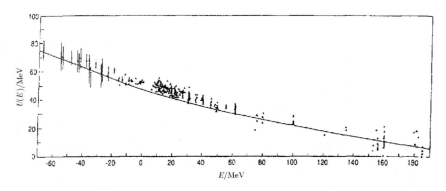

图 3.11　Thomas-Fermi 公式 (3.116) 对光学模型势深度的拟合[12]

这样定出的模型参数为[12]

$$\alpha = 1.946\,84, \quad \beta = 0.153\,11, \quad \gamma = 1.136\,72, \quad \sigma = 1.05 \quad (\therefore B = 1.028\,11),$$

$$\xi = 0.279\,76, \quad \zeta = 0.556\,65, \quad a = 0.592\,94\,\mathrm{fm}. \tag{3.117}$$

### d. 模型给出的结果

图 3.12 是 $^{124}$Sn 核的电荷分布, 实线是用这个 Thomas-Fermi 模型算得的结果 [12], 点划线是用 Woods-Saxson 函数拟合电子散射实验的结果 [7], 虚线是用三参数高斯函数拟合电子散射实验的结果 [7]. 从这个图例, 可以获得这个模型与实验符合程度直观的印象和概念.

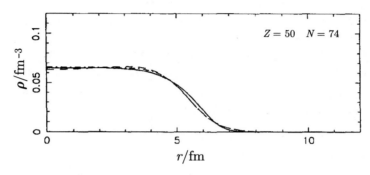

图 3.12    $^{124}$Sn 核的电荷分布 [12]

图 3.13 是不对称度 $\delta = 1$ 的中子物质的每核子能量, 实线为这个 Thomas-Fermi 模型算得的结果 [12], 空心方块为 Friedman 与 Pandharipande 用核多体理论算得的结果 [34]. 可以看出, 二者的差别主要是在密度高的区域.

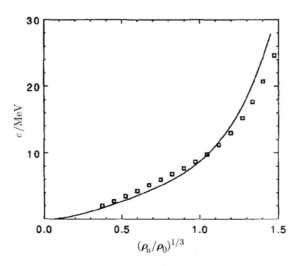

图 3.13   中子物质的物态方程 [12]

模型参数 (3.117) 给出的核物质性质如下 [12]:

- 对液滴模型

  核物质半径常数 $r_0 = 1.14\,\mathrm{fm}$

  体积能系数 $a_1 = 16.24\,\mathrm{MeV}$

  对称能系数 $J = 32.65\,\mathrm{MeV}$

  表面能系数 $a_2 = 18.63\,\mathrm{MeV}$

- 对小液滴模型 [2.6][2.7]

  抗压系数 $K_0 = 234\,\mathrm{MeV}$

  弯曲能系数 $a_3 = 12.1\,\mathrm{MeV}$

  中子表面硬度系数 $Q = 35.4\,\mathrm{MeV}$

  密度对称系数 $L = 49.9\,\mathrm{MeV}$

  对称非和谐系数 $M = 7.2\,\mathrm{MeV}$

这里再次提到关于原子核质量与结合能的液滴模型和小液滴模型. 因为有关核物质的具体知识, 最初和迄今主要来自原子核质量与结合能, 所以离不开这两个基本模型. 简单地说, 液滴模型假设原子核是不可压缩的均匀荷电液态物质, 结合能主要包括体积能、表面能、静电能和对称能. 小液滴模型则进一步假设液态核物质可压缩, 因而还要考虑与压缩性相关的一些能量修正.

Myers-Świątecki 选择的 Thomas-Fermi 近似, 便于处理大量原子核的平均行为, 但抹去了它们的单粒子特征, 需要对剩余能进行单独的处理, 不是一种在完整意义上的微观模型. 而以 Hartree-Fock 近似为基础的微观模型, 则虽然针对每一个核都要进行复杂的计算, 计算量大, 但却可以完整和自洽地考虑原子核的单粒子行为.

## 3.6  Hartree-Fock 近似的微观模型

### a. Hartree-Fock 方程

原子核的微观模型, 是在核子自由度的基础上描述原子核的结构. 含两体相互作用 $v(\boldsymbol{r}, \boldsymbol{r}')$ 的原子核体系, 哈密顿算符可以写成动能与相互作用能之和,

$$H = \sum_{i=1}^{A} t(\boldsymbol{r}_i) + \frac{1}{2}\sum_{i \neq j}^{A} v(\boldsymbol{r}_i, \boldsymbol{r}_j). \tag{3.118}$$

在以单粒子态完全集 $\{\phi_k(\boldsymbol{r})\}$ 为基础的二次量子化表象, 上述哈密顿算符成为

$$H = \sum_{lk} t_{kl} a_k^{\dagger} a_l + \frac{1}{2}\sum_{pqrs} v_{rpqs} a_r^{\dagger} a_p^{\dagger} a_q a_s, \tag{3.119}$$

其中

$$t_{kl} = \langle k|t|l \rangle = \int \mathrm{d}^3 \boldsymbol{r}\, \phi_k^*(\boldsymbol{r}) t(\boldsymbol{r}) \phi_l(\boldsymbol{r}), \tag{3.120}$$

$$v_{rpqs} = \langle rp|v|qs \rangle = \int \mathrm{d}^3 \boldsymbol{r}\, \mathrm{d}^3 \boldsymbol{r}'\, \phi_r^*(\boldsymbol{r}') \phi_p^*(\boldsymbol{r}) v(\boldsymbol{r}, \boldsymbol{r}') \phi_q(\boldsymbol{r}) \phi_s(\boldsymbol{r}') = v_{prsq}, \tag{3.121}$$

$$\{a_k, a_l\} = 0, \qquad \{a_k^\dagger, a_l^\dagger\} = 0, \qquad \{a_k, a_l^\dagger\} = \delta_{kl}. \tag{3.122}$$

Hartree-Fock 近似 假设体系态矢量为

$$|\varPsi\rangle = |\mathrm{HF}\rangle = \prod_{k=1}^{A} a_k^\dagger |0\rangle, \tag{3.123}$$

相应波函数为由 $\phi_k(\boldsymbol{r})$ 构成的 Slater 行列式. 假定单粒子能级按 $k = 1, 2, 3, \cdots, \infty$ 的升序排列, 则体系基态为费米面下填满的态, $k \leqslant A$. 原子核的这种 Hartree-Fock 基态, 相当于一个填满核子的海. 核的激发, 表现为海内的核子跃迁到海外, 而在海内留下空穴. 于是可称海内的态为 空穴态, 海外的态为 粒子态. 下面约定, 用指标 $i, j \leqslant A$ 表示基态的占据态, 即空穴态, 记为 h; $m, n > A$ 表示基态的未占态, 即粒子态, 记为 p; 其余 $k, l, \cdots$ 不受限制, 既可是空穴态, 亦可是粒子态.

态矢量的变分可写成

$$|\delta\varPsi\rangle = \epsilon a_m^\dagger a_i |\varPsi\rangle, \tag{3.124}$$

参数 $\epsilon$ 由体系能量取极小的变分原理确定. 由于准到一级的变分不改变态矢量的归一化, 不必考虑保持归一化的拉氏乘子, 变分方程为

$$\langle \delta\varPsi | H | \varPsi \rangle = \epsilon^* \langle \varPsi | a_i^\dagger a_m H | \varPsi \rangle = 0. \tag{3.125}$$

记住 $\epsilon^*$ 可取任意值, 把 (3.119) 式的 $H$ 代入上式, 运用核子产生湮灭算符的反对易关系 (3.122), 可得

$$t_{mi} + \sum_{j=1}^{A} \overline{v}_{mjji} = 0, \tag{3.126}$$

其中 $\overline{v}_{rpqs}$ 是相互作用直接能与交换能之和,

$$\overline{v}_{rpqs} = v_{rpqs} - v_{rpsq} = -\overline{v}_{rpsq}, \tag{3.127}$$

注意本书两体矩阵元的指标次序由 (3.121) 式定义.

根据 (3.126) 式, 可用矩阵元

$$h_{kl} = t_{kl} + \sum_{j=1}^{A} \overline{v}_{kjjl} \tag{3.128}$$

定义单粒子算符 $h$, 称之为 单粒子哈密顿量 或 Hartree-Fock 哈密顿量. (3.126) 式表明, $h$ 在粒子态与空穴态之间的矩阵元为零, 即 $h_{\mathrm{ph}} = 0, h_{\mathrm{hp}} = 0$. 于是有

$$h = \begin{pmatrix} h_{\mathrm{hh}} & 0 \\ 0 & h_{\mathrm{pp}} \end{pmatrix}. \tag{3.129}$$

上述矩阵表明, 可以选择适当的单粒子态 $\phi_k(\boldsymbol{r})$ 使 $h$ 对角化,

$$h_{kl} = t_{kl} + \sum_{j=1}^{A} \overline{v}_{kjjl} = \epsilon_k \delta_{kl}, \tag{3.130}$$

这就是 Hartree-Fock 方程, 其中 $\epsilon_k$ 为单粒子能级. 根据这个方程, 体系在 Hartree-Fock 基态 (3.123) 的能量为

$$\begin{aligned} E = \langle \Psi|H|\Psi \rangle &= \sum_{i=1}^{A} t_{ii} + \frac{1}{2} \sum_{i,j=1}^{A} \overline{v}_{ijji} \\ &= \sum_{i=1}^{A} \epsilon_i - \frac{1}{2} \sum_{i,j=1}^{A} \overline{v}_{ijji}. \end{aligned} \tag{3.131}$$

这表明, Hartree-Fock 方程的单粒子能级 $\epsilon_k$ 重复计算了相互作用能, 用它算体系总能量时应予扣除.

Hartree-Fock 方程 (3.130) 定义了单粒子态的选择. 在坐标表象, 它可写成

$$-\frac{\hbar^2}{2m_{\mathrm{N}}} \nabla^2 \phi_k(\boldsymbol{r}) + \left( \int \mathrm{d}^3 r' v(\boldsymbol{r}' - \boldsymbol{r}) \sum_{j=1}^{A} |\phi_j(\boldsymbol{r}')|^2 \right) \phi_k(\boldsymbol{r})$$

$$- \sum_{j=1}^{A} \phi_j(\boldsymbol{r}) \int \mathrm{d}^3 r' v(\boldsymbol{r}' - \boldsymbol{r}) \phi_j^*(\boldsymbol{r}') \phi_k(\boldsymbol{r}') = \epsilon_k \phi_k(\boldsymbol{r}). \tag{3.132}$$

与 Schrödinger 方程类比, 左边后两项分别是核子相互作用的直接能和交换能, 二者定义了一个自洽的平均场. 在数学上, 这是 $\phi_k(\boldsymbol{r})$ 的非线性积分微分方程, 可选谐振子波函数作为初始的试探, 用迭代法求数值解.

### b. 有效相互作用

没有相互作用的自由核子体系, 由于泡利不相容原理的排斥, 只能以气态存在. 有恰当的相互作用, 核物质才能凝聚达到饱和. 以 Hartree-Fock 近似为基础的微观模型, 核心是选择恰当的相互作用. 与自由核子情形不同, 在 Hartree-Fock 基态中的相互作用, 是在多核子体系核环境影响下的 有效相互作用, 原则上只适用于体系的态空间. 前面提到的 Seyler-Blanchard 相互作用, Tondeur 相互作用, Myers-Świątecki 相互作用和 Skyrme 相互作用, 都是这种用于核结构计算的有效相互作用.

对于初步和概略的计算, 有一些简化的相互作用, 如

- 接触相互作用　$v(r) = -V_0 \delta(r/a)$,
- Gauss 相互作用　$v(r) = -V_0 \mathrm{e}^{-r^2/a^2}$,
- Hulthén 相互作用　$v(r) = -V_0 \dfrac{\mathrm{e}^{-r/a}}{1 - \mathrm{e}^{-r/a}}$,

• 汤川相互作用 $v(r) = -V_0 \dfrac{\mathrm{e}^{-r/a}}{r/a}$,

头一种是 *定域* 的, 后三种是 *非定域* 的. 在能够描述原子核主要特征的前提下, 选择有效相互作用的一个重要看点, 是简单和易算. 从 Hartree-Fock 近似来看, 定域相互作用的直接项与交换项形式相似, 数学简单, 而且积分微分方程简化为微分方程, 计算容易, 然而给出的结果并不满意. 这意味着必须引入力程有限的非定域项. 从动量空间的表达式

$$v(\boldsymbol{k}, \boldsymbol{k}') = \frac{1}{(2\pi)^3} \int \mathrm{d}^3 r v(\boldsymbol{r}) \mathrm{e}^{-\mathrm{i}(\boldsymbol{k}-\boldsymbol{k}')\cdot\boldsymbol{r}} \tag{3.133}$$

可以看出, 定域相互作用与动量无关, 非定域相互作用则是 *动量相关* 的.

在动量空间, 时间反演不变性排除了动量的奇次项, 最低阶的动量相关项为

$$v(\boldsymbol{k}', \boldsymbol{k}) = v_0 + v_1(\boldsymbol{k}'^2 + \boldsymbol{k}^2) + v_2 \boldsymbol{k}' \cdot \boldsymbol{k}, \tag{3.134}$$

这对应于坐标空间的

$$v(\boldsymbol{r}) = v_0 \delta(\boldsymbol{r}) + v_1 \big[\boldsymbol{k}'^2 \delta(\boldsymbol{r}) + \delta(\boldsymbol{r})\boldsymbol{k}^2\big] + v_2 \boldsymbol{k}' \cdot \delta(\boldsymbol{r})\boldsymbol{k}, \tag{3.135}$$

其中的 $\boldsymbol{r} = \boldsymbol{r}_1 - \boldsymbol{r}_2$ 是两个核子的相对坐标, $\boldsymbol{k} = \boldsymbol{k}_1 - \boldsymbol{k}_2$ 是它们的相对动量, $\boldsymbol{k}'$ 与 $\boldsymbol{k}$ 共轭并约定作用于左边的波函数 (算符 $\overleftarrow{\nabla}$),

$$\boldsymbol{k} = \frac{1}{2\mathrm{i}}(\nabla_1 - \nabla_2), \qquad \boldsymbol{k}' = -\frac{1}{2\mathrm{i}}(\overleftarrow{\nabla}_1 - \overleftarrow{\nabla}_2). \tag{3.136}$$

考虑核子自旋, 还应在上述 $v(\boldsymbol{r})$ 中加一自旋轨道耦合项

$$\mathrm{i}W_0 \boldsymbol{\sigma} \cdot [\boldsymbol{k}' \times \delta(\boldsymbol{r})\boldsymbol{k}], \tag{3.137}$$

其中 $\boldsymbol{\sigma}$ 是两核子总自旋 Pauli 矩阵,

$$\boldsymbol{\sigma} = \boldsymbol{\sigma}_1 + \boldsymbol{\sigma}_2. \tag{3.138}$$

(3.135) 和 (3.137) 两式都是 *两体相互作用*. 可以表明, 在核自旋饱和的情形, 三个核子间简单的定域 *三体相互作用* [35]

$$v_3 \delta(\boldsymbol{r}_1 - \boldsymbol{r}_2)\delta(\boldsymbol{r}_2 - \boldsymbol{r}_3) \tag{3.139}$$

相当于一 *密度相关* 的两体相互作用

$$\frac{1}{6} v_3 \rho(\boldsymbol{R})\delta(\boldsymbol{r}), \tag{3.140}$$

其中 $\boldsymbol{R}$ 是两个核子的质心坐标,

$$\boldsymbol{R} = \frac{1}{2}(\boldsymbol{r}_1 + \boldsymbol{r}_2). \tag{3.141}$$

归纳 (3.135), (3.137) 和 (3.140) 三式, 并引入相应的交换因子, 就可写出

Skyrme 相互作用 [2.12][35]

$$v(\boldsymbol{r}) = t_0(1 + x_0 P_\sigma)\delta(\boldsymbol{r})$$
$$+ \frac{1}{2}t_1(1 + x_1 P_\sigma)\big[\boldsymbol{k}'^2\delta(\boldsymbol{r}) + \delta(\boldsymbol{r})\boldsymbol{k}^2\big]$$
$$+ t_2(1 + x_2 P_\sigma)\boldsymbol{k}' \cdot \delta(\boldsymbol{r})\boldsymbol{k}$$
$$+ \frac{1}{6}t_3(1 + x_3 P_\sigma)\rho^\alpha(\boldsymbol{R})\delta(\boldsymbol{r})$$
$$+ \mathrm{i}W_0\boldsymbol{\sigma} \cdot [\boldsymbol{k}' \times \delta(\boldsymbol{r})\boldsymbol{k}], \tag{3.142}$$

其中

$$P_\sigma = \frac{1}{2}(1 + \boldsymbol{\sigma}_1 \cdot \boldsymbol{\sigma}_2) \tag{3.143}$$

是两个核子的自旋交换算符, $t_0$, $t_1$, $t_2$, $t_3$, $x_0$, $x_1$, $x_2$, $x_3$, $\alpha$, 和 $W_0$ 等 10 个为相互作用参数. 文献上也常把 $\alpha = 1$ 的 (3.142) 式称为 Skyrme 相互作用, 而把 $\alpha \neq 1$ 的情形称为 推广的 Skyrme 相互作用. 这里主要有以下三种力:

- 动量相关力 —— 相对动量增加, 相当于距离减小, 亦即密度增加.
- 密度相关力 —— 随密度的增加, 排斥增大, 相互作用由吸引转变为排斥.
- 交换力 —— 在偶态吸引, 在奇态排斥, 奇偶态之比随密度增加而增大.

它们包含了足够的物理, 可定量描述大量核子的体系, 其形式又足够简单, 便于计算.

把 Skyrme 相互作用的前三项换成 Gauss 型有限力程相互作用, 并引入同位旋的交换, 就得到 Gogny 相互作用 [36]

$$v(\boldsymbol{r}) = \sum_{i=1,2} (W_i + B_i P_\sigma - H_i P_\tau - M_i P_\sigma P_\tau)\mathrm{e}^{-(r/\mu_i)^2}$$
$$+ t_3(1 + x_3 P_\sigma)\rho^\alpha(\boldsymbol{R})\delta(\boldsymbol{r}) + \mathrm{i}W_0\boldsymbol{\sigma} \cdot [\boldsymbol{k}' \times \delta(\boldsymbol{r})\boldsymbol{k}], \tag{3.144}$$

其中

$$P_\tau = \frac{1}{2}(1 + \boldsymbol{\tau}_1 \cdot \boldsymbol{\tau}_2) \tag{3.145}$$

是两个核子的同位旋交换算符, $\mu_i$, $W_i$, $B_i$, $H_i$, $M_i$, $\alpha$, $W_0$, $t_3$, $x_3$ 等为相互作用参数.

与前面讨论过的 Seyler-Blanchard 相互作用和 Myers-Świątecki 相互作用一样, Skyrme 相互作用和 Gogny 相互作用中的模型参数, 要由与核结构实验数据的拟合来确定. Hartree-Fock 近似作为微观模型的计算, 除了原子核的半径和密度分布等核几何, 以及质量和结合能这类宏观整体观测量, 还可计算单粒子能谱这种微观观测量. 但与 Thomas-Fermi 近似这种定域密度泛函的计算相比, Hartree-Fock 的微观计算复杂和耗时得多, 不容易在一次计算中同时与上千个核的数据拟合，一般是选择一些有代表性的核来计算和定出模型参数. 选择不同的实验数据和拟合算法，定出的参数也就不同. 所以同一个模型，参数存在不同的版本. 例如 Skyrme 相互作用有 Köhler 的 Ska [37], 法国 Orsay 组的 SIII 和 SIV [38] 等；Gogny 相互作用有最初的 D1 [39], 后来的改进版 D1S [40], Brink 和 Boeker 的 B1 [41] 以及 Blaizot 等人的 D250, D260, D280 和 D300 等 [18].

### c. Blaizot 的模型分析

Blaizot 早期的经典工作 [42], 先对有效相互作用中的动量相关、密度相关和汤川型有限力程三种唯象形式，分别进行了研究. 对于对称核物质，求有效相互作用在 Slater 行列式的期待值，由动量相关相互作用

$$v(\boldsymbol{k}', \boldsymbol{k}) = \frac{1}{V}(t_0 + t_2 \boldsymbol{k}' \cdot \boldsymbol{k}), \tag{3.146}$$

推出的物态方程为

$$e(\rho) = \frac{3}{5}\epsilon_{\mathrm{F}}\left(\frac{\rho}{\rho_0}\right)^{2/3} + \frac{3}{8}t_0\rho_0\left(\frac{\rho}{\rho_0}\right)^{3/3} + \frac{3}{8}t_2 m_{\mathrm{N}}\epsilon_{\mathrm{F}}\rho_0\left(\frac{\rho}{\rho_0}\right)^{5/3}, \tag{3.147}$$

其中第一项动能，第二项吸引，第三项排斥，随着密度的增加，排斥超过吸引，存在一个达到饱和的平衡. 其次，由密度相关相互作用

$$v(\boldsymbol{k}', \boldsymbol{k}) = \frac{1}{V}(t_0 + t_3 \rho^{\alpha}), \tag{3.148}$$

推出的物态方程为

$$e(\rho) = \frac{3}{5}\epsilon_{\mathrm{F}}\left(\frac{\rho}{\rho_0}\right)^{2/3} + \frac{3}{8}t_0\rho_0\left(\frac{\rho}{\rho_0}\right)^{3/3} + \frac{3}{8}t_3\rho_0^{\alpha+1}\left(\frac{\rho}{\rho_0}\right)^{\alpha+1}, \tag{3.149}$$

其中前两项与动量相关相互作用的一样，当 $\alpha > 0$ 时第二项吸引第三项排斥，当 $\alpha = 2/3$ 时与动量相关相互作用相当. 在这个意义上，动量相关相互作用相当于 $\alpha = 2/3$ 的密度相关相互作用. 最后，由含交换项的汤川有限力程相互作用

$$v(\boldsymbol{r}) = (W + MP_x)\frac{\mathrm{e}^{-\mu r}}{\mu r}, \tag{3.150}$$

推出的物态方程为

$$e(\rho) = \frac{3}{5}\epsilon_{\mathrm{F}}\left(\frac{\rho}{\rho_0}\right)^{2/3} + (4W - M)\frac{\pi}{2\mu^3}\rho_0\left(\frac{\rho}{\rho_0}\right)^{3/3}$$
$$- (W - 4M)\frac{3}{4\pi}\frac{k_{\mathrm{F0}}}{\mu}I\left(\frac{k_{\mathrm{F}}}{\mu}\right)\left(\frac{\rho}{\rho_0}\right)^{1/3}, \tag{3.151}$$

$$I(x) = \frac{1}{12}\left[2\left(6 - \frac{1}{x^2}\right) + \frac{1}{2x^2}\left(\frac{1}{x^2} + 12x^2\right)\ln(1 + 4x^2) - \frac{16}{x}\arctan(2x)\right]. \tag{3.152}$$

这个物态方程的第二项排斥，第三项吸引. 注意交换积分 $I(k_{\mathrm{F}}/\mu)$ 是密度 $\rho$ 的函数，其行为还依赖于力程 $\mu$. 当 $\mu \sim k_{\mathrm{F0}}/2$ 时，在 $k_{\mathrm{F}} \sim k_{\mathrm{F0}}$ 附近 $I(k_{\mathrm{F}}/\mu) \sim$

$k_F/\mu \sim \rho^{1/3}$, 相当于 $\alpha = -1/3$ 的密度相关相互作用.

利用饱和点的稳定条件 $\partial e/\partial \rho|_0 = 0$, 从物态方程 (3.149) 可推出

$$K_0 = \frac{3}{5}(3\alpha + 1)\epsilon_F - 9(\alpha + 1)e_0. \tag{3.153}$$

代入 $e_0 = -16\,\text{MeV}$ 和 $\epsilon_F = 37\,\text{MeV}$, 算出 [42][43]

$$K_0 = (166 + 211\alpha)\,\text{MeV}. \tag{3.154}$$

由此可以看出, 动量相关相互作用 $\alpha = 2/3$ 给出的 $K_0 = 307\,\text{MeV}$ 偏高, 汤川有限力程相互作用 $\alpha = -1/3$ 给出的 $K_0 = 96\,\text{MeV}$ 偏低. 此外, Skyrme 相互作用原来 $\alpha = 1$ 给出的 $K_0 = 377\,\text{MeV}$ 太高, 这正是推广的 Skyrme 相互作用把 $\alpha$ 当作唯象参数进行调整的原因 [37][44]. 通常取 $\alpha = 1/3$, 这一项给出 $K_0 = 236\,\text{MeV}$.

**d. Blaizot 等人微观计算的结果**

Blaizot 最初选择 Skyrme 相互作用的 Ska, SIII, SIV, 和 Gogny 相互作用的 D1 以及 Brink 与 Boeker 的 B1 [42]. 后来他又与其合作者用 Gogny 相互作用的 D1, D1S, 以及他们新给出的 D250, D260, D280, 和 D300 [18]. B1 是有限力程相互作用, 形式最简单, 不含密度相关项, 交换因子也只含 $M_i$, 通过交换项达到饱和. 各个 Gogny 相互作用也是有限力程, 但主要是通过零力程的密度相关项达到饱和. Skyrme 相互作用本质上是零力程的, 通过动量和密度相关的混合而达到饱和. 这些相互作用的参数都是通过与原子核静态性质的拟合确定的, 他们的目的是用以计算单极巨共振这类原子核的集体激发, 这将在下一章讨论. 这里只是看看用这些相互作用的微观模型 Hartree-Fock 计算与实验拟合的程度, 和讨论用它们算出的核物质性质.

对于一些球形核的基态性质, 表 3.4 给出了计算值与实验值的比较 [42], 计算用 B1, D1, Ska, SIV 和 SIII 的 Hartree-Fock 近似, 实验值的文献见 [45]. 可以看出, 除 B1 不太适于重核外, 其余相互作用给出的结合能均与实验符合. 其半径的微小差别, 源自不同相互作用的费米动量 $k_F$ 的差别. 这会引起密度分布振荡幅度的差别. 图 3.14 是计算的 $^{208}$Pb 质子分布, 实线是 B1, 点划线是 SIII, 虚线是 SIV 的. 图示的密度振荡的幅度, 可联系于核的压缩性 [42].

这些相互作用给出的核物质性质见表 3.5 [42], 其中 $m_N^*$ 为有效质量, $k_F$ 为费米动量, $\epsilon_F$ 为费米能量, 有下列关系

$$\rho_0 = \frac{2k_F^3}{3\pi^2}, \qquad \epsilon_F = \frac{k_F^2}{2m_N^*}. \tag{3.155}$$

可以看出, 除 B1 外, 其余相互作用给出的饱和点 $(\rho_0, e_0)$ 都比较接近, 但 $K_0$, $J$, $L$ 和 $K_s$ 的值很分散. 特别是, $K_0$ 分布在 193—356 MeV 的范围. 这说明,

Hartree-Fock 近似的微观计算，若只用少数原子核的基态性质，很难把核物质的抗压系数完全确定.

**表 3.4** 一些核的每核子结合能 $E/A$ 与电荷半径 $R_c$, 单位分别为 MeV 和 fm [42]

| 核 | 相互作用 | $E/A$ | $(E/A)_{exp}$ | $R_c$ | $(R_c)_{exp}$ |
|---|---|---|---|---|---|
| $^{16}$O | B1 | $-6.28$ | $-7.98$ | 2.76 | 2.73 |
| | D1 | $-8.19$ | | 2.76 | |
| | Ska | $-7.97$ | | 2.78 | |
| | SIV | $-8.02$ | | 2.74 | |
| | SIII | $-8.00$ | | 2.75 | |
| $^{40}$Ca | B1 | $-6.61$ | $-8.55$ | 3.47 | 3.49 |
| | D1 | $-8.67$ | | 3.47 | |
| | Ska | $-8.54$ | | 3.50 | |
| | SIV | $-8.52$ | | 3.48 | |
| | SIII | $-8.53$ | | 3.50 | |
| $^{90}$Zr | B1 | $-6.64$ | $-8.71$ | 4.21 | 4.27 |
| | D1 | $-8.75$ | | 4.26 | |
| | Ska | $-8.64$ | | 4.30 | |
| | SIV | $-8.62$ | | 4.30 | |
| | SIII | $-8.64$ | | 4.33 | |
| $^{208}$Pb | B1 | $-5.73$ | $-7.87$ | 5.36 | 5.50 |
| | D1 | $-7.90$ | | 5.46 | |
| | Ska | $-7.80$ | | 5.53 | |
| | SIV | $-7.80$ | | 5.53 | |
| | SIII | $-7.80$ | | 5.59 | |

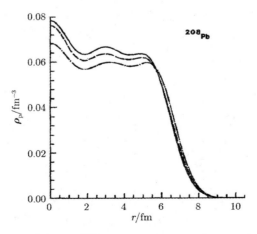

图 3.14 Hartree-Fock 近似的 $^{208}$Pb 质子分布, —— B1, -·-·- SIII, - - - SIV [42]

表 3.5 中的各个有效相互作用，B1 的密度相关项指数 $\alpha = 0$, D1 和 Ska 的 $\alpha = 1/3$, SIV 和 SIII 的 $\alpha = 1$, 而相应的抗压系数则从 193 MeV 增加到 356 MeV. 这说明，确如前面的分析，$\alpha = 1$ 的抗压系数太高，为降低抗压系数，应选择有限力程和 $\alpha < 1$ 的模型. Myers-Świątecki 相互作用就是这样，Blaizot 与其合作者后来选择的 Gogny 相互作用也是这样.

表 3.5  有效相互作用 B1, D1, Ska, SIV, SIII 的核物质性质 [42]

|  | B1 | D1 | Ska | SIV | SIII |
|---|---|---|---|---|---|
| $m_N^*/m_N$ | 0.43 | 0.67 | 0.61 | 0.47 | 0.76 |
| $k_F/\,\mathrm{fm}^{-1}$ | 1.45 | 1.355 | 1.32 | 1.31 | 1.29 |
| $\epsilon_F/\,\mathrm{MeV}$ | 101.4 | 56.8 | 59.2 | 75.7 | 45.4 |
| $\rho_0/\,\mathrm{fm}^{-3}$ | 0.206 | 0.168 | 0.155 | 0.152 | 0.145 |
| $e_0/\,\mathrm{MeV}$ | $-15.7$ | $-16.3$ | $-16.0$ | $-15.98$ | $-15.87$ |
| $J/\,\mathrm{MeV}$ | 60.6 | 30.7 | 32.8 | 31.2 | 28.2 |
| $K_0/\,\mathrm{MeV}$ | 193 | 228 | 263 | 325 | 356 |
| $L/\,\mathrm{MeV}$ | 163 | 18.4 | 75.07 | 63.58 | 10.132 |
| $K_s/\,\mathrm{MeV}$ | $-24.8$ | $-278$ | $-79.124$ | $-140.07$ | $-392.35$ |

Gogny 相互作用有 14 个参数. 其数值，除最初的版本 D1 及其改进版 D1S, Blaizot 他们又选定了 4 个版本 D250, D260, D280 和 D300. 所有 6 个版本都是 $x_3 = 1$, $\mu_1 = 0.7\,\mathrm{fm}$, $\mu_2 = 1.2\,\mathrm{fm}$. D250 和 D300 的 $\alpha = 2/3$, 其余的 $\alpha = 1/3$. 由于 $\alpha$ 是密度相关指数，它会影响抗压系数 $K_0$ 与核子有效质量 $m_N^*$ 之间的关联. 选择两个不同的 $\alpha$ 值，就可防止对这种关联引入非物理的效应. 其余 10 个参数 $W_i, B_i, H_i, M_i, W_0, t_3$ 在文献 [18] 中可以查到，这里就不一一抄出.

对原子核基态性质的计算，Blaizot 他们选择了 Hartree-Fock 平均自洽场方法. 他们用这 6 组参数算球形核 $^{40}\mathrm{Ca}$ 和 $^{208}\mathrm{Pb}$ 的电荷半径 $R_c$, 结果如表 3.6 所示，表中最后一列是实验值 [18]. 可以看出，6 组参数的计算值差别不大，结果均与实验值相符.

表 3.6  球形核 $^{40}\mathrm{Ca}$ 与 $^{208}\mathrm{Pb}$ 的电荷半径 $R_c$, 单位 fm [18]

|  | D1S | D1 | D250 | D260 | D280 | D300 | exp |
|---|---|---|---|---|---|---|---|
| $^{40}\mathrm{Ca}$ | 3.470 | 3.444 |  | 3.430 | 3.440 |  | 3.48 |
| $^{208}\mathrm{Pb}$ | 5.473 | 5.431 | 5.444 | 5.468 | 5.526 | 5.464 | 5.50 |

除了电荷半径，他们还算了方均根半径、中子半径和质子半径，6 组参数算得的差别也都不大. 为了进一步检验，他们又计算了 $^{208}\mathrm{Pb}$ 的核子数密度分布，6 组参数的结果相差在 $-0.007$—$0.014\,\mathrm{fm}^{-3}$ 之间. 用它们算得的核物质性

质, 如表 3.7, 其中最后一项的 $S$ 定义为

$$S = k_{\mathrm{F}}^3 \frac{\mathrm{d}^3 e}{\mathrm{d} k_{\mathrm{F}}^3} = -3K_0 + 27\rho^2 \frac{\mathrm{d}^3 \mathcal{E}}{\mathrm{d}\rho^3}. \tag{3.156}$$

可以看出, 尽管与原子核电荷半径的实验值相符, 但这些相互作用给出的核物质抗压系数仍然在 209 到 303 MeV 的范围变动. 为了把 $K_0$ 值完全定下来,

表 3.7  **Gogny 相互作用算得的核物质性质** [18]

| | $e_0/\mathrm{MeV}$ | $k_{\mathrm{F}}/\mathrm{fm}^{-1}$ | $K_0/\mathrm{MeV}$ | $m_{\mathrm{N}}^*/m_{\mathrm{N}}$ | $S/K_0$ |
|---|---|---|---|---|---|
| D1S | $-16.02$ | 1.35 | 209 | 0.70 | 3.4 |
| D1 | $-16.32$ | 1.35 | 228 | 0.67 | 4.0 |
| D250 | $-15.86$ | 1.330 | 252.7 | 0.70 | 4.6 |
| D260 | $-16.27$ | 1.335 | 261.4 | 0.61 | |
| D280 | $-16.31$ | 1.31 | 282 | 0.58 | |
| D300 | $-16.23$ | 1.325 | 303.1 | 0.68 | 5.24 |

Blaizot 他们利用了核单极巨共振的实验数据, 下一章将讨论这个问题. 究其原因, 在物理上, 抗压系数与核的动力学有关, 不单纯是静态性质. 而从技术上看, Gogny 有效相互作用包含 14 个可调参数, 仅仅与少数几个球形核的实验数据拟合, 不足以可信地把它们完全确定下来. Hartree-Fock 近似的微观计算, 要想像 Myers-Świątecki 的 Thomas-Fermi 近似那样与上千个核的数据拟合, 在数值计算上, 还是一件巨大的工程. 下面进一步针对核力的几个常用的唯象模型, 作一些具体的分析和比较.

## 3.7  几个模型的分析和比较

### a. 几个模型的物态方程

由 Myers-Świątecki 相互作用、Skyrme 相互作用和 Tondeur 相互作用算出的物态方程均可写为 (3.87) 式, 其中的 $D$ 系数依赖于相互作用模型和参数. 由 Myers-Świątecki 相互作用算出的 $D$ 系数为 [13][20]

$$\begin{aligned} D_2^{\mathrm{MS}}(\delta) = &\frac{3}{10}(1-\gamma_l)\big[(1+\delta)^{5/3} + (1-\delta)^{5/3}\big] \\ &- \frac{3}{20}\gamma_u \times \begin{cases} 5(1+\delta)^{2/3}(1-\delta) - (1-\delta)^{5/3}, & \text{当 } \delta \geqslant 0, \\ 5(1+\delta)(1-\delta)^{2/3} - (1+\delta)^{5/3}, & \text{当 } \delta \leqslant 0, \end{cases} \end{aligned} \tag{3.157}$$

$$D_3^{\mathrm{MS}}(\delta) = \frac{1}{2}\alpha(1-\xi\delta^2), \tag{3.158}$$

$$D_5^{\mathrm{MS}}(\delta) = \frac{3}{10}\Big\{ B_l\big[(1+\delta)^{8/3} + (1-\delta)^{8/3}\big]$$

$$+ B_u(1 - \delta^2)\Big[(1 + \delta)^{2/3} + (1 - \delta)^{2/3}\Big]\Big\}, \tag{3.159}$$

$$D_\gamma^{\mathrm{MS}}(\delta) = 0, \tag{3.160}$$

其中出现相互作用参数 $\alpha$, $B_l$, $B_u$, $\gamma_l$, $\gamma_u$ 和 $\xi$. 汤川势的力程参数 $a$ 只出现在 $\mathcal{E}_{\mathrm{GD}}$ (见 3.4 节) 中, 与物态方程无关.

Skyrme 相互作用的密度泛函可写成 [46]

$$
\begin{aligned}
\mathcal{E}_{\mathrm{I}} ={}& \frac{1}{2}t_0\Big[\big(1 + \frac{x_0}{2}\big)\rho^2 - \big(x_0 + \frac{1}{2}\big)(\rho_n^2 + \rho_p^2)\Big] + \frac{1}{4}\Big[t_1\big(1 + \frac{x_1}{2}\big) + t_2\big(1 + \frac{x_2}{2}\big)\Big]\tau\rho \\
&+ \frac{1}{4}\Big[t_2\big(x_2 + \frac{1}{2}\big) - t_1\big(x_1 + \frac{1}{2}\big)\Big](\tau_n\rho_n + \tau_p\rho_p) \\
&+ \frac{1}{12}t_3\rho^\alpha\Big[\big(1 + \frac{x_3}{2}\big)\rho^2 - \big(x_3 + \frac{1}{2}\big)(\rho_n^2 + \rho_p^2)\Big] \\
&+ \frac{1}{16}\Big[3t_1\big(1 + \frac{x_1}{2}\big) - t_2\big(1 + \frac{x_2}{2}\big)\Big](\nabla\rho)^2 \\
&- \frac{1}{16}\Big[3t_1\big(x_1 + \frac{1}{2}\big) + t_2\big(x_2 + \frac{1}{2}\big)\Big]\Big[(\nabla\rho_n)^2 + (\nabla\rho_p)^2\Big] \\
&+ \frac{1}{2}W_0\Big[\boldsymbol{J}\cdot\nabla\rho + \boldsymbol{J}_n\cdot\nabla\rho_n + \boldsymbol{J}_p\cdot\nabla\rho_p\Big], \tag{3.161}
\end{aligned}
$$

其中

$$\tau_n = \frac{3}{5}(3\pi^2\rho_n)^{2/3}\rho_n, \qquad \tau_p = \frac{3}{5}(3\pi^2\rho_p)^{2/3}\rho_p, \qquad \tau = \tau_n + \tau_p, \tag{3.162}$$

$\boldsymbol{J}_n$, $\boldsymbol{J}_p$, $\boldsymbol{J}$ 为自旋轨道流密度. 由此算出的 $D$ 系数为 [2.26][47]

$$D_2^{\mathrm{Sk}}(\delta) = \frac{3}{10}\Big[(1 + \delta)^{5/3} + (1 - \delta)^{5/3}\Big], \tag{3.163}$$

$$D_3^{\mathrm{Sk}}(\delta) = -\frac{3}{8}\frac{\rho_0}{\epsilon_{\mathrm{F}}}t_0\Big[1 - \frac{2}{3}\big(x_0 + \frac{1}{2}\big)\delta^2\Big], \tag{3.164}$$

$$
\begin{aligned}
D_5^{\mathrm{Sk}}(\delta) ={}& \frac{3}{10}\Big(\frac{3\pi^2}{2}\Big)^{2/3}\frac{\rho_0^{5/3}}{\epsilon_{\mathrm{F}}}\Big\{s_1\Big[(1 + \delta)^{5/3} + (1 - \delta)^{5/3}\Big] \\
&+ \frac{1}{2}s_2\Big[(1 + \delta)^{8/3} + (1 - \delta)^{8/3}\Big]\Big\}, \tag{3.165}
\end{aligned}
$$

$$D_\gamma^{\mathrm{Sk}}(\delta) = \frac{1}{16}\frac{\rho_0^{\gamma/3}}{\epsilon_{\mathrm{F}}}t_3\Big[1 - \frac{2}{3}\big(x_3 + \frac{1}{2}\big)\delta^2\Big], \tag{3.166}$$

其中 $\gamma/3 = \alpha + 1$, 而

$$s_1 = \frac{1}{4}\Big[t_1\big(1 + \frac{x_1}{2}\big) + t_2\big(1 + \frac{x_2}{2}\big)\Big], \quad s_2 = \frac{1}{4}\Big[t_2\big(x_2 + \frac{1}{2}\big) - t_1\big(x_1 + \frac{1}{2}\big)\Big], \tag{3.167}$$

可以看出, 相互作用参数 $t_0$, $t_3$, $x_0$, $x_3$, $s_1$, $s_2$, $\gamma$ 出现在物态方程中, 而参数 $W_0$ 只出现在 $\mathcal{E}_{\mathrm{GD}}$ 中, 与物态方程无关.

Tondeur 相互作用 [2.22] 的密度泛函

$$\mathcal{E}_{\mathrm{I}} = a\rho^2 + b\rho^\gamma + c\rho^{5/3}\left(\frac{\rho_{\mathrm{n}} - \rho_{\mathrm{p}}}{\rho}\right)^2 + d\boldsymbol{J} \cdot \nabla\rho + \eta|\nabla\rho|^2, \qquad (3.168)$$

其中 $a, b, c, d, \gamma$ 和 $\eta$ 为模型参数,$\boldsymbol{J}$ 为自旋轨道流密度. 由此可得 Tondeur 相互作用的 $D$ 系数 [2.26]

$$D_2^{\mathrm{To}}(\delta) = \frac{3}{10}\left[(1+\delta)^{5/3} + (1-\delta)^{5/3}\right] + \frac{\rho_0^{2/3}c}{\epsilon_{\mathrm{F}}}\delta^2, \qquad (3.169)$$

$$D_3^{\mathrm{To}}(\delta) = -\frac{\rho_0 a}{\epsilon_{\mathrm{F}}}, \qquad (3.170)$$

$$D_5^{\mathrm{To}}(\delta) = 0, \qquad (3.171)$$

$$D_\gamma^{\mathrm{To}}(\delta) = \frac{\rho_0^{\gamma/3}b}{\epsilon_{\mathrm{F}}}, \qquad (3.172)$$

其中出现相互作用参数 $a, b, c$ 和 $\gamma$,而参数 $d$ 和 $\eta$ 只出现在 $\mathcal{E}_{\mathrm{GD}}$ 中,与物态方程无关.

**b. 标准核物质性质**

定义饱和点 $(\rho_0, 0)$ 的平衡条件 $\partial e/\partial\rho|_0 = 0$,给出 $D$ 系数有下列关系:

$$2D_2(0) - 3D_3(0) + 5D_5(0) + \gamma D_\gamma(0) = 0. \qquad (3.173)$$

表征核物质性质的 5 个特征量 $a_1, K_0, J, L$ 和 $K_{\mathrm{s}}$ 可表示为

$$a_1 = -e(\rho_0, 0) = -\frac{\epsilon_{\mathrm{F}}}{3}\left[D_{20} - 2D_{50} + (\gamma - 3)D_{\gamma 0}\right], \qquad (3.174)$$

$$K_0 = 9\rho_0^2 \frac{\partial^2 e}{\partial\rho^2}\Big|_0 = \epsilon_{\mathrm{F}}\left[-2D_{20} + 10D_{50} + \gamma(\gamma - 3)D_{\gamma 0}\right], \qquad (3.175)$$

$$J = \frac{1}{2}\frac{\partial^2 e}{\partial\delta^2}\Big|_0 = \epsilon_{\mathrm{F}}\left[D_{22} - D_{32} + D_{52} + D_{\gamma 2}\right], \qquad (3.176)$$

$$L = \frac{3}{2}\rho_0 \frac{\partial^3 e}{\partial\rho\partial\delta^2}\Big|_0 = \epsilon_{\mathrm{F}}\left[2D_{22} - 3D_{32} + 5D_{52} + \gamma D_{\gamma 2}\right], \qquad (3.177)$$

$$K_{\mathrm{s}} = \frac{9}{2}\rho_0^2 \frac{\partial^4 e}{\partial\rho^2\partial\delta^2}\Big|_0 = \epsilon_{\mathrm{F}}\left[-2D_{22} + 10D_{52} + \gamma(\gamma - 3)D_{\gamma 2}\right], \qquad (3.178)$$

符号 $|_0$ 表示在饱和点 $(\rho_0, 0)$ 取值,而

$$D_{i0} = D_i(0), \qquad D_{i2} = \frac{1}{2}\frac{\partial^2 D_i}{\partial\delta^2}\Big|_0, \qquad i = 2, 3, 5, \gamma. \qquad (3.179)$$

注意 $D_{i0}$ 和 $D_{i2}$ 在这里和在 3.4 节的定义不同,作用也不同. 它们在这里要由核力的模型和参数来计算,而在 3.4 节中则是作为物态方程的模型参数由拟合实验数据来确定.

(3.174) 和 (3.175) 式的推导用了 (3.173) 式,而由 (3.174) 和 (3.175) 式可推

出下列公式:

$$K_0 = 15a_1 + [3D_{20} + (\gamma - 5)(\gamma - 3)D_{\gamma 0}]\epsilon_{\mathrm{F}}, \tag{3.180}$$

$$K_0 = 3\gamma a_1 + [(\gamma - 2)D_{20} - 2(\gamma - 5)D_{50}]\epsilon_{\mathrm{F}}. \tag{3.181}$$

对 Myers-Świątecki 相互作用, $D_\gamma^{\mathrm{MS}}(\delta) = 0$, 在 (3.173)—(3.178) 式中所有含 $\gamma$ 的项都不出现, 平衡条件 (3.173) 化为下列 $\alpha$, $B$ 和 $\overline{\gamma}$ 的关系:

$$5\alpha - 10B - 4(1 - \overline{\gamma}) = 0, \tag{3.182}$$

注意为了与 (3.87) 式中定义的 $\gamma$ 相区别, 这里把 Myers-Świątecki 相互作用 (3.99) 中的 $\gamma$ 改写成 $\overline{\gamma}$. 从 (3.182) 式可解出 $\overline{\gamma}$ 作为 $\alpha$ 和 $B$ 的函数, 因而 Myers-Świątecki 物态方程中, 相互作用参数只有 $\alpha$, $B$, $\xi$ 和 $\zeta$ 4 个独立. 相应地, Myers-Świątecki 物态方程中的参数 $r_0(\epsilon_{\mathrm{F}})$, $a_1$, $K_0$, $J$, $L$ 和 $K_{\mathrm{s}}$, 只有 4 个独立. 实际上, 可以推出下列关系:

$$\frac{K_{\mathrm{s}}}{\epsilon_{\mathrm{F}}} = \frac{4B(1 + \overline{\gamma})}{4B + \overline{\gamma}} \left[1 - \frac{10B + \overline{\gamma}}{2B(1 + \overline{\gamma})} \frac{3J - L}{\epsilon_{\mathrm{F}}}\right], \tag{3.183}$$

其中

$$B = \frac{5}{18} \frac{K_0 - 6a_1}{\epsilon_{\mathrm{F}}}, \qquad \overline{\gamma} = 1 - \frac{5}{9} \frac{K_0 - 15a_1}{\epsilon_{\mathrm{F}}}. \tag{3.184}$$

(3.183) 式与 3.4 节给出的 (3.98) 式等价. 值得指出, (3.180) 式对 Myers-Świątecki 物态方程成为

$$K_0 = 15a_1 + \frac{9}{5}(1 - \overline{\gamma})\epsilon_{\mathrm{F}}. \tag{3.185}$$

当 $\overline{\gamma} = 0$ 时, Myers-Świątecki 相互作用约化为 Seyler-Blanchard 相互作用 [2.13], 由上式估计 $K_0 \sim 306\,\mathrm{MeV}$. 因此, 为使 $K_0$ 低于 $306\,\mathrm{MeV}$, Myers-Świątecki 物态方程中必须有与 $\overline{\gamma}$ 相关的项 [20].

对 Skyrme 相互作用, 由 (3.173) 式可得下列关系:

$$\frac{9}{8} \frac{\rho_0 t_0}{\epsilon_{\mathrm{F}}} + \frac{\gamma}{16} \frac{\rho_0^{\gamma/3} t_3}{\epsilon_{\mathrm{F}}} + 3\left(\frac{3\pi^2}{2}\right)^{2/3} \frac{\rho_0^{5/3}}{\epsilon_{\mathrm{F}}}\left(s_1 + \frac{1}{2}s_2\right) + \frac{6}{5} = 0. \tag{3.186}$$

因而, 7 个参数 $t_0$, $t_3$, $x_0$, $x_3$, $s_1$, $s_2$, $\gamma$ 中, 只有 6 个独立. 据此可以表明, 在 Skyrme 物态方程中, $r_0$, $a_1$, $K_0$, $J$, $L$ 和 $K_{\mathrm{s}}$ 互相独立. 由 (3.180) 式, 可得 $t_3$, $r_0$, $a_1$ 和 $K_0$ 之间有关系

$$K_0 = 15a_1 + \frac{9}{5}\epsilon_{\mathrm{F}} + \frac{(\gamma - 5)(\gamma - 3)}{16}\rho_0^{\gamma/3} t_3. \tag{3.187}$$

若 $t_3 = 0$, 由于实验测量已知 $a_1 \sim 16\,\mathrm{MeV}$ 和 $\epsilon_{\mathrm{F}} \sim 37\,\mathrm{MeV}$, 根据上式估计 $K_0 \sim 306\,\mathrm{MeV}$, 与 Myers-Świątecki 相互作用的情形一样. 因此, 为使 $K_0$ 值低于 $306\,\mathrm{MeV}$, Skyrme 物态方程中必须有第四项 $(\rho/\rho_0)^{\gamma/3}$.

对 Tondeur 相互作用, $D_5(\delta) = 0$, (3.173) 式中含 $D_5(0)$ 的项以及 (3.174)—

(3.178) 式中含 $D_{50}$ 和 $D_{52}$ 的项不出现，平衡条件 (3.173) 成为联系 $a, b$ 和 $\gamma$ 的关系：

$$\frac{3\rho_0 a}{\epsilon_F} + \frac{\gamma\rho_0^{\gamma/3}b}{\epsilon_F} + \frac{6}{5} = 0. \tag{3.188}$$

因此，Tondeur 物态方程中只有 3 个相互作用参数独立，例如 $a, c$ 和 $\gamma$. 相应地，在 $r_0, a_1, K_0, J, L$ 和 $K_s$ 中，只有 3 个独立，例如 $a_1, K_0$ 和 $J$，而可表明

$$L = 2J, \qquad K_s = -2J. \tag{3.189}$$

此外，由 (3.181) 式可写出 $K_0, a_1$ 与 $\gamma$ 的下列关系：

$$K_0 = 3\gamma a_1 + \frac{3}{5}(\gamma - 2)\epsilon_F. \tag{3.190}$$

由 $a_1 \sim 16\,\mathrm{MeV}$, $\epsilon_F \sim 37\,\mathrm{MeV}$ 和 $K_0 \sim 220\,\mathrm{MeV}$ 可估计恰当的整数为 $\gamma = 4$, 正如 Tondeur 所选择的那样 [2.22]. 在此情形，即若选择 $\gamma = 4$, 在数据拟合中就只剩两个相互作用参数可自由调整，例如 $a$ 和 $c$. 相应地，在 $a_1, K_0, J, L$ 和 $K_s$ 中只有两个独立，例如 $a_1$ 和 $J$, 这时 $K_0$ 由 (3.190) 式来计算. 由 $a_1 \sim 16\,\mathrm{MeV}$, $T \sim 37\,\mathrm{MeV}$ 和 $\gamma = 4$ 可估计 $K_0 \sim 236\,\mathrm{MeV}$. 值得指出 Tondeur 给出的值为 $K_0 = 235.8\,\mathrm{MeV}$ [2.22].

表 3.8 给出 $a_1, K_0, J, L$ 和 $K_s$ 的计算值，单位为 MeV. 第 1—5 行是 Skyrme 相互作用的结果，相互作用参数取自 [48]. 第 6 行是 Myers-Świątecki 相互作用的结果，相互作用参数取自 [12]. 第 7 行是 Tondeur 相互作用的结果，相互作用参数取自 [2.22]. 作为比较，最后两行给出直接用物态方程模型与原子核质量数据拟合的结果，见本章 3.4 节. 第 2 列是平衡条件 (3.173) 左边的计算值，其与 0 的偏离越小，表示数据拟合得越好. 第 3 列是数据拟合所用的 $r_0$ 值，单位为 fm. 第 4 列是所用的模型参数 $\gamma$. 可以看出，除了 SIII 的情形 $K_0$ 和 $K_s$ 偏离很大以外，$a_1, K_0, J, L$ 和 $K_s$ 的值多数都很接近 [2.26].

表 3.8　几个模型的结果比较 [2.26]

| EOS | E.C. | $r_0$ | $\gamma$ | $a_1$ | $K_0$ | $J$ | $L$ | $K_s$ |
|---|---|---|---|---|---|---|---|---|
| SIII | 0.00080 | 1.180 | 6 | 15.86 | 355.5 | 28.16 | 9.88 | −393.9 |
| Ska | −0.00001 | 1.154 | 4 | 15.99 | 263.1 | 32.91 | 74.62 | −78.45 |
| SkM | 0.00004 | 1.142 | 7/2 | 15.77 | 216.6 | 30.75 | 49.34 | −148.8 |
| SkM* | 0.00004 | 1.142 | 7/2 | 15.77 | 216.6 | 30.03 | 45.78 | −155.9 |
| RATP | 0.00049 | 1.143 | 18/5 | 16.05 | 239.6 | 29.26 | 32.39 | −191.3 |
| M-S | 0.00001 | 1.140 | | 16.24 | 234.4 | 32.65 | 49.88 | −147.1 |
| Tondeur | 0.00043 | 1.145 | 4 | 15.98 | 235.8 | 19.89 | 39.78 | −39.78 |
| CWS | 0.00000 | 1.140 | 4 | 15.98 | 217.5 | 28.50 | 64.32 | −101.3 |
| CWS | 0.00000 | 1.140 | 5 | 16.10 | 237.9 | 28.50 | 63.93 | −114.2 |

### c. 简单的比较

表 3.8 给出的 $r_0, a_1, K_0, J, L$ 和 $K_s$ 的值，对不同相互作用模型不同. 对同一相互作用模型，例如这里的 Skyrme 模型，也因相互作用参数不同而不同. 这意味着，物态方程既与相互作用模型有关，也与相互作用参数有关. 为了对不同的物态方程进行比较，需要选择合适的标度. 比如，不同方程极小点的位置不同. 对 $\delta = 0$ 的对称核物质，若用各自极小点的 $a_1$ 和 $\rho_0$ 分别作为 $e$ 和 $\rho$ 的单位，在 $e/a_1$ 对 $\rho/\rho_0$ 的图中，各个方程的极小点就重合于一点，如图 3.15 的左图所示. 这是通常的做法.

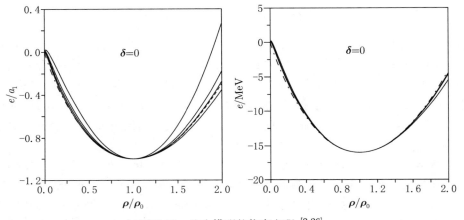

图 3.15　几个模型的物态方程 [2.26]

在这个图中，Skyrme 模型为实线，Myers-Świątecki 模型为点划线，Tondeur 模型为虚线. 它们的极小点重合，比较曲线在该点的曲率，就可看出抗压系数的差别. 该图右边自上而下，5 条实线依次为 SIII, Ska, RATP, SkM, SkM*，确实对应于抗压系数自大而小的顺序 [2.26]. 这 5 条曲线的差别，源自数据拟合给出的相互作用参数不同. 于是，若不用相互作用参数，而直接用物态方程的 $r_0, a_1, K_0, J, L, K_s$ 来做数据拟合，就可消除这种由于数据拟合带来的差别，从而看出不同模型的内在差别，并有望得到尽量接近和可比的结果. 结果如图 3.15 的右图所示.

前已指出，物态方程的 $r_0, a_1, K_0, J, L, K_s$ 这 6 个参数，在 Skyrme 模型中是完全独立的，在 Myers-Świątecki 模型中只有 4 个独立，而在 Tondeur 模型中只有 3 个独立. 于是，可先选定 $r_0, a_1, J$，然后由 (3.190) 和 (3.189) 式算出 $K_0$ 和 $L$，再由 (3.189) 式算出 Tondeur 的 $K_s$，由 (3.183) 式算出 Myers-Świątecki 的 $K_s$，并在上述二 $K_s$ 中任选一个作为 Skyrme 的 $K_s$. 这样选择的物态方程参数如

表 3.9 所示. 其中 $r_0$ 得自电子弹性散射和 μ 原子 X 射线谱, 见 3.1 节, $a_1$ 和 $J$ 为表 3.8 中 2—7 行的平均.

**表 3.9** 调整相互作用参数的输入值, $r_0$ 的单位为 fm, 其余为 MeV

| 相互作用 | $r_0$ | $a_1$ | $K_0$ | $J$ | $L$ | $K_s$ |
|---|---|---|---|---|---|---|
| Skyrme | 1.140 | 15.97 | 236.07 | 29.25 | 58.50 | $-67.92$ |
| M-S | 1.140 | 15.97 | 236.07 | 29.25 | 58.50 | $-67.92$ |
| Tondeur | 1.140 | 15.97 | 236.07 | 29.25 | 58.50 | $-58.50$ |

由此即可算出各个相互作用模型的参数,从而算出各个模型的 $D_i(\delta)$ 系数,最后算出图 3.15 右图的物态方程 [2.26]. 图中 Skyrme 模型为实线, Myers-Świątecki 模型为点划线, Tondeur 模型为虚线. 由于 SkM 与 SkM* 的 γ 相同, 这两条曲线完全重合, 现在 Skyrme 模型只有 4 条曲线, 图右边自上而下, 4 条实线依次为 SkM, RATP, Ska 和 SIII. 其中 SkM 与 RATP 几乎重叠, Ska 与 Tondeur 重合. 可以看到, 在 $0.4 < \rho/\rho_0 < 1.6$ 的范围, 这些物态方程几乎没有差别.

这就意味着, 基于微观相互作用模型的物态方程, 其差异往往来自数据拟合,如何选择拟合的理论方法与实验数据, 就成了关键. 无论是用 Myers-Świątecki 相互作用的 Thomas-Fermi 模型, 还是用 Skyrme 或 Gogny 相互作用的 Hartree-Fock 近似, 其结果都是从原子核的实验数据一次性综合提取出来的. 这样得到的结果, 涉及因素较多, 并非直接和单纯来自实验测量, 还依赖于提取的方法, 甚至依赖于所用的模型, 并不是模型无关的, 不易作出简单明确的判断. 在这个意义上, 用宏观参数化的物态方程与实验数据拟合, 可作为一种消除微观模型依赖性的恰当选择, 而更直接联系于实验数据. 其实, 统计力学对于物态方程, 历来存在微观模型和宏观唯象两种处理, 宏观参数化的物态方程就属于宏观唯象的做法, 这已在 3.2 和 3.4 节作了介绍.

# 参 考 文 献

[1] M.G. Mayer and J.H.D. Jensen, *Elementary Theory of Nuclear Shell Structure*, John Wiley and Sons, New York, 1955.

[2] E. Segré, the document prepared in 1943 for use at the Los Alamos Scientific Laboratory as LA-24, and declassified 1945 as MDDC 1175, in the *Lecture Series in Nuclear Physics* (MDDC 1175), United States Government Printing Office, 1947.

[3] E. Fermi, *Nuclear Physics*, compiled by J. Orear, A.H. Rosenfeld, and R.A. Schluter, The University of Chicago Press, 1950.

[4] R. Hofstadter, "Nuclear Radii", in *Nuclear Physics and Technology*, Vol. 2, edited by

H. Schopper, Springer-Verlag, Berlin, 1967.

[5] C.S. Wu and L. Wilets, *Ann. Rev. Nucl. Sci.* **19** (1969) 527.

[6] M.A. Preston and R.K. Bhaduri, *Structure of the Nucleus*, Addison-Wesley Publishing Company, Inc., Reading, MA, 1975.

[7] H. de Vries, C.W. de Jager, and C. de Vries, *At. Data Nucl. Data Tables* **36** (1987) 495.

[8] G. Fricke, C. Bernhardt, K. Heilig, L.A. Schaller, L. Schellenberg, E.B. Shera, and C.W. de Jager, *At. Data Nucl. Data Tables* **60** (1995) 177.

[9] C.S. Wang, K.C. Chung, and A.J. Santiago, *Phys. Rev.* **C 60** (1999) 034310.

[10] F. Buchinger, J.E. Crawford, A.K. Dutta, J.M. Pearson, and F. Tondeur, *Phys. Rev.* **C 49** (1994) 1402.

[11] R. Nayak, V.S. Uma Maheswari, and L. Satpathy, *Phys. Rev.* **C 52** (1995) 711.

[12] W.D. Myers and W.J. Świątecki, *Nucl. Phys.* **A 601** (1996) 141.

[13] C.S. Wang, K.C. Chung, and A.J. Santiago, *Phys. Rev.* **C 55** (1997) 2844.

[14] C.S. Wang, K.C. Chung, and A.J. Santiago, *Phys. Rev.* **C 60** (1999) 034310.

[15] R.B. Wiringa, V. Fiks, and A. Fabrocini, *Phys. Rev.* **C 38** (1988) 1010.

[16] B.A. Li, C.M. Ko, and W. Bauer, *Int. J. Mod. Phys.* **E 7** (1998) 147.

[17] W. Zuo, I. Bombaci, and U. Lombardo, *Phys. Rev.* **C 60** (1999) 024605.

[18] J.P. Blaizot, J.F. Berger, J. Decharge, and M. Girod, *Nucl. Phys.* **A 591** (1995) 435.

[19] T. v. Chossy and W. Stocker, *Phys. Rev.* **C 56** (1997) 2518.

[20] W.D. Myers and W.J. Świątecki, *Phys. Rev.* **C 57** (1998) 3020.

[21] C.S. Wang and D.Z. Zhang, *Phys. Rev.* **C40** (1989) 2881.

[22] A.H. Wapstra and N.B.Gove, *Nucl. Data Tables* **9** (1971) 265.

[23] N.K. Glendenning, *Lawrence Berkeley Laboratory Preprint*, LBL-24249, 1987; *Phys. Rev.* **C 37** (1988) 2733.

[24] P. Möller and J.R. Nix, *Los Alamos National Laboratory Preprint*, LA-UR-86-3983, 1986.

[25] P. Möller, W.D. Myers, W.J. Świątecki and J. Treiner, in *Proc. of the 7th Int. Conf. on Atomic Masses and Fundamental constants*, Darmstadt-Seeheim, p.457, 1984.

[26] K.C. Chung, C.S. Wang, and A.J. Santiago, *Phys. Rev.* **C 59** (1999) 714.

[27] M. Farine, J.M. Pearson, and F. Tondeur, *Nucl. Phys.* **A 615** (1997) 135.

[28] K.C. Chung, C.S. Wang, and A.J. Santiago, *Europhys. Lett.* **47**(6) (1999) 663.

[29] L. Satpathy and R. Nayak, *Phys. Rev. Lett.* **51** (1983) 1243.

[30] P. Möller, J.R. Nix, W.D. Myers, and W.J. Świątecki, *At. Data Nucl. Data Tables* **59** (1995) 185.

[31] G. Audi and A.H. Wapstra, *Nucl Phys.* **A 565** (1993) 1.

[32] S. Shlomo and D.H. Youngblood, *Phys. Rev.* **C 47** (1993) 529.

[33] M. Bauer, E. Hernández-Saldaña, P.E. Hodgson and J. Quintanilla, *J. Phys.* **G** (Nucl. Phys.) **8** (1982) 525.

[34] B. Friedman and V.R. Pandharipande, *Nucl. Phys.* **A 361** (1981) 502.

[35] W. Greiner and J.A. Maruhn, *Nuclear Models*, Springer-Verlag, Berlin, 1996.

[36] D. Gogny, *Proc. of the International Conference on Nuclear Physics*, München, 1973, North-Holland, Amsterdam, 1973.

[37] H.S. Köhler, *Nucl. Phys.* **A 258** (1976) 301.

[38] M. Beiner, H. Flocard, N.V. Giai, and P. Quentin, *Nucl. Phys.* **A 238** (1975) 29.

[39] D. Gogny, *Nuclear Self Consistent Fields*, eds. G. Ripka and M. Porneuf, North-Holland, Amsterdam, 1975.

[40] J.F. Berger, M. Girod, and D. Gogny, *Comput. Phys. Commun.* **63** (1991) 365; *Nucl. Phys.* **A 502** (1989) 85c.

[41] D.M. Brink and E. Boeker, *Nucl. Phys.* **A 91** (1967) 1.

[42] J.P. Blaizot, *Phys. Reports* **64** (1980) 171.

[43] L. Zamick, *Phys. Lett.* **B 45** (1973) 313.

[44] H. Krivine, J. Treiner, and O. Bohigas, *Nucl. Phys.* **A 336** (1980) 155.

[45] J.P. Blaizot, D. Gogny, and B. Grammaticos, *Nucl. Phys.* **A 265** (1976) 315.

[46] E. Chabanat, P. Bonche, P. Haensel, J. Meyer, and R. Schaeffer, *Nucl. Phys.* **A 627** (1997) 710.

[47] L.G. Cao, U. Lombardo, C.W. Shen, and Nguyen Van Giai, *Phys. Rev.* **C 73** (2006) 014313.

[48] M. Brack, C. Guet, and H.-B. Håkansson, *Phys. Rep.* **123** (1985) 275.

# 4 巨共振核的核物质

本章接着上章继续讨论从实验数据获得的对核物质的认识, 主要涉及原子核的单极巨共振. 物理上, 这是核体系集体运动的动力学过程, 对其进行描述, 可以构建宏观或微观动力学模型. 这两类模型同样包含一些要由实验确定的参数, 具有唯象的性质.

## 4.1 核单极巨共振

### a. 原子核的巨共振

原子核的 巨共振 (giant resonances), 表现为激发谱连续区中隆起很宽的鼓包, 如图 4.1(a) 所示 [1]. 这种激发可由几种不同的机制引起, 如光核反应, 电子或轻核引起的非弹性散射, 以及与轻核的电荷交换反应等. 巨共振激发总截面一般比典型单粒子截面大, 能量比单粒子激发能高, 不是单核子行为, 是集体模的激发, 有多个核子共同运动. 参与共同运动的核子数目并不完全确定, 通常只有一部分核子参与这种宏观整体性的集体激发. 由于参与的核子数不同, 以及参与的核子不同, 核的这种集体共振态由许多不同单粒子态叠加而成, 所以激发能谱有很宽的分布, 成为巨共振 [2].

巨共振往往是几种不同振动模同时存在, 如图 4.1(a) 的谱可分解为两个 Gauss 分布的叠加, 每一个分布表示一种振动模. 不同的振动模, 由下列量来表征:

1. 总角动量 $J$ 或多极性 $2^J$, 自旋 $S$, 同位旋 $T$. $S = 0$ 时 $J$ 等于空间角动量 $L$, 为电多极模, 符号 E. $S = 1$ 为 磁多极模, 符号 M. $T = 0$ 为 同位旋标量 (isoscalar, 简称 IS), $T = 1$ 为 同位旋矢量 (isovector, 简称 IV). 例如, $T = 0$, $S = 0$, $L = 0$ 称为同位旋标量电单极模, 符号 E0.

2. 激发能量 $E_x$, 由能谱峰值 $E_{max}$ 或平均激发能 $\overline{E}$ 表示. 激发谱强度 $S(E)$ 的 $k$ 次矩 定义为

$$m_k = \int dE S(E) E^k, \tag{4.1}$$

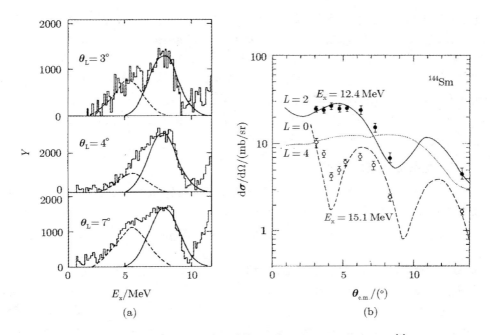

图 4.1　96MeV 的 α 粒子在 $^{144}$Sm 核上非弹性散射的结果 [1]

而平均激发能可定义为 [3.18]

$$\overline{E} = \frac{m_1}{m_0},\tag{4.2}$$

也可按所用物理模型定义为 $\sqrt{m_1/m_{-1}}$, $\sqrt{m_3/m_1}$ 或 $\sqrt{m_{-1}/m_{-3}}$, 它们在小振幅时差别不大. 这样定义的平均激发能, 也称为 中心能量 (energy centroid).

3. 宽度 $\Gamma$, 可用 半极大全宽度 (full width at half-maximum, FWHM) 表示. 对于 Gauss 分布

$$S(E) = \frac{1}{\sqrt{\pi}\sigma} \mathrm{e}^{-E^2/\sigma^2},\tag{4.3}$$

有

$$\Gamma = 2\sqrt{\ln 2}\,\sigma.\tag{4.4}$$

4. 激发 总截面 $\sigma_{\mathrm{T}}$, 或 求和定则 (sum rule). 理论上, 激发谱强度可表示为

$$S(E) = \sum_n |\langle n|Q|0\rangle|^2 \delta(E_n - E_0 - E),\tag{4.5}$$

$Q$ 为体系对外界激发源的响应, $|0\rangle$ 和 $|n\rangle$ 分别为体系基态和激发态. 于是有

$$m_k = \sum_n (E_n - E_0)^k |\langle n|Q|0\rangle|^2,\tag{4.6}$$

这又称为 能量加权和. 与量子力学 Thomas-Reiche-Kuhn 求和定则 [3] 类似, 对

于一定的模型哈氏量 $H$ 和厄米的单粒子算符 $Q$, 上式可写成 $Q$ 与 $H$ 的多重对易关系. 这样算出的公式, 称为 能量加权求和定则 (energy-weighted sum rule, EWSR), 简称 求和定则. 与理论算得的结果相比, 实验测得值所占的份额, 常说成该共振模式 消耗了 (exhaust) 求和定则的百分之多少. 注意也常把求和本身称为求和定则, 而这实际上是泛指激发总截面.

振动模的上述特征随质量数 $A$ 变化平缓, 这意味着巨共振属于原子核一般性质, 反映了核物质对外界作用的响应.

### b. 巨共振的宏观描述

原子核的宏观集体运动, 可用液滴振荡这类流体力学概念和宏观变量来描述. 核表面的球极坐标 $R(\theta, \phi)$, 一般可写成

$$R = R_0 \left[ 1 + \sum_{\lambda\mu} \alpha_{\lambda\mu} Y^*_{\lambda\mu}(\theta, \phi) \right]. \tag{4.7}$$

$R_0$ 是半径参数, $\alpha_{\lambda\mu}$ 是变形参数, 为描述原子核宏观运动的广义坐标. 这里 $\lambda$ 和 $\mu$ 在文献上也常写为 $L$ 和 $M$.

没有变形时 $\alpha_{\lambda\mu} = 0$, 变形很小时 $\alpha_{\lambda\mu}$ 是小量. $\lambda = 0$ 为单极振动 (monopole resonance), 相应于核介质的均匀膨胀和收缩; $\lambda = 1$ 为偶极振动 (dipole resonance), 相应于核介质的整体移动; $\lambda = 2$ 为四极振动 (quadruple resonance), 相应于核介质的伸长和压扁; $\lambda = 3$ 为八极振动 (octuple resonance), 相应于核介质更复杂的变形, 等等, 如图 4.2 所示. 在保持原子核体积不变时, 没有单极振动, 当质子与中子的分布成比例时, 偶极振动也不必考虑, 这时只有 $\lambda \geqslant 2$ 的多极振动.

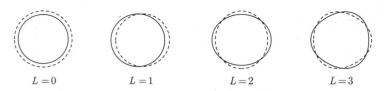

$$L=0 \qquad\qquad L=1 \qquad\qquad L=2 \qquad\qquad L=3$$

图 4.2　原子核的几种振动模

核介质包含质子和中子两种成分, 完全的描述要考虑同位旋, 以区分质子和中子的运动情形. 从物理上看, 质子与中子的运动同相位时, 两种成分没有整体的相对运动, 是同位旋标量共振; 质子与中子的运动反相位时, 两种成分有整体的相对运动, 是同位旋矢量共振. 若再考虑质子与中子自旋的异同, 则还要进一步区分电性与磁性, 图 4.3 给出了磁偶极巨共振的激发与退激图像.

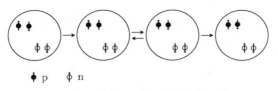

$\dot{\phi}$ p    $\phi$ n

图 4.3　磁偶极巨共振的激发与退激

## c. 原子核的单极巨共振

原子核的同位旋标量 单极巨共振 (giant monopole resonance, 简称 GMR), 是上世纪七十年代末由美国 Texas (Cyclotron Institute, Texas A&M University, 简称 TAMU) 实验组首先发现的一个重要的原子核集体运动形态 [1]. 相继在这方面进行研究的, 还有美国 Oak Ridge (Oak Ridge National Laboratory), 法国 Grenoble (Institut des Sciences Nucléaires, Grenoble, Cédex, France), 和荷兰 Groningen (Kernfysisch Versneller Instituut, Groningen, The Netherlands) 的实验组. 他们分别用能量约为 100 MeV 量级的 $\alpha$, ³He, d 以及 p 在 ²⁰⁸Pb, ¹⁴⁴Sm, ¹²⁰Sn, ⁹⁰Zr 直到 ⁴⁰Ca 的一系列靶核上做散射实验, 测量散射粒子的能谱, 在小角度区域一个非弹性散射的巨共振峰中, 分析出了单极巨共振, 如图 4.1.

原子核偶极巨共振 (GDR) 和四极巨共振 (GQR) 属于核表面的集体振动, 基本上不改变原子核体积. 单极巨共振不同, 它是原子核整体呼吸式的胀缩运动, 原子核中心区域的核物质交替发生膨胀与收缩的变化, 密度 $\rho$ 围绕其稳定值 $\rho_0$ 周期性振荡. 换句话说, 原子核单极巨共振是改变核物质体积从而改变其密度的集体运动. 而 p, d, ³He, $\alpha$ 等荷电粒子在较重原子核上的非弹性散射, 会激发起原子核的这种运动.

核单极振动相应于核整体呼吸式的膨胀和收缩, 所以又形象地称之为原子核的 呼吸模 (breathing mode). 这种呼吸模的激发曲线有一个分布很宽的峰, 是典型的巨共振. 通过 $\alpha$ 粒子和 ³He 等轻核在原子核上的非弹性散射, 同时激发的不仅有单极巨共振, 还有四极巨共振和同位旋矢量偶极巨共振 (IVGDR, 简称 GDR) 等, 如图 4.1(a) 所示. 用 扭曲波 Born 近似 (distorted-wave Born-approximation, DWBA) 的计算拟合这个巨共振峰的角分布数据, 确认出有 $T = 0$, $L = 0$ 的同位旋单极共振的成分, 如图 4.1(b) 所示. 而如何把单极巨共振分析出来, 在实验安排和数据处理上都有细致的考虑, 有兴趣的读者可直接参阅原始的文献 [1][4].

### d. 单极巨共振能的系统学

核单极巨共振的能量 $E_\mathrm{M}$ 约为十几个 MeV, 随着靶核子数 $A$ 的增加而减小. Bertrand 对实验数据的系统学研究表明, 原子核这种同位旋标量单极巨共振的共振能 $E_\mathrm{M}$ 与质量数 $A$ 之间近似存在如下系统学关系[5],

$$E_\mathrm{M} \approx \frac{80}{A^{1/3}} \,\mathrm{MeV}. \tag{4.8}$$

图 4.4 给出了实验测量的共振能量、宽度与求和定则. 可以看出, $E_\mathrm{M} A^{1/3}$ 在 80MeV 附近, 基本上为一常数, 随着 $A$ 的增大而略有增加. 共振的宽度在 2—4 MeV 之间, 基本上是一个常数. 求和定则的消耗对 $A > 100$ 的重核基本上为 100%, 而在 $A \approx 60$ 就只有 20% 左右.

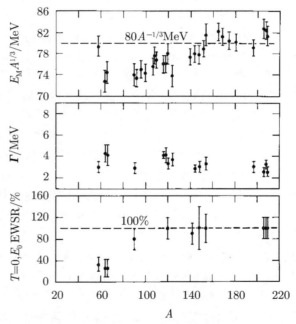

图 4.4   ISGMR 共振性质与质量数 $A$ 之间的实验关系[5]

### e. 流体力学模型

经验关系 (4.8) 可用流体力学模型来解释. 设核子数密度在其平衡值 $\rho_0$ 附近作一微小振动 $\rho_0 \xi(\boldsymbol{r}, t)$,

$$\rho(\boldsymbol{r}, t) = \rho_0 [1 + \xi(\boldsymbol{r}, t)], \tag{4.9}$$

表示核子数守恒的连续方程 $\partial\rho/\partial t + \nabla\cdot(\rho\boldsymbol{v}) = 0$ 近似为

$$\frac{\partial\xi}{\partial t} + \nabla\cdot\boldsymbol{v} = 0, \tag{4.10}$$

其中 $\boldsymbol{v}$ 为体系的速度场，$\xi$ 在核表面为零，

$$\xi|_{r=R} = 0. \tag{4.11}$$

把势能密度近似写成

$$\rho e(\rho,\delta) - \rho_0 e_0 = \rho_0\frac{1}{2}\frac{\partial^2 e}{\partial\rho^2}\Big|_0(\rho_0\xi)^2 + \cdots \approx \frac{1}{18}\rho_0 K_0\xi^2, \tag{4.12}$$

则核体系的拉氏密度可近似写成

$$\mathcal{L} = \frac{1}{2}m_{\mathrm{N}}\rho_0 v^2 - \frac{1}{18}\rho_0 K_0\xi^2. \tag{4.13}$$

若把 $t$ 时刻 $\boldsymbol{r}$ 处流体元的位置记为 $\boldsymbol{s}(\boldsymbol{r},t)$，则速度及其变分为

$$\boldsymbol{v} = \frac{\partial\boldsymbol{s}}{\partial t}, \qquad \delta\boldsymbol{v} = \frac{\partial\delta\boldsymbol{s}}{\partial t}. \tag{4.14}$$

由连续方程和上式，得密度变分为

$$\delta\xi = -\nabla\cdot\delta\boldsymbol{s}. \tag{4.15}$$

于是变分原理给出

$$0 = \delta\int\mathrm{d}t\mathrm{d}^3\boldsymbol{r}\mathcal{L} = \rho_0\int\mathrm{d}t\mathrm{d}^3\boldsymbol{r}\left(m_{\mathrm{N}}\boldsymbol{v}\cdot\delta\boldsymbol{v} - \frac{1}{9}K_0\xi\delta\xi\right)$$

$$= \rho_0\int\mathrm{d}t\mathrm{d}^3\boldsymbol{r}\left[-m_{\mathrm{N}}\frac{\partial^2\boldsymbol{s}}{\partial t^2} - \frac{1}{9}K_0\nabla\xi\right]\cdot\delta\boldsymbol{s}, \tag{4.16}$$

即

$$m_{\mathrm{N}}\frac{\partial\boldsymbol{v}}{\partial t} + \frac{1}{9}K_0\nabla\xi = 0. \tag{4.17}$$

对上式取散度并用连续方程，就得到

$$\frac{\partial^2\xi}{\partial t^2} - \frac{K_0}{9m_{\mathrm{N}}}\nabla^2\xi = 0. \tag{4.18}$$

这是核物质中密度振动的波动方程，波速为 [6]

$$u = \sqrt{\frac{B}{m_{\mathrm{N}}\rho_0}} = \frac{1}{3}\sqrt{\frac{K_0}{m_{\mathrm{N}}}}, \tag{4.19}$$

其中 $B = \rho_0 K_0/9$ 是核物质的体积弹性模量，见 (2.16) 式.

求方程 (4.18) 的形为 $\xi(\boldsymbol{r},t) = \xi(\boldsymbol{r})\mathrm{e}^{\mathrm{i}\omega t}$ 的解，则 $\xi(\boldsymbol{r})$ 满足 Helmholtz 方程

$$\nabla^2\xi + k^2\xi = 0, \qquad k = \frac{\omega}{u}, \tag{4.20}$$

有确定角动量的解为

$$\xi(\boldsymbol{r}) = C\mathrm{j}_l(kr)\mathrm{Y}_{lm}(\theta,\varphi), \tag{4.21}$$

其中 $j_l(kr)$ 为 $l$ 阶球 Bessel 函数. 由边条件 (4.11) 可得确定振动频率的条件

$$j_l(kR) = 0. \tag{4.22}$$

当 $l = 0$ 时, 球 Bessel 函数 $j_0(x)$ 的最低零点为 $\pi$, 有 $k = \pi/R$, 即波长 $\lambda = 2R$, 从球心沿半径传播到球面是半个波长. 由此可得这种振动的能量子

$$E_{\mathrm{M}} = \hbar\omega = \hbar k u = \frac{\pi \hbar c}{3R} \sqrt{\frac{K_0}{m_{\mathrm{N}} c^2}}, \tag{4.23}$$

注意这里虽用 $\hbar = c = 1$ 的单位, 但按照量子力学的习惯, 仍把它们明写出来. 取 $R = r_0 A^{1/3}$, 即得 [1]

$$E_{\mathrm{M}} = \frac{E_{\mathrm{G}}}{A^{1/3}}, \tag{4.24}$$

$$E_{\mathrm{G}} = \frac{\pi \hbar c}{3r_0} \sqrt{\frac{K_0}{m_{\mathrm{N}} c^2}}. \tag{4.25}$$

代入 $K_0 = 220\,\mathrm{MeV}$, $m_{\mathrm{N}} = 939\,\mathrm{MeV}$ 和 $r_0 = 1.14\,\mathrm{fm} = 1/173\,\mathrm{MeV}$, 可算得 $E_{\mathrm{G}} = 88\,\mathrm{MeV}$, 与 (4.8) 式的经验值 $80\,\mathrm{MeV}$ 在 $10\%$ 的误差内相符.

在写出 (4.13) 式时, 假设体系是均匀的, 而在实际上, 原子核不是均匀系, 上述近似过于粗略. 更仔细的分析表明, 在 (4.25) 式中, 应把核物质的抗压系数 $K_0$ 换成原子核的抗压系数 $K_{\mathrm{A}}$, 详见下节.

## 4.2  单极巨共振与原子核的压缩性

### a. 巨共振声子 $\hbar\omega$

原子核呼吸模的胀缩运动, 是核物质沿径向的膨胀和收缩. 以此图像为基础, 可建立各种呼吸模. 考虑这种运动的一个模型, 就可以把核物质在膨胀和收缩中的结合能改变与单极巨共振能 $E_{\mathrm{M}}$ 联系起来, 从而, 利用实验测得的 $E_{\mathrm{M}}$, 来定出核物质抗压系数 $K_0$.

呼吸模是一种集体振动. 由于巨共振的激发能比单粒子的高, 时间尺度比单粒子的小, 可以采用 浸渐近似 (adiabatic approximation), 假设在巨共振过程中单粒子态没有改变, 能把单粒子运动和集体运动分开考虑.

考虑半径为 $R$ 的球形核. 对于集体振动, 在 (4.7) 式引入的集体坐标中, 呼吸模只有一个变量 $\alpha = \alpha_{00} Y_{00}$, 是单自由度的宏观运动. 当 $|\alpha| \ll 1$ 时, 体系的宏观动能可写成

$$E_{\mathrm{K}} = \frac{1}{2} \int \mathrm{d}^3 \boldsymbol{r}\, m_{\mathrm{N}} \rho_0(\boldsymbol{r})(r\dot\alpha)^2 = \frac{1}{2} \gamma A m_{\mathrm{N}} R_0^2 \dot\alpha^2, \tag{4.26}$$

其中系数 $\gamma$ 与基态模型的核子分布 $\rho_0(\boldsymbol{r})$ 有关. 假设 $A$ 个核子均匀分布在半径

为 $R$ 的球内，并且核物质的密度在随时间的变化中保持均匀，则有

$$\gamma = \frac{3}{5}. \tag{4.27}$$

另一方面，由单粒子运动确定的原子核基态能量 $E_A$ 是半径 $R$ 的函数，其具体形式依赖于基态的模型. 当 $R$ 偏离稳定值 $R_0$ 很小时，可以近似写成

$$E_A(R) = E_A(R_0) + \frac{1}{2}E_A''(R_0)R_0^2\alpha^2, \tag{4.28}$$

确定 $R_0$ 的条件是

$$E_A'(R_0) = 0. \tag{4.29}$$

于是体系的拉氏量可以写成

$$L = \frac{1}{2}B\dot{\alpha}^2 - \frac{1}{2}C\alpha^2 - E_A(R_0), \tag{4.30}$$

其中

$$B = \gamma A m_N R_0^2, \qquad C = R_0^2 E_A''(R_0). \tag{4.31}$$

(4.30) 式表明，体系的坐标 $\alpha$ 作简谐振动，谐振频率为

$$\omega = \sqrt{\frac{C}{B}} = \sqrt{\frac{R_0^2 E_A''(R_0)}{\gamma A m_N R_0^2}}. \tag{4.32}$$

以 $\alpha$ 为正则坐标，与之共轭的正则动量就是

$$\beta = \frac{\partial L}{\partial \dot{\alpha}} = B\dot{\alpha}, \tag{4.33}$$

于是，谐振体系的哈氏量为

$$H = E_A(R_0) + \frac{\beta^\dagger \beta}{2B} + \frac{1}{2}C\alpha^\dagger\alpha. \tag{4.34}$$

采用量子力学宏观模型的正则量子化 [7]，正则对易关系为

$$[\alpha, \beta] = i\hbar. \tag{4.35}$$

引入移位算符

$$a = \frac{1}{\sqrt{2}}\left(\sqrt{\frac{B\omega}{\hbar}}\,\alpha + i\sqrt{\frac{1}{B\hbar\omega}}\,\beta\right), \qquad a^\dagger = \frac{1}{\sqrt{2}}\left(\sqrt{\frac{B\omega}{\hbar}}\,\alpha - i\sqrt{\frac{1}{B\hbar\omega}}\,\beta\right), \tag{4.36}$$

其对易关系为

$$[a, a^\dagger] = 1. \tag{4.37}$$

从而可把上述哈氏量改写成

$$H = E_A(R_0) + \left(\nu + \frac{1}{2}\right)\hbar\omega, \tag{4.38}$$

算符 $\nu$ 及其本征值 $n$ 分别为

$$\nu = a^\dagger a, \qquad n = 0, 1, 2, 3, \cdots. \tag{4.39}$$

于是体系能级为

$$E_n = E_A(R_0) + \left(n + \frac{1}{2}\right)\hbar\omega, \qquad n = 1, 2, 3\cdots, \tag{4.40}$$

其中 $E_A(R_0)$ 为原子核内部运动的基态能量, $\hbar\omega$ 为振动能量子. 可以看出, $a^\dagger$ 和 $a$ 分别是振动量子的产生和湮灭算符, 这种振动量子为 Bose 子. 文献上, 常把这种集体巨共振的量子称为 巨共振声子 (GR phonons) 或 巨子 (gions) [8].

在进一步分析巨共振声子能量与原子核压缩性的关系之前, 下面先插入一段关于声子激发与求和定则的讨论.

### b. 声子激发与求和定则

巨共振声子的真空态 $|0\rangle$ 定义为

$$a|0\rangle = 0, \tag{4.41}$$

而归一化的 $n$ 声子态为 [7]

$$|n\rangle = n^{-1/2}(a^\dagger)^n|0\rangle. \tag{4.42}$$

为了计算从声子真空激发的 E$\lambda$ 跃迁几率, 考虑质量多极矩

$$Q_{\lambda\mu} = \int \mathrm{d}^3\boldsymbol{r}\rho(r)r^\lambda Y_{\lambda\mu}(\theta, \phi). \tag{4.43}$$

由引入集体坐标的 (4.7) 式, 对于 $|\alpha_{\lambda\mu}| \ll 1$ 的小振动, 有

$$\rho(\boldsymbol{r}) = \rho_0(R_0) = \rho_0\left(r - R_0\sum_{\lambda\mu}\alpha_{\lambda\mu}Y^*_{\lambda\mu}(\theta, \phi)\right)$$

$$\approx \rho_0(r) - R_0\frac{\partial\rho_0}{\partial r}\sum_{\lambda\mu}\alpha_{\lambda\mu}Y^*_{\lambda\mu}(\theta, \phi), \tag{4.44}$$

其中 $\rho_0$ 为平衡态密度. 运用上式, 就有

$$Q_{\lambda\mu} = \int \mathrm{d}^3\boldsymbol{r}\rho_0(r)r^\lambda Y_{\lambda\mu}(\theta, \phi) - R_0\sum_{\lambda'\mu'}\alpha_{\lambda'\mu'}\int \mathrm{d}r\, r^{\lambda+2}\frac{\partial\rho}{\partial r}\int \mathrm{d}\Omega Y^*_{\lambda'\mu'}Y_{\lambda\mu}$$

$$= \frac{1}{\sqrt{4\pi}}A\langle r^\lambda\rangle_0\delta_{\lambda 0}\delta_{\mu 0} + \frac{\lambda+2}{4\pi}R_0A\langle r^{\lambda-1}\rangle_0\alpha_{\lambda\mu}, \tag{4.45}$$

其中第一项对跃迁无贡献, 可略去, 而

$$\langle r^k\rangle_0 = \frac{1}{A}\int \mathrm{d}^3\boldsymbol{r}r^k\rho_0(r) \tag{4.46}$$

为球对称平衡密度 $\rho_0(r)$ 的径向矩, 特别是 $\langle r^2\rangle_0 = \gamma R_0^2$.

对电单极模 E0, $\lambda = \mu = 0$, 注意 $\alpha = \alpha_{00}Y_{00}$, 并从 (4.36) 式解出 $\alpha$, 就有

$$Q_{00} = \frac{2}{4\pi}R_0A\langle r^{-1}\rangle_0\alpha_{00} = \sqrt{\frac{\hbar\omega}{2\pi C}}R_0A\langle r^{-1}\rangle_0(a + a^\dagger). \tag{4.47}$$

假设质子与核子密度之比为常数 $Z/A$, 上式乘以 $Ze/A$ 即得电单极矩

$$Q_{\rm E0} = \sqrt{\frac{\hbar\omega}{2\pi C}} R_0 Ze\langle r^{-1}\rangle_0 (a + a^\dagger), \tag{4.48}$$

从而从声子真空态到单声子态的跃迁几率为

$$B_{\rm E0} = |\langle 1|Q_{\rm E0}|0\rangle|^2 = \frac{\hbar\omega}{2\pi C}(R_0 Ze)^2 \langle r^{-1}\rangle_0^2, \tag{4.49}$$

其中 $C = R_0^2 E_{\rm A}''(R_0)$. 通常用单粒子跃迁几率作为比较的标准, 称为 外斯科夫单位 (Weisskopf unit). 对电单极模, 为 $B_{\rm E0}^{\rm W} = e^2/4\pi$ [1.8]. 可以看出, 上式给出的跃迁几率比相应的单粒子跃迁几率大得多, $B_{\rm E0} \gg B_{\rm E0}^{\rm W}$.

实验上, 巨共振激发的一个主要特征是其跃迁几率很大. 一般说来, 一个跃迁若其几率比单粒子值大几倍 ($\gtrsim 10$), 就称之为集体跃迁. 对于巨共振激发, 还要求其跃迁消耗了可用总跃迁几率的一个相当大的部分. 后者通常就是所考虑的多极跃迁的求和定则. 而理论上, 单声子态的结构 $a^\dagger|0\rangle$ 本身, 已经使得相应多极算符的跃迁振幅等于 1, $\langle 1|a^\dagger|0\rangle = \langle 0|aa^\dagger|0\rangle = 1$, 电跃迁几率为极大. 所以在事实上, (4.49) 式正是用宏观模型算得的单极共振的求和定则.

下面就来继续讨论巨共振声子能量与原子核压缩性的关系.

**c. 原子核抗压系数 $K_{\rm A}$**

根据 (4.32) 式, 可把振动声子能量写成

$$\hbar\omega = \frac{\hbar c}{R_0} \sqrt{\frac{K_{\rm A}}{\gamma m_{\rm N} c^2}}, \tag{4.50}$$

其中 $K_{\rm A}$ 为 原子核抗压系数, 定义为

$$K_{\rm A} = \frac{R_0^2}{A}\frac{{\rm d}^2 E_{\rm A}}{{\rm d}R^2}\bigg|_{R_0} = \frac{R_0^2 E_{\rm A}''(R_0)}{A}. \tag{4.51}$$

注意 $K_{\rm A}$ 也称为 原子核压缩系数 或 原子核压缩模量. (4.50) 式就是根据上述宏观模型推得的原子核同位旋标量单极巨共振能量, 它给出原子核集体运动的 $\hbar\omega$ 与内部运动的 $K_{\rm A}$ 之间的一个关系. 其中 $\gamma$, $R_0$ 和 $K_{\rm A}$ 都依赖于更具体的模型和假设.

假设近似有 $R_0 = r_0 A^{1/3}$, 把它代入 (4.50) 式, 可得

$$\hbar\omega = \frac{\hbar c}{r_0} \sqrt{\frac{K_{\rm A}}{\gamma m_{\rm N} c^2}} \frac{1}{A^{1/3}}, \tag{4.52}$$

若令 $\hbar\omega = E_{\rm M}$, 上式就是 Bertrand 的经验公式 (4.8). 与前面估计的 (4.25) 式不

同, 现在

$$E_{\mathrm{G}} = \frac{\hbar c}{r_0} \sqrt{\frac{K_{\mathrm{A}}}{\gamma m_{\mathrm{N}} c^2}}, \tag{4.53}$$

其中除系数的差别外, 出现的是原子核的抗压系数 $K_{\mathrm{A}}$, 而不是核物质的抗压系数 $K_0$.

在 (4.50) 式中令 $\hbar\omega = E_{\mathrm{M}}$, 可得用核单极巨共振能 $E_{\mathrm{M}}$ 来定原子核抗压系数 $K_{\mathrm{A}}$ 的关系

$$K_{\mathrm{A}} = \gamma m_{\mathrm{N}} c^2 \left(\frac{E_{\mathrm{M}} R_0}{\hbar c}\right)^2. \tag{4.54}$$

在其中代入 (4.8), (4.27), $R_0 = r_0 A^{1/3}$, 和 $r_0 = 1/173\,\mathrm{MeV}$, 有

$$K_{\mathrm{A}} = \gamma m_{\mathrm{N}} \left(E_{\mathrm{M}} A^{1/3} r_0\right)^2 = \frac{3}{5} \times 939 \times \left(\frac{80}{173}\right)^2 \mathrm{MeV} = 120\,\mathrm{MeV}. \tag{4.55}$$

实际上, 不同的原子核, $E_{\mathrm{M}} A^{1/3}$ 有一些差别, (4.8) 式不严格成立. 同样 (4.27) 式和 $R_0 = r_0 A^{1/3}$ 也不严格成立. 所以, 不同原子核的抗压系数 $K_{\mathrm{A}}$ 有一些差别, 大致分布在 110—150 MeV 之间 [9],

$$K_{\mathrm{A}} \sim (110\text{—}150)\,\mathrm{MeV}. \tag{4.56}$$

根据 $E_{\mathrm{A}}(R)$ 的具体模型, 可进一步找出原子核抗压系数 $K_{\mathrm{A}}$ 对 $(A, Z)$ 的依赖关系, 并外推给出核物质的抗压系数 $K_0$.

### d. 核抗压系数的半经验公式

按照原子核的宏观模型, 并设

$$R = r A^{1/3}, \qquad \rho = \frac{1}{4\pi r^3 / 3}, \tag{4.57}$$

可把 $E_{\mathrm{A}}(R)$ 写成 (参阅 3.2 节)

$$E_{\mathrm{A}}(R) = e(\rho, \delta) A + 4\pi r^2 \sigma(\delta) A^{2/3} + \frac{3e^2}{5r} \frac{Z^2}{A^{1/3}}, \tag{4.58}$$

这里略去了库仑能交换项和剩余能. 把 (4.58) 式代入 (4.51) 式, 得

$$K_{\mathrm{A}} = K(A, Z) = 9\rho^2 \frac{\partial^2 e}{\partial \rho^2} + 40\pi r^2 \sigma(\delta) A^{-1/3} - \frac{6}{5} \frac{e^2}{r} \frac{Z^2}{A^{4/3}}, \tag{4.59}$$

这里用到稳定条件 (4.29), 并略去了下标 0. 若中子过剩度很小, 则可近似取 $\delta = (N-Z)/A$, 而把 (4.59) 式在 $(\rho_0, 0)$ 点展开, 写成

$$K(A, Z) = 9\rho^2 \frac{\partial^2 e}{\partial \rho^2}\Big|_{\delta=0} + 40\pi r^2 \sigma(0) A^{-1/3} - \frac{6}{5} \frac{e^2}{r} \frac{Z^2}{A^{4/3}}$$

$$+ \left[\frac{9}{2}\rho^2 \frac{\partial^4 e}{\partial \rho^2 \partial \delta^2}\Big|_{\delta=0} + 20\pi r^2 \sigma''(0) A^{-1/3}\right] \left(\frac{N-Z}{A}\right)^2 + \cdots$$

$$\approx K_{\text{vol}} + K_{\text{surf}} A^{-1/3} + (K_{\text{sym}} + K_{\text{ss}} A^{-1/3}) \left(\frac{N-Z}{A}\right)^2 + K_{\text{Coul}} \frac{Z^2}{A^{4/3}}, \tag{4.60}$$

其中

$$K_{\text{vol}} \approx 9\rho_0^2 \frac{\partial^2 e}{\partial \rho^2}\Big|_0 = K_0, \tag{4.61}$$

$$K_{\text{surf}} \approx 40\pi r_0^2 \sigma(0) = 10a_2, \tag{4.62}$$

$$K_{\text{sym}} \approx \frac{9}{2} \rho_0^2 \frac{\partial^4 e}{\partial \rho^2 \partial \delta^2}\Big|_0 = K_{\text{s}}, \tag{4.63}$$

$$K_{\text{ss}} \approx 20\pi r_0^2 \sigma''(0), \tag{4.64}$$

$$K_{\text{Coul}} \approx -\frac{6}{5} \frac{e^2}{r_0}. \tag{4.65}$$

在上述级数展开 (4.60) 中, $(\rho - \rho_0)/\rho_0$ 的幂次项均依赖于 $(A, Z)$, 要用一定的模型, 例如小液滴模型 (参阅 3.3 节), 才能给出具体的表达式.

(4.60) 式中的模型参数 $K_{\text{vol}}, K_{\text{surf}}, K_{\text{sym}}, K_{\text{ss}}, K_{\text{Coul}}$ 是核抗压系数 $K(Z, A)$ 的体积、表面、对称、表面对称、库仑项系数, 由与实验数据的拟合来确定. 与液滴模型的 Weizsäcker-Bethe 公式类似, 文献上把 (4.60) 式称为核抗压系数的半经验公式 [3.18].

对 (4.60) 式可作进一步的改进, 比如考虑与核表面曲率有关的项 $K_{\text{curv}} A^{-2/3}$, 等 [3.42][9][10]. 假设

$$K_0 = \lim_{A \to \infty} K_A = K_{\text{vol}}, \tag{4.66}$$

就可把 (4.60) 式或其改进公式与 $K_A$ 的实验测量值拟合, 由拟合得到的参数 $K_{\text{vol}}$ 给出核物质抗压系数 $K_0$. 不过要注意, (4.60) 式得自上述宏观模型, 所给出的结果依赖于模型和假设, 并非模型无关 [3.18].

采用一个关于 $E_A(R) = E(N, Z)$ 的更精细的模型, 就可得到更接近真实的核物质抗压系数 $K_0$. 1981 年, Treiner 等用小液滴模型的原子核每核子结合能 $E(N, Z)/A$, 对原子核同位旋标量单极巨共振的实验数据做系统学分析, 给出了核物质抗压系数的数值 [9]

$$K_0 = 220 \pm 20 \, \text{MeV}, \tag{4.67}$$

被核物理学界沿用多年.

与 (4.60) 式不同, 以液滴模型为基础, Myers-Świątecki 推出另一个半经验公式 [11]:

$$K(A, Z) = \frac{e_{\text{N}}}{-a_1} K_0 - \left(7 - 30 \frac{a_1}{K_0}\right) e_{\text{C}}, \tag{4.68}$$

其中 $e_N = [E(A,Z) - E_C]/A$, $e_C = E_C/A$, 而

$$E_C = \frac{3}{5}\frac{e^2}{r_0}\frac{Z^2}{A^{1/3}} \tag{4.69}$$

是库仑能. 容易看出, 当 $A \to \infty$ 时, $e_N \to -a_1$, $e_C \to 0$, 有 $K(A,Z) \to K_0$. 与 (4.60) 式不同的是, (4.68) 式形式上不依赖于核模型, 而且是一个非微扰公式. 只是在实际运用时, 才要考虑具体核模型, 和按 $A^{-1/3}$ 的幂次展开.

实际运用公式 (4.68) 时, $E(A,Z)$ 和 $E_C$ 可用实验观测值, 或液滴模型、小液滴模型等恰当模型的表达式. 如取

$$r_0 = 1.14\,\text{fm}, \qquad a_1 = 16.04\,\text{MeV}, \qquad K_0 = 234\,\text{MeV}, \tag{4.70}$$

以及 Thomas-Fermi 模型对大量核质量的拟合 [2.23][3.12], 原子核每核子结合能可足够精确地写成

$$E(A,Z) \approx \Bigg[-16.04 + 18.5A^{-1/3} + 9.1A^{-2/3} - 11.6A^{-1} + \frac{32I^2}{1 + 1.87A^{-1/3}}$$
$$+ \frac{3}{5}\frac{e^2}{1.14}\frac{Z^2}{A^{4/3}}\Bigg]\,\text{MeV}, \tag{4.71}$$

这给出 [11]

$$K(A,Z) \approx \Bigg[\Big(1 - 1.153x - 0.567x^2 + 0.723x^3 - \frac{1.995I^2}{1 + 1.87x}\Big)234 - 3.75\frac{Z^2}{A^{4/3}}\Bigg]\,\text{MeV},$$
$$\tag{4.72}$$

其中 $x = A^{-1/3}$.

Myers-Świątecki 半经验公式 (4.68) 的形式, 意味着有可能用一种比较直观和物理的方法, 找到 $K_A$ 与 $K$ 的一般关系, 并在此基础上对 (4.60) 式给出进一步的解释. 下面将给出这种尝试.

## 4.3 标度假设与模型

### a. 核单极巨共振的标度假设

实验表明单极巨共振只有一个共振峰, 这意味着单极巨共振是一种只有 1 个自由度的集体简谐振动, 对应于沿径向运动的呼吸模. 用来描述呼吸模的变量, 最直观的选择是原子核半径 $R$ [3.18][11], 如上节的做法. 但对于核的球对称薄皮分布, 至少有半密度半径、等效锐半径和方均根半径等三种不同的定义 [2.17]. 为了避免理论明显依赖于半径的定义, 通常是引进径向线性 标度变换 (scaling transformation)

$$\boldsymbol{r} \longrightarrow \boldsymbol{r}_s = \eta\boldsymbol{r}, \tag{4.73}$$

用 标度因子 (scaling factor) $\eta$ 作为呼吸模的无量纲集体坐标. 假设呼吸模是这个标度变量的运动, 这称为 标度假设 (scaling assumption). 以标度假设为基础的模型, 称为 标度模型 (scaling model). 显然, 前面写出 (4.27) 式时, 假设 $A$ 个核子均匀分布在半径为 $R$ 的球内, 并且核物质的密度在随时间的变化中保持均匀, 这实际上就是均匀系的标度假设和标度模型.

### b. 量子力学的标度变换

核子在势场 $V(\mathbf{r})$ 中运动的定态 Schrödinger 方程为

$$-\frac{\hbar^2}{2m_{\rm N}}\left(\frac{\partial^2}{\partial x^2}+\frac{\partial^2}{\partial y^2}+\frac{\partial^2}{\partial z^2}\right)\varphi_k(\mathbf{r})+V(\mathbf{r})\varphi_k(\mathbf{r})=\varepsilon_k\varphi_k(\mathbf{r}), \qquad (4.74)$$

其中 $\varphi_k(\mathbf{r})$ 是核子的单粒子波函数, $\varepsilon_k$ 是单粒子能级. 若势场 $V(\mathbf{r})$ 变成 $V_{\rm s}(\mathbf{r})$, 则波函数 $\varphi_k(\mathbf{r})$ 和能级 $\varepsilon_k$ 相应地变成 $\varphi_k^{\rm s}(\mathbf{r})$ 和 $\varepsilon_k^{\rm s}$, 满足方程

$$-\frac{\hbar^2}{2m_{\rm N}}\left(\frac{\partial^2}{\partial x^2}+\frac{\partial^2}{\partial y^2}+\frac{\partial^2}{\partial z^2}\right)\varphi_k^{\rm s}(\mathbf{r})+V_{\rm s}(\mathbf{r})\varphi_k^{\rm s}(\mathbf{r})=\varepsilon_k^{\rm s}\varphi_k^{\rm s}(\mathbf{r}). \qquad (4.75)$$

设势场有 2 维标度

$$V(\mathbf{r}) \longrightarrow V_{\rm s}(\mathbf{r})=\eta^2 V(\eta\mathbf{r}), \qquad (4.76)$$

则方程 (4.75) 可改写成

$$-\frac{\hbar^2}{2m_{\rm N}}\left(\frac{\partial^2}{\partial x_{\rm s}^2}+\frac{\partial^2}{\partial y_{\rm s}^2}+\frac{\partial^2}{\partial z_{\rm s}^2}\right)\varphi_k^{\rm s}(\mathbf{r})+V(\mathbf{r}_{\rm s})\varphi_k^{\rm s}(\mathbf{r})=\frac{1}{\eta^2}\varepsilon_k^{\rm s}\varphi_k^{\rm s}(\mathbf{r}). \qquad (4.77)$$

与 (4.74) 式对比, 可以看出

$$\varphi_k^{\rm s}(\mathbf{r}) \propto \varphi_k(\eta\mathbf{r}), \qquad (4.78)$$

$$\varepsilon_k^{\rm s}=\eta^2\varepsilon_k. \qquad (4.79)$$

(4.78) 式中的比例常数, 可由波函数 $\varphi_k(\mathbf{r})$ 和 $\varphi_k^{\rm s}(\mathbf{r})$ 的归一化定出,

$$\varphi_k^{\rm s}(\mathbf{r})=\eta^{3/2}\varphi_k(\eta\mathbf{r}), \qquad (4.80)$$

这里可差一任意常数相位因子. 于是, 密度具有 3 维标度,

$$\rho(\mathbf{r}) \longrightarrow \rho_{\rm s}=\eta^3\rho(\eta\mathbf{r}). \qquad (4.81)$$

容易看出, 球谐势

$$V(\mathbf{r})=\frac{1}{2}m_{\rm N}\omega^2 r^2 \qquad (4.82)$$

的参数 $\omega$ 若有变换

$$\omega \longrightarrow \omega_{\rm s}=\eta^2\omega, \qquad (4.83)$$

则有标度变换 (4.76) 和 (4.79) 式. 确实,

$$V(\mathbf{r}) \longrightarrow V_{\rm s}(\mathbf{r})=\frac{1}{2}m_{\rm N}\omega_{\rm s}^2 r^2=\eta^2\frac{1}{2}m_{\rm N}\omega^2(\eta r)^2=\eta^2 V(\eta\mathbf{r}), \qquad (4.84)$$

$$\varepsilon_k \longrightarrow \varepsilon_k^{\mathrm{s}} = \hbar\omega_{\mathrm{s}}\Big(n_k + \frac{1}{2}\Big) = \eta^2\hbar\omega\Big(n_k + \frac{1}{2}\Big) = \eta^2\varepsilon_k. \tag{4.85}$$

势参数 $\omega$ 的变换 (4.83), 表示势场的径向收缩 ($\eta > 1$) 或膨胀 ($\eta < 1$), 从而 (4.81) 式表示密度的径向收缩 ($\eta > 1$) 或膨胀 ($\eta < 1$). 这就表明, 标度假设确实适于描述呼吸模的运动 [12].

**c. 标度模型的 Thomas-Fermi 理论**

采用密度泛函, 由连续方程

$$\frac{\partial\rho_{\mathrm{s}}}{\partial t} + \nabla \cdot (\rho_{\mathrm{s}}\boldsymbol{v}) = 0 \tag{4.86}$$

定义的速度场为

$$\boldsymbol{v}(\boldsymbol{r}) = -\frac{\dot{\eta}}{\eta}\boldsymbol{r}, \tag{4.87}$$

于是呼吸模的振动能可写成

$$E_k = \frac{1}{2}m_{\mathrm{N}}\int \mathrm{d}^3\boldsymbol{r}\rho_{\mathrm{s}}(\boldsymbol{r})|\boldsymbol{v}(\boldsymbol{r})|^2 = \frac{1}{2}m_{\mathrm{N}}A\langle r^2\rangle_{\mathrm{s}}\Big(\frac{\dot{\eta}}{\eta}\Big)^2$$
$$= \frac{1}{2}m_{\mathrm{N}}A\langle r^2\rangle(\dot{s})^2, \tag{4.88}$$

其中 [13]

$$s = \frac{\eta - 1}{\eta}, \tag{4.89}$$

$$\langle r^2\rangle_{\mathrm{s}} = \frac{1}{A}\int \mathrm{d}^3\boldsymbol{r}\rho_{\mathrm{s}}(r)r^2 = \frac{1}{\eta^2}\frac{1}{A}\int \mathrm{d}^3\boldsymbol{r}\rho(r)r^2 = \frac{1}{\eta^2}\langle r^2\rangle. \tag{4.90}$$

在 Thomas-Fermi 模型中, 核 $(A, Z)$ 的基态能量 (见 (3.58) 式)

$$E_A = E_{\mathrm{N}} + E_{\mathrm{C}} + E_{\mathrm{res}}, \tag{4.91}$$

其中核能 $E_{\mathrm{N}}$ 可分成只与密度相关的 $E_{\mathrm{LD}}$ 和与密度梯度相关的 $E_{\mathrm{GD}}$ 两项之和,

$$E_{\mathrm{N}} = E_{\mathrm{LD}} + E_{\mathrm{GD}}, \tag{4.92}$$

特别是

$$E_{\mathrm{LD}} = \int \mathrm{d}^3\boldsymbol{r}\rho(\boldsymbol{r})e(\rho, \delta), \tag{4.93}$$

而库仑能 $E_{\mathrm{C}}$ 可分成库仑直接项 $E_{\mathrm{Coul}}$ 与交换项 $E_{\mathrm{ex}}$ 之和 [14],

$$E_{\mathrm{C}} = E_{\mathrm{Coul}} + E_{\mathrm{ex}}, \tag{4.94}$$

$$E_{\mathrm{Coul}} = \frac{1}{2}\int \frac{\mathrm{d}^3\boldsymbol{r}\mathrm{d}^3\boldsymbol{r}'e^2\rho_{\mathrm{p}}(\boldsymbol{r})\rho_{\mathrm{p}}(\boldsymbol{r}')}{|\boldsymbol{r} - \boldsymbol{r}'|}, \tag{4.95}$$

$$E_{\mathrm{ex}} = -e^2\frac{3}{4}\Big(\frac{3}{\pi}\Big)^{1/3}\int \mathrm{d}^3\boldsymbol{r}\rho_{\mathrm{p}}^{4/3}(\boldsymbol{r}). \tag{4.96}$$

在浸渐近似下, 除去一个任意常数, 呼吸模的势能可设为 $E_A$ 的标度变换

$E_A(\eta)$,

$$E_A(\eta) = E_N(\eta) + E_C(\eta) + E_{res}(\eta), \tag{4.97}$$

其中

$$E_N(\eta) = E_{LD}(\eta) + E_{GD}(\eta), \tag{4.98}$$

而

$$E_{LD}(\eta) = \int d^3\boldsymbol{r}\rho_s(\boldsymbol{r})e(\rho_s, \delta_s) = \int d^3\boldsymbol{r}\rho(\boldsymbol{r})e(\eta^3\rho, \delta), \tag{4.99}$$

$$E_C(\eta) = \frac{1}{2}\int \frac{d^3\boldsymbol{r}d^3\boldsymbol{r}'e^2\rho_p^s(\boldsymbol{r})\rho_p^s(\boldsymbol{r}')}{|\boldsymbol{r} - \boldsymbol{r}'|} - e^2\frac{3}{4}\left(\frac{3}{\pi}\right)^{1/3}\int d^3\boldsymbol{r}\rho_p^{s4/3}(\boldsymbol{r})$$

$$= \eta E_C, \tag{4.100}$$

$$E_{res}(\eta) = E_{shell}(\eta) + E_{even-odd}(\eta), \tag{4.101}$$

其中 $E_{shell}(\eta)$ 和 $E_{even-odd}(\eta)$ 分别是标度化的壳修正和奇偶能.

对于呼吸模的小振动, 标度变量 $\eta$ 围绕其稳定值 $\eta = 1$ 振动幅度很小, $|s| \ll 1$, $E_A(\eta)$ 可近似写成

$$E_A(\eta) = E_A + \frac{1}{2}AK_As^2 + \frac{1}{6}AK_3s^3 + \frac{1}{24}AK_4s^4, \tag{4.102}$$

其中

$$K_A = \frac{1}{A}\frac{d^2E_A(\eta)}{d\eta^2}\bigg|_{\eta=1} \tag{4.103}$$

为核 A 的抗压系数, 而

$$K_3 = \frac{1}{A}\left[\frac{d^3E_A(\eta)}{d\eta^3} + 6\frac{d^2E_A(\eta)}{d\eta^2}\right]_{\eta=1}, \tag{4.104}$$

$$K_4 = \frac{1}{A}\left[\frac{d^4E_A(\eta)}{d\eta^4} + 12\frac{d^3E_A(\eta)}{d\eta^3} + 36\frac{d^2E_A(\eta)}{d\eta^2}\right]_{\eta=1} \tag{4.105}$$

写出 (4.102) 式时, 用了呼吸模振动的稳定条件

$$\frac{dE_A(\eta)}{d\eta}\bigg|_{\eta=1} = 3\int d^3\boldsymbol{r}\rho^2(\boldsymbol{r})\frac{\partial e}{\partial \rho} + \frac{dE_{GD}(\eta)}{d\eta}\bigg|_{\eta=1} + E_C + \frac{dE_{res}(\eta)}{d\eta}\bigg|_{\eta=1} = 0. \tag{4.106}$$

简谐近似下, (4.102) 式简化为

$$E_A(\eta) = E_A + \frac{1}{2}AK_As^2. \tag{4.107}$$

与动能项 (4.88) 式相加, 可得描述体系的哈氏量,

$$E = E_k + E_A(\eta) = E_A + \frac{1}{2}m_NA\langle r^2\rangle(\dot{s})^2 + \frac{1}{2}AK_As^2. \tag{4.108}$$

这是 $s$ 的简谐振动, 振动能

$$E_M \approx \hbar\omega = \sqrt{\frac{\hbar^2K_A}{m_N\langle r^2\rangle}}, \tag{4.109}$$

这个结果与 (4.54) 式相同. 考虑 (4.102) 式中的非简谐项, 上式可进一步修正为

$$E_{\mathrm{M}} = \hbar\omega + \frac{1}{8}\frac{K_4}{A\langle r^2\rangle^2}\frac{\hbar^4}{m_{\mathrm{N}}^2}\frac{1}{(\hbar\omega)^2} - \frac{5}{24}\frac{K_3^2}{A\langle r^2\rangle^3}\frac{\hbar^6}{m_{\mathrm{N}}^3}\frac{1}{(\hbar\omega)^4}. \tag{4.110}$$

由于 $\langle r^2\rangle \propto A^{2/3}$, 而 $K_3$ 和 $K_4$ 以及 $\hbar\omega$ 对 $A$ 的依赖不大, 非简谐效应只对轻核才有意义.

图 4.5 是原子核同位旋标量单极巨共振的 $E_{\mathrm{M}}A^{1/3}$ 随 $A$ 的变化, 曲线是沿 β 稳定线的计算结果, 下面的实线是用 Myers-Świątecki 相互作用的 Thomas-Fermi 模型计算[12], 虚线是用小液滴模型计算[12], 上面的曲线是用 Myers-Świątecki 公式 (4.68)[11] 计算, 三角形是用 Nayak 等对 $K_A$ 的薄皮展开公式和 SkM* 相互作用参数[10] 计算的结果, 而圆点是 Shlomo 和 Youngblood 汇编与处理的实验数据[3.32].

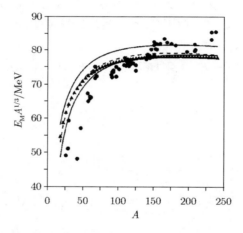

图 4.5    原子核同位旋标量单极巨共振的 $E_{\mathrm{M}}A^{1/3}$ 随 $A$ 的变化[12]

### d. 原子核的抗压系数

根据 (4.97) 式, 原子核的抗压系数 $K_A$ 可分解为核 $K_{\mathrm{N}}$、库仑 $K_{\mathrm{C}}$、剩余 $K_{\mathrm{res}}$ 三部分,

$$K_A = K_{\mathrm{N}} + K_{\mathrm{C}} + K_{\mathrm{res}}, \tag{4.111}$$

其中

$$K_{\mathrm{N}} = \frac{1}{A}\frac{\mathrm{d}^2 E_{\mathrm{N}}(\eta)}{\mathrm{d}\eta^2}\bigg|_{\eta=1}, \tag{4.112}$$

$$K_{\mathrm{C}} = \frac{1}{A}\frac{\mathrm{d}^2 E_{\mathrm{C}}(\eta)}{\mathrm{d}\eta^2}\bigg|_{\eta=1}, \tag{4.113}$$

$$K_{\mathrm{res}} = \frac{1}{A}\frac{\mathrm{d}^2 E_{\mathrm{res}}(\eta)}{\mathrm{d}\eta^2}\bigg|_{\eta=1}. \tag{4.114}$$

对 $K_{\mathrm{A}}$ 的主要贡献来自 $E_{\mathrm{N}}$. 由 (4.98) 和 (4.99) 式，有

$$K_{\mathrm{N}} = \frac{1}{A}\int \mathrm{d}^3 \boldsymbol{r}\rho(\boldsymbol{r})\left[K(\rho,\delta) + 6\rho(\boldsymbol{r})\frac{\partial e}{\partial \rho}\right] + \frac{1}{A}\frac{\mathrm{d}^2 E_{\mathrm{GD}}(\eta)}{\mathrm{d}\eta^2}\bigg|_{\eta=1}, \tag{4.115}$$

其中

$$K(\rho,\delta) = 9\rho^2\frac{\partial^2 e}{\partial\rho^2} \tag{4.116}$$

为核物质抗压系数. 运用稳定条件 (4.106)，可得

$$K_{\mathrm{N}} = \langle K(\rho,\delta)\rangle + K_{\mathrm{GD}} - 2\frac{E_{\mathrm{C}}}{A} - 2\frac{1}{A}\frac{\mathrm{d}E_{\mathrm{res}}(\eta)}{\mathrm{d}\eta}\bigg|_{\eta=1}, \tag{4.117}$$

其中

$$\langle K(\rho,\delta)\rangle = \frac{1}{A}\int \mathrm{d}^3 \boldsymbol{r}\rho(\boldsymbol{r})K(\rho,\delta) \tag{4.118}$$

为核物质抗压系数按核子分布 $\rho(\boldsymbol{r})$ 的平均，而

$$K_{\mathrm{GD}} = \frac{1}{A}\left[\frac{\mathrm{d}^2 E_{\mathrm{GD}}(\eta)}{\mathrm{d}\eta^2} - 2\frac{\mathrm{d}E_{\mathrm{GD}}(\eta)}{\mathrm{d}\eta}\right]_{\eta=1} \tag{4.119}$$

为密度梯度对核抗压系数的贡献.

由于标度性质 (4.100)，库仑能对抗压系数无直接贡献，$K_{\mathrm{C}} = 0$. 由于标度假设 (4.101)，剩余能的贡献可分为两部分，

$$K_{\mathrm{res}} = K_{\mathrm{shell}} + K_{\mathrm{even-odd}}, \tag{4.120}$$

$$K_{\mathrm{shell}} = \frac{1}{A}\frac{\mathrm{d}^2 E_{\mathrm{shell}}(\eta)}{\mathrm{d}\eta^2}\bigg|_{\eta=1}, \tag{4.121}$$

$$K_{\mathrm{even-odd}} = \frac{1}{A}\frac{\mathrm{d}^2 E_{\mathrm{even-odd}}(\eta)}{\mathrm{d}\eta^2}\bigg|_{\eta=1}. \tag{4.122}$$

可以表明 $E_{\mathrm{shell}}$ 和 $E_{\mathrm{even-odd}}$ 有 2 维标度 [12]，

$$E_{\mathrm{shell}}(\eta) = \eta^2 E_{\mathrm{shell}}, \qquad E_{\mathrm{even-odd}}(\eta) = \eta^2 E_{\mathrm{even-odd}}, \tag{4.123}$$

所以有

$$E_{\mathrm{res}}(\eta) = \eta^2 E_{\mathrm{res}}, \qquad K_{\mathrm{res}} = 2\frac{E_{\mathrm{res}}}{A}. \tag{4.124}$$

把上述 $K_{\mathrm{res}} = 2E_{\mathrm{res}}/A$ 与 $E_{\mathrm{C}} = 0$ 和 (4.117) 式相加，即得

$$K_{\mathrm{A}} = \langle K(\rho,\delta)\rangle + K_{\mathrm{GD}} - 2\frac{E_{\mathrm{C}} + E_{\mathrm{res}}}{A}. \tag{4.125}$$

在数值上，$-2E_{\mathrm{res}}/A$ 很小，略去这项所引起的误差小于 1%, 故最后可得

$$K_{\mathrm{A}} = \langle K(\rho,\delta)\rangle + K_{\mathrm{GD}} - 2\frac{E_{\mathrm{C}}}{A}, \tag{4.126}$$

与 Myers-Świątecki 公式 (4.68) 类似.

在原则上，公式 (4.125) 和 (4.126) 是相当普遍的，因为在推导中只用到了能量的泛函表示和线性标度假设. 在实际用它们来计算 $K_A$ 时，需要知道核物质物态方程 $e(\rho, \delta)$，原子核的核子数分布 $\rho(\boldsymbol{r})$，核内核物质的相对中子过剩度 $\delta$，依赖于核子数密度梯度的能量项 $E_{GD}$，以及库仑能 $E_C$ 等的具体表达式，所有这些都依赖于核模型和相互作用模型的选择. 用 Myers-Świątecki 相互作用的 Thomas-Fermi 模型 [2.23][3.12]，对一些核计算的结果见表 4.1 [12].

由表 4.1 可以看出，从 $^{16}$O 到 $^{238}$U 核，中心密度基本上是常数，$\rho_c \approx \rho_0$，中子过剩度很小，$0 < \delta < 0.18$，平均抗压系数 $\langle K(\rho, \delta) \rangle$ 从 73 MeV 缓慢增大到 133 MeV，密度梯度项 $K_{GD}$ 从 28 MeV 减小到 13 MeV，库仑能项 $-2E_C/A$ 从 $-1.4$ MeV 减小到 $-7.9$ MeV，剩余能项 $K_{res}$ 从 1.3 MeV 减小到 0.04 MeV，而原子核抗压系数从 101 MeV 缓慢增大到 140 MeV. 对 $K_A$ 的贡献，库仑能项低于 5%，剩余能项低于 1%，主要的贡献来自 $\langle K(\rho, \delta) \rangle$ 和 $K_{GD}$ 这两项，其中 $K_{GD}$ 项的贡献约为 10—20%. 此外，从 $E_M$ 与 $\hbar\omega$ 的差可看出，非简谐效应对轻核约为 6%，而重核低于 0.5%. 由于剩余能项 $-2E_{res}/A$ 的贡献很小，这一项在实际计算中可以略去.

**表 4.1**  **对一些核的相关计算值和实验值，$\delta$ 为纯数，$\rho$ 的单位 fm$^{-3}$，其余单位 MeV**

|  | $\delta$ | $\rho_c$ | $K_A$ | $\langle K(\rho,\delta) \rangle$ | $K_{GD}$ | $2E_C/A$ | $K_{res}$ | $\hbar\omega$ | $E_M$ | $E_{Mexp}$ |
|---|---|---|---|---|---|---|---|---|---|---|
| $^{16}$O | 0.0042 | 0.1385 | 101.191 | 72.808 | 28.446 | 1.369 | 1.306 | 22.196 | 19.559 | |
| $^{40}$Ca | 0.0176 | 0.1471 | 125.508 | 103.804 | 24.608 | 3.319 | 0.414 | 20.225 | 19.501 | 14.11 |
| $^{58}$Ni | 0.0371 | 0.1487 | 133.307 | 114.938 | 22.242 | 4.227 | 0.353 | 18.974 | 18.558 | 17.23 |
| $^{90}$Zr | 0.0825 | 0.1488 | 139.222 | 124.874 | 19.264 | 5.091 | 0.176 | 17.187 | 16.976 | 16.13 |
| $^{112}$Sn | 0.0866 | 0.1483 | 141.168 | 129.216 | 17.893 | 6.050 | 0.107 | 16.247 | 16.097 | 15.87 |
| $^{114}$Sn | 0.0952 | 0.1481 | 141.069 | 129.161 | 17.744 | 5.926 | 0.091 | 16.154 | 16.008 | 15.73 |
| $^{140}$Ce | 0.1277 | 0.1470 | 141.074 | 130.796 | 16.331 | 6.178 | 0.125 | 15.180 | 15.075 | 15.11 |
| $^{208}$Pb | 0.1649 | 0.1444 | 140.059 | 133.376 | 13.965 | 7.445 | 0.163 | 13.369 | 13.313 | 13.86 |
| $^{238}$U | 0.1791 | 0.1433 | 138.854 | 133.485 | 13.199 | 7.873 | 0.043 | 12.746 | 12.702 | 13.88 |

也可以尝试根据核抗压系数 $K_A$ 的实验值，用 (4.125) 或 (4.126) 式来求核物质的抗压系数 $K(\rho, \delta)$. 同样，这也依赖于核模型和相互作用模型的选择. 如果把用 (4.125) 或 (4.126) 式来计算 $K_A$ 视为 正问题，则用它们从 $K_A$ 来计算 $K(\rho, \delta)$ 就是这个问题的 反问题 或 逆问题. 这是一个有待探索的问题. 由 (4.118) 式可以看出，$K(\rho, \delta)$ 出现在积分号下，所以这个逆问题在数学上要解积分方程. 求解固体比热和黑体辐射的逆问题，已有许多成功的经验和漂亮的方法 [15]，也许可以从中获得启发和借鉴.

无论如何，由于单极巨共振能 $E_M$ 从而核抗压系数 $K_A$ 的实验数据比原子核质量的实验数据少得多, 尝试从 $E_\mathrm{M}$ 数据的系统学分析来获取核物质抗压系数 $K_0$ 的做法, 包含了较大的争议和不确定性 [3.18]. 在从 $E_\mathrm{M}$ 或 $K_\mathrm{A}$ 的实验数据来提取 $K_0$ 的各种理论中, 可信度较高的, 还是微观模型的计算. 在讨论微观模型的计算之前, 下面来给出与标度假设相关的求和规则.

**e. 标度假设的求和定则**

若把标度变换写成

$$\boldsymbol{r} \longrightarrow \boldsymbol{r}_\mathrm{s} = \mathrm{e}^\eta \boldsymbol{r}, \tag{4.127}$$

(4.80) 式就是

$$\varphi_k^\mathrm{s}(\boldsymbol{r}) = \mathrm{e}^{3\eta/2} \varphi_k(\mathrm{e}^\eta \boldsymbol{r}). \tag{4.128}$$

对于球对称多粒子体系, 上式相当于基态的变换 [16].

$$|0\rangle \longrightarrow |\eta\rangle = \mathrm{e}^{\overline{\eta}[H,Q]}|0\rangle, \tag{4.129}$$

其中

$$H = \sum_{i=1}^A \frac{\boldsymbol{p}_i^2}{2m_\mathrm{N}} + \frac{1}{2}\sum_{i \neq j}^A v(\boldsymbol{r}_i, \boldsymbol{r}_j), \tag{4.130}$$

$$Q = \sum_{i=1}^A \boldsymbol{r}_i^2, \tag{4.131}$$

$$\overline{\eta} = -\frac{m_\mathrm{N}}{2\hbar^2}\eta. \tag{4.132}$$

令体系定态为 $|n\rangle$,

$$H|n\rangle = E_n|n\rangle, \qquad n = 0, 1, 2, \cdots, \tag{4.133}$$

从 (4.129) 式可以算出

$$\begin{aligned}
\frac{1}{2}\frac{\partial^2 \langle\eta|H|\eta\rangle}{\partial \overline{\eta}^2}\bigg|_{\eta=0} &= \frac{1}{2}\langle 0|[[Q,H],[H,[H,Q]]]|0\rangle \\
&= \sum_n (E_n - E_0)^3 |\langle n|Q|0\rangle|^2 = m_3,
\end{aligned} \tag{4.134}$$

这表明能量加权 3 次矩 $m_3$ 是一种与标度性相关的 **极化率** (polarizability). 由于核半径有变换

$$R_0 \longrightarrow R = \mathrm{e}^\eta R_0, \tag{4.135}$$

由 (4.51) 式可算出

$$K_\mathrm{A} = \frac{1}{A}\frac{\partial^2 \langle\eta|H|\eta\rangle}{\partial \eta^2}\bigg|_{\eta=0} = \frac{2}{A}\Big(\frac{m_\mathrm{N}}{2\hbar^2}\Big)^2 m_3. \tag{4.136}$$

另一方面, 可以考虑算符 $Q$ 的能量加权求和定则 $m_1$,

$$m_1 = \sum_n (E_n - E_0)|\langle n|Q|0\rangle|^2. \tag{4.137}$$

对于双重对易子

$$[Q, [H, Q]] = 2QHQ - Q^2H - HQ^2, \tag{4.138}$$

计算它在基态的平均, 可得

$$\frac{1}{2}\langle 0|[Q, [H, Q]]|0\rangle = \sum_n \langle 0|Q|n\rangle E_n \langle n|Q|0\rangle - E_0\langle 0|Q^2|0\rangle$$

$$= \sum_n (E_n - E_0)|\langle n|Q|0\rangle|^2 = m_1. \tag{4.139}$$

为了计算上式的左端, 考虑到 $Q$ 是只依赖于空间坐标的单粒子算符, 假设哈氏量只在动能中明显包含动量, 就有

$$[H, Q] = \sum_{i=1}^{A} \frac{1}{2m_i}[p_i^2, Q]. \tag{4.140}$$

于是

$$[Q, [H, Q]] = \sum_{i=1}^{A} \frac{\hbar^2}{m_i} \left[\nabla_i Q(\boldsymbol{r}_i)\right]^2, \tag{4.141}$$

所以

$$m_1 = \sum_n (E_n - E_0)|\langle n|Q|0\rangle|^2 = \langle 0|\sum_{i=1}^{A} \frac{\hbar^2}{2m_i} \left[\nabla_i Q(\boldsymbol{r}_i)\right]^2 |0\rangle. \tag{4.142}$$

对于 $Q = \sum r_i^2$, 可以算出

$$m_1 = \frac{2\hbar^2}{m_N} A\langle r^2\rangle_0, \tag{4.143}$$

下标 0 表示在基态平均. 上式在文献中有时称为 Ferrell 单极求和定则 [17].

求和定则 (4.142) 有简单的物理含义: 原子核激发所获得的平均能量, 等于所有核子在激发中获得的动能之和. 在浸渐近似下, 核子在激发中动量 $\hbar\nabla_i Q$ 和动能 $(\hbar^2 \nabla_i Q)^2/2m_i$ 传递的时间很短, 从而与核子关联的细节无关, 亦即与模型无关. 注意上述计算只用到体系的基态性质, 而与引起激发的具体模型无关. 这是使用能量加权求和定则的一个优点.

利用 (4.143) 和 (4.109) 式, 可从 (4.136) 式推出

$$E_M = \sqrt{\frac{m_3}{m_1}}, \tag{4.144}$$

这就是在标度模型里用求和定则计算单极巨共振中心能量的公式. 反之, 若用上式定义 $E_M$, 则由上式、 (4.136) 式和 (4.143) 式即可得到 (4.109) 式, 从而表明上式与前面标度假设的 Thomas-Fermi 模型是一致的. 用某种方法近似算出能量加权矩 $m_1$ 和 $m_3$, 就可从上述公式算出 $E_M$ [18], 并进一步算出相应的核抗压系数 $K_A$.

## 4.4 单极巨共振的微观计算

以核子自由度为基础的微观模型, 核心是核子间的相互作用. 作为模型的唯象核力, 包含一些参数, 要由原子核的性质来确定. 这些参数确定后, 就可用来计算核物质, 从而得到 $K_0$. 但是从上一章的讨论可以看出, 为了把 $K_0$ 值完全定下来, 还需要进一步的实验知识. 核单极巨共振的测量, 提供了这种可能. 由于单极巨共振能 $E_{\rm M}$ 与抗压系数 $K_{\rm A}$ 之间近似有关系 (4.109), $E_{\rm M}$ 的实验知识也就相当于 $K_{\rm A}$ 的实验知识.

原子核抗压系数 $K_{\rm A}$ 和单极巨共振能 $E_{\rm M}$ 的计算, 涉及原子核的静态平衡和动态激发两个方面. 一方面, 根据定义 (4.51) 式, 抗压系数 $K_{\rm A}$ 联系于半径 $R_0$ 附近相邻 $R$ 值的能量 $E_{\rm A}$. 计算给定半径 $R$ 的能量 $E_{\rm A}$, 可用有约束的 Hartree-Fock 平均自洽场方法. 另一方面, 单极巨共振能 $E_{\rm M}$ 在物理上联系于原子核的集体激发, 计算这种激发态, 则可用原子核的无规相近似. 上世纪九十年代中期以来, 相对论平均场模型的无规相近似成为这一领域新的热点. 本节讨论非相对论的 Hartree-Fock 与 RPA, 下两节讨论相对论平均场的相关处理.

### a. 密度矩阵形式的 Hartree-Fock 方程

利用 Hartree-Fock 单粒子态 $|k\rangle$, 可定义单粒子密度矩阵

$$\rho = \sum_{k=1}^{A} |k\rangle\langle k|. \tag{4.145}$$

这样定义的 $\rho$ 显然是厄米的, 并且本征值为 1 或 0, 有

$$\rho^{\dagger} = \rho, \qquad \rho^2 = \rho. \tag{4.146}$$

沿用 3.6 节 a 的符号和约定, 对于 Hartree-Fock 近似, 体系基态为

$$|\Psi\rangle = |{\rm HF}\rangle = \prod_{i=1}^{A} a_k^{\dagger}|0\rangle. \tag{4.147}$$

密度矩阵 $\rho$ 作用在占据态空间, 即空穴态空间, 是这个空间的投影算符. 于是单粒子 Hartree-Fock 哈密顿算符 $h$ 在空穴态间的矩阵元可写为

$$h_{\rm hh} = \rho h \rho. \tag{4.148}$$

另外, 矩阵

$$\sigma = 1 - \rho \tag{4.149}$$

作用在未占态空间, 即粒子态空间, 是这个空间的投影算符, 具有与 $\rho$ 类似的性质

$$\sigma^2 = \sigma. \tag{4.150}$$

于是还有

$$h_{\mathrm{hp}} = \rho h \sigma, \qquad h_{\mathrm{ph}} = \sigma h \rho, \qquad h_{\mathrm{pp}} = \sigma h \sigma. \tag{4.151}$$

由写出 Hartree-Fock 方程的条件 $h_{\mathrm{hp}} = h_{\mathrm{ph}} = 0$ (见 (3.129) 式), 即可推出

$$[h, \rho] = h\rho - \rho h = 0. \tag{4.152}$$

这就是密度矩阵形式的 Hartree-Fock 方程, 求出满足这个方程的单粒子态 $|k\rangle$, 就得到 Hartree-Fock 近似的基态 (4.147).

实际的计算, 是把 $|k\rangle$ 用一组适当的基矢 $|\alpha\rangle$ 展开,

$$|k\rangle = \sum_{\alpha} |\alpha\rangle\langle\alpha|k\rangle = \sum_{\alpha} \phi_k(\alpha)|\alpha\rangle, \qquad |\alpha\rangle = \sum_{k} |k\rangle\langle k|\alpha\rangle = \sum_{k} \phi_k^*(\alpha)|k\rangle, \tag{4.153}$$

$|\alpha\rangle$ 常选谐振子态. 在以 $|\alpha\rangle$ 为基矢的表象中, 密度矩阵的表示为

$$\rho_{\alpha\beta} = \langle\alpha|\rho|\beta\rangle = \sum_{kl} \langle\alpha|k\rangle \rho_{kl} \langle l|\beta\rangle = \sum_{i=1}^{A} \phi_i(\alpha)\phi_i^*(\beta), \tag{4.154}$$

其中

$$\rho_{kl} = \langle k|\rho|l\rangle = \begin{cases} \delta_{kl}, & k, l \leqslant A, \\ 0, & \text{其他.} \end{cases} \tag{4.155}$$

容易看出, 矩阵元 $\rho_{kl}$ 可表示成算符 $a_l^\dagger a_k$ 在 Hartree-Fock 基态 $|\Psi\rangle$ 的平均,

$$\rho_{kl} = \langle\Psi|a_l^\dagger a_k|\Psi\rangle. \tag{4.156}$$

利用上式和单粒子算符的变换

$$a_k = \sum_{\alpha} \phi_k^*(\alpha) a_\alpha, \qquad a_\alpha = \sum_{k} \phi_k(\alpha) a_k, \tag{4.157}$$

亦可把矩阵元 $\rho_{\alpha\beta}$ 表示成算符 $a_\beta^\dagger a_\alpha$ 在 Hartree-Fock 基态 $|\Psi\rangle$ 的平均,

$$\rho_{\alpha\beta} = \langle\Psi|a_\beta^\dagger a_\alpha|\Psi\rangle. \tag{4.158}$$

于是, 借助密度矩阵, 可把单粒子算符

$$t = \sum_{kl} t_{kl} a_k^\dagger a_l \tag{4.159}$$

在多粒子态 $|\Psi\rangle$ 的期待值表示为 $t\rho$ 之迹,

$$\langle\Psi|t|\Psi\rangle = \sum_{kl} t_{kl} \langle\Psi|a_k^\dagger a_l|\Psi\rangle = \sum_{kl} t_{kl} \rho_{lk} = \mathrm{tr}(t\rho). \tag{4.160}$$

注意这个结果与表象无关, 这是密度矩阵形式的优点, 它既简化公式的推演, 也便于选择适当的表象进行计算.

### b. 无规相近似

原子核基态的 Hartree-Fock 平均场近似, 略去了剩余相互作用. 剩余相互作用在引起集体激发的同时, 也会改变原子核的基态, 使得费米面下出现空位,

费米面上出现粒子. 若把现在这种情形的基态记为 $|\text{GS}\rangle$, 则

$$H|\text{GS}\rangle = E_0|\text{GS}\rangle, \tag{4.161}$$

其中 $H$ 已扣除 Hartree-Fock 基态能量,

$$H = \sum_{kl} t_{kl}a_k^\dagger a_l + \frac{1}{2}\sum_{pqrs} v_{rpqs}a_r^\dagger a_p^\dagger a_q a_s - \langle\text{HF}|H|\text{HF}\rangle. \tag{4.162}$$

于是, 引起激发的算符 $Q_\nu^\dagger$ 应满足

$$Q_\nu^\dagger|\text{GS}\rangle = |\nu\rangle, \qquad Q_\nu|\text{GS}\rangle = 0, \tag{4.163}$$

其中 $\nu$ 是体系的集体激发参数, $|\nu\rangle$ 是集体激发态, 满足定态 Schrödinger 方程

$$H|\nu\rangle = E_\nu|\nu\rangle. \tag{4.164}$$

这可用变分法求解. 按变分原理, 并注意 $Q_\nu$ 与 $Q_\nu^\dagger$ 变分独立, 求对 $Q_\nu$ 的变分,

$$\begin{aligned}
\delta\langle\nu|H - E_\nu|\nu\rangle &= \langle\text{GS}|\delta Q_\nu H Q_\nu^\dagger - E_\nu\delta Q_\nu Q_\nu^\dagger|\text{GS}\rangle \\
&= \langle\text{GS}|\delta Q_\nu([H, Q_\nu^\dagger] + Q_\nu^\dagger H) - E_\nu\delta Q_\nu Q_\nu^\dagger|\text{GS}\rangle \\
&= \langle\text{GS}|\delta Q_\nu[H, Q_\nu^\dagger] + (E_0 - E_\nu)\delta Q_\nu Q_\nu^\dagger|\text{GS}\rangle = 0, \tag{4.165}
\end{aligned}$$

即

$$\langle\text{GS}|\delta Q_\nu[H, Q_\nu^\dagger]|\text{GS}\rangle = (E_\nu - E_0)\langle\text{GS}|\delta Q_\nu Q_\nu^\dagger|\text{GS}\rangle, \tag{4.166}$$

由此和 (4.163) 式, 就可得到

$$\langle\text{GS}|[\delta Q_\nu, [H, Q_\nu^\dagger]]|\text{GS}\rangle = (E_\nu - E_0)\langle\text{GS}|[\delta Q_\nu, Q_\nu^\dagger]|\text{GS}\rangle. \tag{4.167}$$

根据物理模型写出 $Q_\nu$ 的参数化形式, 即可从上式解出 $Q_\nu$.

在物理上, 不仅有产生粒子 - 空穴的 $a_m^\dagger a_i$ 型激发, 也有湮灭粒子 - 空穴的 $a_i^\dagger a_m$ 型激发. 这里指标 $i$ 表示空穴态, $m$ 表示粒子态. 可以近似假设

$$Q_\nu^\dagger = \sum_{mi} x_{mi}^\nu a_m^\dagger a_i - \sum_{mi} y_{mi}^\nu a_i^\dagger a_m, \qquad Q_\nu|\text{RPA}\rangle = 0, \tag{4.168}$$

其中 $|\text{RPA}\rangle$ 为这时体系基态, $x_{mi}^\nu$ 和 $y_{mi}^\nu$ 为变分参数, 激发态矢量归一化要求

$$\sum_{mi}\left(|x_{mi}^\nu|^2 + |y_{mi}^\nu|^2\right) = 1. \tag{4.169}$$

于是 (4.167) 式可写成

$$\left.\begin{aligned}
\langle\text{RPA}|[a_i^\dagger a_m, [H, Q_\nu^\dagger]]|\text{RPA}\rangle &= (E_\nu - E_0)\langle\text{RPA}|[a_i^\dagger a_m, Q_\nu^\dagger]|\text{RPA}\rangle, \\
\langle\text{RPA}|[a_m^\dagger a_i, [H, Q_\nu^\dagger]]|\text{RPA}\rangle &= (E_\nu - E_0)\langle\text{RPA}|[a_m^\dagger a_i, Q_\nu^\dagger]|\text{RPA}\rangle.
\end{aligned}\right\} \tag{4.170}$$

把 $Q_\nu^\dagger$ 的 (4.168) 式代入, 考虑弱激发情形, 费米面下的空穴与费米面上的粒子都不多, 即可看出上述 (4.170) 式右方的基态 $|\text{RPA}\rangle$ 可近似换成 $|\text{HF}\rangle$,

$$|\text{RPA}\rangle \longrightarrow |\text{HF}\rangle. \tag{4.171}$$

对 (4.170) 式左方也可近似作上述替换. (4.168) 式加上这个近似 (4.171) 式,就是无规相近似 (random phase approximation, RPA).

采用无规相近似,从 (4.170) 式就得到关于元激发系数 $x$ 和 $y$ 的 RPA 方程

$$\left.\begin{array}{l}\sum_{nj}(A_{mi,nj}x_{nj}^{\nu}+B_{mi,nj}y_{nj}^{\nu})=(E_{\nu}-E_0)x_{mi}^{\nu},\\[2mm]\sum_{nj}(B_{mi,nj}^{*}x_{nj}^{\nu}+A_{mi,nj}^{*}y_{nj}^{\nu})=-(E_{\nu}-E_0)y_{mi}^{\nu},\end{array}\right\} \tag{4.172}$$

即

$$\begin{pmatrix} A & B \\ B^* & A^* \end{pmatrix}\begin{pmatrix} x^{\nu} \\ y^{\nu} \end{pmatrix}=(E_{\nu}-E_0)\begin{pmatrix} 1 & 0 \\ 0 & -1 \end{pmatrix}\begin{pmatrix} x^{\nu} \\ y^{\nu} \end{pmatrix}, \tag{4.173}$$

其中

$$\left.\begin{array}{l}A_{mi,nj}=\langle\mathrm{HF}|[a_i^\dagger a_m,[H,a_n^\dagger a_j]]|\mathrm{HF}\rangle=(\epsilon_m-\epsilon_i)\delta_{mn}\delta_{ij}+\overline{v}_{mjni},\\[2mm]B_{mi,nj}=-\langle\mathrm{HF}|[a_i^\dagger a_m,[H,a_j^\dagger a_n]]|\mathrm{HF}\rangle=\overline{v}_{mnji},\end{array}\right\} \tag{4.174}$$

$\overline{v}$ 的定义见 (3.127) 式.

无规相近似是 Bohm 和 Pines 在研究金属电子气体等离子振荡集体激发时提出的 [19],很快就被运用于原子核 [20]. 注意 (4.168) 式中的 $x$ 系数描述以 Hartree-Fock 基态为基础的粒子 - 空穴激发, $y$ 系数描述基态的关联. 若略去基态的关联,令 $y=0$,无规相近似就约化为 Tamm-Dancoff 近似 [21][22][3.35].

### c. TDHF 线性响应

在态矢量随时间变化的一般情形, $\Psi$ 满足 Schrödinger 方程,由 (4.156) 式可得密度矩阵的运动方程

$$\mathrm{i}\hbar\dot{\rho}_{kl}=\langle\Psi|[a_l^\dagger a_k,H]|\Psi\rangle. \tag{4.175}$$

对于只含两体相互作用的哈密顿量

$$H=\sum_{kl}t_{kl}a_k^\dagger a_l+\frac{1}{2}\sum_{pqrs}v_{rpqs}a_r^\dagger a_p^\dagger a_q a_s, \tag{4.176}$$

假设态矢量 $\Psi$ 总是单粒子态的 Slater 行列式,有

$$\langle\Psi|a_r^\dagger a_p^\dagger a_q a_s|\Psi\rangle=\rho_{qp}\rho_{sr}-\rho_{qr}\rho_{sp}, \tag{4.177}$$

即可由 (4.175) 式推出 [3.35]

$$\mathrm{i}\hbar\dot{\rho}=[h,\rho], \tag{4.178}$$

其中单粒子哈密顿量 $h$ 是密度矩阵 $\rho$ 的泛函,

$$h_{kl}=t_{kl}+\sum_{pq}\overline{v}_{qklp}\rho_{pq}. \tag{4.179}$$

与 (4.152) 式对比，(4.178) 式所概括的近似被称为 时间相关 Hartree-Fock 近似 (time dependent Hartree-Fock approximation, TDHF).

在有外部微扰 $F(t)$ 的情形，(4.178) 式应改写成

$$i\hbar\dot{\rho} = [h + F(t), \rho], \tag{4.180}$$

这里假设 $F(t)$ 是单粒子算符，

$$F(t) = \sum_{kl} f_{kl}(t) a_k^\dagger a_l. \tag{4.181}$$

在下面的讨论中，进一步假设微扰为谐振型，

$$f_{kl}(t) = f_{kl}e^{-i\omega t} + f_{lk}^* e^{i\omega t}, \tag{4.182}$$

注意上述写法有 $f_{lk}^*(t) = f_{kl}(t)$，从而保证 $F(t)$ 为厄米的.

对原子核的集体激发，泛函 $h(\rho)$ 包含了激发的全部信息. 首先，基态密度矩阵 $\rho_0$ 为 Hartree-Fock 方程的解，

$$[h(\rho_0), \rho_0] = 0. \tag{4.183}$$

设单粒子态为此哈密顿量 $h_0 = h(\rho_0)$ 的本征态，则有

$$(\rho_0)_{ij} = \delta_{ij}, \qquad (\rho_0)_{mn} = (\rho_0)_{mi} = (\rho_0)_{im} = 0, \tag{4.184}$$

$$(h_0)_{kl} = \epsilon_k \delta_{kl}, \tag{4.185}$$

这里 $i, j$ 为基态占据态，$m, n$ 为基态未占态，$k, l$ 为任意态.

其次，与基态一样，假设由于扰动而改变的核激发态也是单粒子态的 Slater 行列式，仍有 $\rho^2 = \rho$. 于是，代入

$$\rho = \rho_0 + \delta\rho, \tag{4.186}$$

对于线性响应只需保留 $\delta\rho$ 的一次项，就有

$$\delta\rho = \rho_0\delta\rho + \delta\rho\rho_0. \tag{4.187}$$

在上式两边从左或右乘以 $\rho_0$，可得

$$\rho_0\delta\rho\rho_0 = 0, \tag{4.188}$$

这表示，$\delta\rho$ 在单粒子占据态之间的矩阵元为 0. 同样，对未占态的投影算符 $\sigma_0 = 1 - \rho_0$，可得

$$\sigma_0\delta\rho\sigma_0 = 0, \tag{4.189}$$

即 $\delta\rho$ 在未占态之间的矩阵元亦为 0. 所以

$$(\delta\rho)_{pp} = (\delta\rho)_{hh} = 0. \tag{4.190}$$

利用上述性质，就可从 (4.180) 式导出扰动 $\delta\rho(t)$ 的运动方程. 对于线性响

应，只保留一次项，有

$$i\hbar\delta\dot{\rho}(t) = [h_0, \delta\rho(t)] + \left[\frac{\delta h}{\delta\rho}\delta\rho(t), \rho_0\right] + [F(t), \rho_0]. \tag{4.191}$$

由于微扰 (4.182) 为谐振型，受迫扰动 $\delta\rho(t)$ 亦为谐振型，

$$\delta\rho(t) = \delta\rho e^{-i\omega t} + \delta\rho^* e^{i\omega t}. \tag{4.192}$$

于是 $\delta\rho$ 的方程为

$$\hbar\omega\delta\rho = [h_0, \delta\rho] + \left[\frac{\delta h}{\delta\rho}\delta\rho, \rho_0\right] + [f, \rho_0]. \tag{4.193}$$

记住只有 $(\delta\rho)_{\text{ph}}$ 和 $(\delta\rho)_{\text{hp}}$，利用 (4.184) 和 (4.185) 式，即可算出

$$\left.\begin{array}{l} \sum_{nj}\left[(\epsilon_m - \epsilon_i - \hbar\omega)\delta_{mn}\delta_{ij} + \dfrac{\delta h_{mi}}{\delta\rho_{nj}}\right]\delta\rho_{nj} + \sum_{nj}\dfrac{\delta h_{mi}}{\delta\rho_{jn}}\delta\rho_{jn} = -f_{mi}, \\[4mm] \sum_{nj}\dfrac{\delta h_{im}}{\delta\rho_{nj}}\delta\rho_{nj} + \sum_{nj}\left[(\epsilon_m - \epsilon_i + \hbar\omega)\delta_{mn}\delta_{ij} + \dfrac{\delta h_{im}}{\delta\rho_{jn}}\right]\delta\rho_{jn} = -f_{im}, \end{array}\right\} \tag{4.194}$$

简写成矩阵形式即为

$$\begin{pmatrix} A - \hbar\omega & B \\ B^* & A^* + \hbar\omega \end{pmatrix} \begin{pmatrix} \delta\rho_{\text{ph}} \\ \delta\rho_{\text{hp}} \end{pmatrix} = -\begin{pmatrix} f_{\text{ph}} \\ f_{\text{hp}} \end{pmatrix}, \tag{4.195}$$

其中

$$A_{mi,nj} = (\epsilon_m - \epsilon_i)\delta_{mn}\delta_{ij} + \frac{\delta h_{mi}}{\delta\rho_{nj}}, \qquad B_{mi,nj} = \frac{\delta h_{mi}}{\delta\rho_{jn}}. \tag{4.196}$$

从 (4.179) 式可看出，上式与 (4.174) 式一致. 所以在 $f \to 0$ 时，(4.195) 式就约化为 RPA 方程 (4.173)，其中 $\hbar\omega = E_\nu - E_0$ 为集体激发的谐振能，$\delta\rho$ 给出元激发系数，从而给出集体激发谱分布.

### d. 单极巨共振能的微观计算

对于单极巨共振能 $E_{\text{M}}$，在 Hartree-Fock 微观模型的层次，可以采用两种算法 [3.18]. 一种是根据 (4.109) 式，由 $K_{\text{A}}$ 来算 $E_{\text{M}}$. $K_{\text{A}}$ 从 (4.51) 式算出，其中 $R$ 取原子核方均根半径，$R = \sqrt{\langle r^2 \rangle}$，对于给定的 $\langle r^2 \rangle$，用 Hartree-Fock 平均场近似算 $E_{\text{A}}$. 这是有约束的 Hartree-Fock 计算，相应于求有约束 $U$ 的变分

$$\langle \delta\Psi | H - \lambda U | \Psi \rangle = 0, \tag{4.197}$$

其中 $\lambda$ 是拉氏乘子，而

$$U = \sum_{i=1}^{A} \boldsymbol{r}_i^2. \tag{4.198}$$

在 3.6 节已经指出，由于准到一级的变分不改变态矢量的归一化，不必考虑保持归一化的拉氏乘子. (4.197) 式的变分相当于在 Hartree-Fock 方程中作代换

$H \rightarrow H - \lambda U$, 从而能量 $E$ 是 $\lambda$ 的函数,

$$E = \langle H - \lambda U \rangle = E_{\mathrm{A}} - \lambda \langle U \rangle, \tag{4.199}$$

这里 $\langle \ \rangle$ 表示在 Hartree-Fock 基态的平均, $E_{\mathrm{A}} = \langle H \rangle$ 是无约束时原子核的 Hartree-Fock 能量, 是 $\langle U \rangle = A \langle r^2 \rangle = A R^2$ 的函数. 注意本书 $\langle r^2 \rangle$ 的定义与文献 [3.18] 差一个因子 $A$.

(4.199) 式相当于独立变量 $\langle U \rangle \rightarrow \lambda$ 的 Legendre 变换 [23], 可以写出

$$\lambda = \frac{\mathrm{d} E_{\mathrm{A}}}{\mathrm{d} \langle U \rangle}, \qquad \langle U \rangle = -\frac{\mathrm{d} E}{\mathrm{d} \lambda}. \tag{4.200}$$

由此容易算出

$$\left. \frac{\mathrm{d}^2 E_{\mathrm{A}}}{\mathrm{d} \langle U \rangle^2} \right|_{\lambda=0} = -\left[ \left. \frac{\mathrm{d}^2 E}{\mathrm{d} \lambda^2} \right|_{\lambda=0} \right]^{-1}, \tag{4.201}$$

于是 (4.51) 式给出

$$K_{\mathrm{A}} = \frac{R_0^2}{A} \left. \frac{\mathrm{d}^2 E_{\mathrm{A}}}{\mathrm{d} R^2} \right|_{R_0} = -\frac{4}{A} \left( \frac{\mathrm{d} E}{\mathrm{d} \lambda} \right)_{\lambda=0}^2 \left[ \left. \frac{\mathrm{d}^2 E}{\mathrm{d} \lambda^2} \right|_{\lambda=0} \right]^{-1}. \tag{4.202}$$

具体的计算, 可把单粒子态在一定维数的谐振子空间展开, 得到矩阵形式的 Hartree-Fock 方程, 再使单粒子哈氏量对角化, 算出单粒子能级和波函数, 从而算出原子核的基态能量、密度分布和半径等静态性质. Blaizot 等用 Gogny 有效相互作用对 $^{208}$Pb 核算得的结果, 如表 4.2 的第 2 和第 5 列所示 [3.18]. $E_{\mathrm{M}}$ 的测量值是 13.86 MeV (见表 4.1), 介于 D1S 的 13.24 MeV 和 D1 的 14.03 MeV 之间, 所以 $K_0$ 介于 D1S 的 209 MeV 和 D1 的 228 MeV 之间 (见表 3.7). 作为粗略的估计, 仿照 (4.109) 式, 假设 $K_0 \propto E_{\mathrm{M}}^2$, 内插得到 $K_0 = 223$ MeV. 这里只用到 D1S 和 D1, 没有用其余相互作用的结果. 包括其余相互作用的计算可以给出更好的结果, 见下一小节图 4.6 的右图和相应的讨论.

表 4.2 $^{208}$Pb 的单极巨共振能 $E_{\mathrm{M}}$ 和抗压系数 $K_{\mathrm{A}}$, 单位为 MeV [3.18]

| | $K_{\mathrm{A}}^{\mathrm{c}}$ | $K_{\mathrm{A}}(m_{-1})$ | $\overline{E}$ | $E_{\mathrm{M}}^{\mathrm{c}}$ |
|---|---|---|---|---|
| D1S | 128.7 | 133.8 | 13.53 | 13.24 |
| D1 | 143.2 | 147.6 | 14.37 | 14.07 |
| D250 | 160.0 | 163.2 | 15.05 | 14.81 |
| D260 | 161.5 | 164.7 | 15.18 | 14.85 |
| D280 | 176.7 | 180.1 | 15.70 | 15.29 |
| D300 | 187.4 | 189.9 | 16.31 | 15.98 |

另一种算法, 是用无规相近似计算求和定则 [24][25]. 在方程 (4.195) 中设扰动 $f = -\lambda U$, 由此扰动引起的单粒子密度矩阵的改变 $\delta \rho$ 就可写成 [3.45]

$$\delta \rho = \lambda \mathcal{R}^{-1} U, \tag{4.203}$$

其中 $\mathcal{R}$ 为方程 (4.195) 左边的矩阵. 于是,

$$\langle U \rangle = \mathrm{tr}(U\rho) = \langle U \rangle_0 + \mathrm{tr}(U\delta\rho), \tag{4.204}$$

其中 $\langle U \rangle_0 = \mathrm{tr}(U\rho_0)$. 用 (4.187) 式, 就有

$$\mathrm{tr}(U\delta\rho) = 2\langle U\delta\rho \rangle_0 = 2\lambda\langle U\mathcal{R}^{-1}U \rangle_0. \tag{4.205}$$

令 $\omega = 0$, $\mathcal{R}$ 就是通常的 RPA 矩阵, 于是有

$$\mathrm{tr}(U\delta\rho) = 2\lambda \sum_n \frac{|\langle n|U|0 \rangle|^2}{E_n - E_0} = 2\lambda m_{-1}, \tag{4.206}$$

其中 $|n\rangle$ 和 $E_n$ 是 RPA 集体激发态和相应的激发能. 这表明能量加权 $-1$ 次矩 $m_{-1}$ 是与约束相关的求和定则. 这就给出

$$\langle U \rangle = \langle U \rangle_0 + 2\lambda m_{-1}. \tag{4.207}$$

由此和 (4.200) 的第二式, 即可得到 RPA 的极化率公式

$$m_{-1} = \frac{1}{2}\frac{\mathrm{d}\langle U \rangle}{\mathrm{d}\lambda} = -\frac{1}{2}\frac{\mathrm{d}^2 E}{\mathrm{d}\lambda^2}, \tag{4.208}$$

这称为 介电定理 (dielectric theorem)[16]. 注意 (4.206) 式的推导用到 (4.187) 式, 相当于微扰论一级近似, 与文献 [16] 相同.

利用 (4.200) 的第一式和 (4.208) 式, 可得

$$\frac{\mathrm{d}^2 E_\mathrm{A}}{\mathrm{d}\langle U \rangle^2} = \frac{\mathrm{d}\lambda}{\mathrm{d}\langle U \rangle} = \frac{1}{2m_{-1}}. \tag{4.209}$$

由于 $\langle U \rangle = A\langle r^2 \rangle = AR^2$, 所以

$$K_\mathrm{A} = \frac{4\langle U \rangle_0^2}{A}\frac{\mathrm{d}^2 E_\mathrm{A}}{\mathrm{d}\langle U \rangle^2}\Big|_0 = \frac{2A\langle r^2 \rangle_0^2}{m_{-1}}, \tag{4.210}$$

注意前面已经指出, 本书对平均值 $\langle r^2 \rangle$ 的定义与文献 [3.18] 的差一个因子 $A$. 结合上式与 (4.143) 式, 可得

$$\frac{m_1}{m_{-1}} = \frac{\hbar^2 K_\mathrm{A}}{m_\mathrm{N}\langle r^2 \rangle_0}. \tag{4.211}$$

与 (4.109) 式比较即可看出, $\sqrt{m_1/m_{-1}}$ 正是单极共振能 $\hbar\omega$,

$$E_\mathrm{M} = \hbar\omega = \sqrt{\frac{m_1}{m_{-1}}}. \tag{4.212}$$

换言之, 在扰动的单粒子算符为 $Q = \sum r_i^2$ 的情形, 把上式用作单极共振能的定义, 与前面的宏观模型是一致的. 对于单个集体模就耗尽了算符 $r^2$ 的求和定则的情形, 这里有约束的 (4.210) 式与前面标度假设的 (4.136) 式相同. 倘若不是这种情形, 则 (4.210) 式比 (4.136) 式给出的 $K_\mathrm{A}$ 稍小[3.42][16].

具体的计算是, 首先根据选定的有效相互作用解基态 Hartree-Fock 方程, 求出单粒子能级和波函数, 然后计算剩余相互作用给出 RPA 矩阵, 再进行 RPA

计算定出集体激发态和激发能, 最后代入求和定则公式算 $m_{-1}$ 和 $m_1$, 从而算出 $E_{\rm M}$ 和 $K_{\rm A}$. 自洽的计算, 要求 Hartree-Fock 和 RPA 使用的相互作用及其参数相同. Blaizot 他们用公式 (4.210) 计算 $^{208}$Pb 核, 结果如表 4.2 第 3 列 $K_{\rm A}(m_{-1})$. 与第 2 列有约束的 Hartree-Fock 计算值相比, 两种算法相差在 1—4% 之间. 表中第 4 列为简单平均

$$\overline{E} = \frac{m_1}{m_0}, \tag{4.213}$$

与第 5 列相比, 相差约为 2%.

### e. 核物质抗压系数 $K_0$ 的确定

Blaizot 他们通过对核 $^{208}$Pb 的计算, 得到核抗压系数 $K_{\rm A}$ 与核物质抗压系数 $K_0$ 的对应关系, 如图 4.6 的左图所示. 圆圈是用 Gogny 有效相互作用做有约束的 Hartree-Fock 计算的结果, 即表 4.2 的第 2 列 $K_{\rm A}^{\rm c}$. 黑点为用 Skyrme 相互作用得到的相应的值, 其中 Ska 的 $K_0 = 263\,{\rm MeV}$, SIV 的 $K_0 = 325\,{\rm MeV}$, SIII 的 $K_0 = 356\,{\rm MeV}$, SkM* 的 $K_0 = 216.7\,{\rm MeV}$, 前 3 点取自文献 [3.45], 第 4 点取自文献 [26]. 斜方块为用无规相近似算强度分布矩 $m_{-1}$ 得到的值, 即表 4.2 的第 3 列 $K_{\rm A}(m_{-1})$. 虚线为拟合的方程

$$K_{\rm A} = -3.5 + 0.64 K_0. \tag{4.214}$$

图 4.6 的右图, 是 Blaizot 他们计算的呼吸模能量 $E_{\rm M}$ 与核物质抗压系数

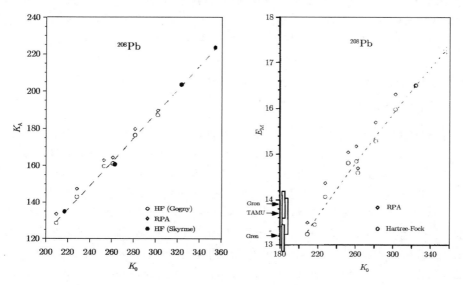

图 4.6 $^{208}$Pb 核 $K_{\rm A}$ (左) 与 $E_{\rm M}$ (右) 对 $K_0$ 的关系 [3.18]

$K_0$ 的对应关系. 圆圈是 Hartree-Fock 计算的结果, 即表 4.2 的第 5 列 $E_{\mathrm{M}}^{\mathrm{c}}$. 斜方块为用无规相近似计算强度分布得到的简单平均值, 即表 4.2 第 4 列 $\overline{E}$. 虚线为对 Hartree-Fock 计算值的平方根拟合. 靠近纵轴的小长方条表示实验值及其误差棒: TAMU 的 $E_{\mathrm{M}} = 13.70 \pm 0.40\,\mathrm{MeV}$ [27], Groningen 的 $E_{\mathrm{M}} = 13.90 \pm 0.30\,\mathrm{MeV}$ [28], 和 Greboble 的 $E_{\mathrm{M}} = 13.20 \pm 0.30\,\mathrm{MeV}$ [29].

由于 $K_{\mathrm{A}}$ 随 $K_0$ 线性变化, 而 $E_{\mathrm{M}} \sim \sqrt{K_{\mathrm{A}}}$, 所以 $E_{\mathrm{M}} \sim \sqrt{K_0}$, $E_{\mathrm{M}}$ 随 $K_0$ 缓慢增加, 并且

$$\frac{\Delta K_{\mathrm{A}}}{K_{\mathrm{A}}} = \frac{\Delta K_0}{K_0} = \frac{2\Delta E_{\mathrm{M}}}{E_{\mathrm{M}}}. \tag{4.215}$$

这意味着, 若 $E_{\mathrm{M}}$ 有 $\Delta E_{\mathrm{M}} = 1\,\mathrm{MeV}$ 的误差, 将传递给 $K_0$ 约 $\Delta K_0 \approx 30\,\mathrm{MeV}$ 的误差. 从图上可以看出, Grenoble 的数据对应于 $K_0 \approx 205\,\mathrm{MeV}$, Groningen 的数据对应于 $K_0 \approx 230\,\mathrm{MeV}$, 而 TAMU 的数据介于这二者之间. 加上误差, $^{208}\mathrm{Pb}$ 核呼吸模的实验数据给出的 $K_0$ 值范围是 [3.18]: $194\,\mathrm{MeV} \leqslant K_0 \leqslant 240\,\mathrm{MeV}$.

除了球形核 $^{208}\mathrm{Pb}$, Blaizot 他们还研究了对关联重要和非简谐效应不能忽略的 Sn 同位素, 特别是系统研究了 $^{116}\mathrm{Sn}$ 核. 与 $^{208}\mathrm{Pb}$ 核相比, 三家实验室测得 $^{116}\mathrm{Sn}$ 的 $E_{\mathrm{M}}$ 值很接近, TAMU 的值为 $E_{\mathrm{M}} = 15.6 \pm 0.30\,\mathrm{MeV}$ [27], Groningen 的值为 $E_{\mathrm{M}} = 15.69 \pm 0.16\,\mathrm{MeV}$ [30], Grenoble 的值为 $E_{\mathrm{M}} = 15.5 \pm 0.25\,\mathrm{MeV}$ [31]. 对 $^{116}\mathrm{Sn}$ 核具体的分析和计算, 特别是与图 4.6 右图类似的结果表明, Grenoble 的数据对应于 $K_0 \approx 214\,\mathrm{MeV}$, Groningen 的数据对应于 $K_0 \approx 220\,\mathrm{MeV}$, TAMU 的数据介于二者之间. 加上误差, $^{116}\mathrm{Sn}$ 核呼吸模的实验数据给出的 $K_0$ 值范围是: $207\,\mathrm{MeV} \leqslant K_0 \leqslant 225\,\mathrm{MeV}$. 结合 $^{208}\mathrm{Pb}$ 核的结果, Blaizot 他们最后给出的 $K_0$ 值范围是 $K_0 = 210$—$220\,\mathrm{MeV}$ [3.18]. 而在 4 年后, Blaizot 根据 TAMU 新的精确数据 $E_{\mathrm{M}} = 14.2\,\mathrm{MeV}$ [32], 给出 $K_0 = 230\,\mathrm{MeV}$ [33].

**f. 疑难与讨论**

从图 4.6 的左图可以看出, Hartree-Fock 与 RPA 两种近似的结果基本一致, 前者比后者略低. Hartree-Fock 近似算的半径与结合能是核的静态性质, RPA 算的集体激发是核的动力学性质, 二者结果基本一致, 或许隐含了某种深层的物理, 而前者比后者略低, 则反映了两种近似在物理上的差别.

从图 4.6 的左图还可看出, Skyrme 和 Gogny 两种相互作用的结果也基本一致, 而前者比后者略低, 这个结果得到了进一步的佐证. 图 4.7 是滨本 (I. Hamamoto)、佐川 (H. Sagawa) 和张锡珍用自洽 Hartree-Fock 加 RPA 计算的结果 [34], 相互作用是用 Skyrme 的 SkM*, SGI, SIII 三组参数, 相应的 $K_0$ 分别是 217, 256, 355 MeV. $K_{\mathrm{A}}$ 的值分别用有约束的 (4.210) 式和标度假设的 (4.136) 式

算得, 前者比后者稍小. 用 (4.136) 式算得的值, 亦即用较大的值, 对 $^{208}$Pb 给出

$$K_A = 23 + 0.62K_0. \tag{4.216}$$

他们算得 $K_A = 157.0\,\text{MeV}$, 由上式给出 $K_0 = 216\,\text{MeV}$, 这比 Blaizot 给出的 $K_0 = 230\,\text{MeV}$ 要小.

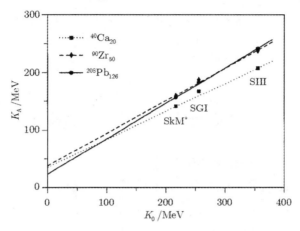

图 4.7 $^{208}$Pb 核 $K_A$ 对 $K_0$ 的关系 [34]

用 Skyrme 相互作用定出的 $K_0$ 比用 Gogny 相互作用定出的小. 这是表明用微观计算定出的 $K_0$ 与模型相关, 还是由于计算中忽略了某种物理? 这是微观计算遇到的一个疑难 (puzzle). 进一步的分析发现, 在用 Skyrme 相互作用的计算中, 如果考虑到在原来计算中忽略的剩余库仑相互作用和自旋 - 轨道耦合, 可以得到 $K_0 = 235\,\text{MeV}$ [35] 或 $230$—$240\,\text{MeV}$ [36], 能够与 Gogny 相互作用的 $230\,\text{MeV}$ 在实验误差允许的范围内符合. 但这个疑难并没有解决, 因为相对论性平均场模型的计算给出的 $K_0$ 至少是 $250\,\text{MeV}$ [35].

这种以 $^{208}$Pb 核巨共振的实验数据为基础, 用微观模型的计算来提取核物质抗压系数 $K_0$ 的做法, 还遇到另一个疑难. 对 $^{208}$Pb 的同位旋标量偶极巨共振 (ISGDR), 早期测得的中心能量 $E_D = 21.3 \pm 0.8\,\text{MeV}$ [37], 而用 SkM$^*$ 的自洽 RPA 算得 $E_D = 23.4\,\text{MeV}$ [38]. 后来数据略有降低, $E_D = 19.9 \pm 0.8\,\text{MeV}$ [39], 理论计算值则仍然是 $E_D = 23.4\,\text{MeV}$ [40]. 看来, 模型参数若调整得与单极巨共振拟合, 就不能与偶极巨共振符合, 若与偶极巨共振拟合, 就不能与单极巨共振符合. 这真是两难的选择. 值得指出, 若要求算出的 $E_D$ 与实验符合, 则给出的 $K_0$ 就要比 SkM$^*$ 的 $216\,\text{MeV}$ 小得多. 假设 $K_0 \sim \sqrt{E_D}$, 给出 $K_0 \sim 216 \times \sqrt{19.9/23.4}\,\text{MeV} =$

199 MeV.

实际上, 这两个疑难都涉及模型参数与实验数据的拟合. 这里的做法, 是拟合核半径与结合能. 由于模型参数比拟合的数据多, 所以有足够的自由空间, 使抗压系数 $K_0$ 分布在相当宽的范围. 为了解决第一个疑难, 可以考虑把核物质在饱和点附近的对称能 (相当于对称能系数 $J$ 和密度对称系数 $L$, 见 (3.31) 式) 作为拟合的控制参数 [41]. 这意味着引入更多拟合数据, 从而会遇到第二个疑难的情形: 模型参数不足以精确拟合每一个实验数据. 这是不可避免迟早要面对的事. 随着计算的进展, 当事情做到这一步时, 就只好像前面讨论过的宏观唯象模型那样, 对尽可能多的数据做最小二乘法拟合.

## 4.5  相对论性平均场模型: 核物质

### a. 非线性 σ-ω-ρ 模型的物态方程

考虑核物质的相对论非线性 σ-ω-ρ 模型, 拉氏密度为

$$\mathcal{L} = \overline{\psi}[\gamma_\mu(\mathrm{i}\partial^\mu - g_\omega\omega^\mu - g_\rho\boldsymbol{\tau}\cdot\boldsymbol{b}^\mu) - (m_\mathrm{N} - g_\sigma\phi)]\psi$$
$$+ \frac{1}{2}(\partial_\mu\phi\partial^\mu\phi - m_\sigma^2\phi^2) - \frac{1}{3}m_\mathrm{N}b(g_\sigma\phi)^3 - \frac{1}{4}c(g_\sigma\phi)^4$$
$$- \frac{1}{4}W_{\mu\nu}W^{\mu\nu} + \frac{1}{2}m_\omega^2\omega_\mu\omega^\mu + \frac{1}{4}c_3(\omega_\mu\omega^\mu)^2$$
$$- \frac{1}{4}\boldsymbol{B}_{\mu\nu}\cdot\boldsymbol{B}^{\mu\nu} + \frac{1}{2}m_\rho^2\boldsymbol{b}_\mu\cdot\boldsymbol{b}^\mu, \tag{4.217}$$

$$W^{\mu\nu} = \partial^\mu\omega^\nu - \partial^\nu\omega^\mu, \tag{4.218}$$

$$\boldsymbol{B}^{\mu\nu} = \partial^\mu\boldsymbol{b}^\nu - \partial^\nu\boldsymbol{b}^\mu, \tag{4.219}$$

其中 $\psi$, $\phi$, $\omega$ 和 $\boldsymbol{b}^\mu$ 分别为核子, σ 介子, ω 介子和 ρ 介子场, 介子质量分别为 $m_\sigma$, $m_\omega$ 和 $m_\rho$, 它们与核子的耦合常数分别为 $g_\sigma$, $g_\omega$ 和 $g_\rho$, 而 $b$, $c$ 和 $c_3$ 为非线性项系数, $\boldsymbol{\tau}$ 为同位旋矩阵. 由此拉氏密度即可推出核物质能量密度 $\mathcal{E}$, 从而得到物态方程 $e(\rho_\mathrm{N}, \delta)$ [42],

$$e = \mathcal{E}/\rho_\mathrm{N} - m_\mathrm{N}, \tag{4.220}$$

$$\mathcal{E} = \mathcal{E}_k + \mathcal{E}_\sigma + \mathcal{E}_\omega + \mathcal{E}_\rho, \tag{4.221}$$

$$\mathcal{E}_k = \frac{m_\mathrm{N}^4\xi^4}{\pi^2}\sum_{i=\mathrm{p,n}}F_1(k_i/\xi m_\mathrm{N}), \tag{4.222}$$

$$\mathcal{E}_\sigma = m_\mathrm{N}^4\left[\frac{1}{2C_\sigma^2}(1-\xi)^2 + \frac{1}{3}b(1-\xi)^3 + \frac{1}{4}c(1-\xi)^4\right], \tag{4.223}$$

$$\mathcal{E}_\omega = \frac{C_\omega^2 \rho_N^2}{2m_N^2} \frac{1}{(1+c_3\omega_0^2/m_\omega^2)^2} + c_3 \frac{3}{4} \frac{C_\omega^4 \rho_N^4}{m_N^4 m_\omega^4} \frac{1}{(1+c_3\omega_0^2/m_\omega^2)^4}, \tag{4.224}$$

$$\mathcal{E}_\rho = \frac{C_\rho^2 \rho_N^2}{2m_N^2} \delta^2, \tag{4.225}$$

其中 $k_p$ 和 $k_n$ 分别为质子和中子费米动量，

$$\xi = \frac{m_N^*}{m_N} = 1 - \frac{g_\sigma}{m_N}\phi, \tag{4.226}$$

$$C_i = g_i \frac{m_N}{m_i}, \qquad i = \sigma, \omega, \rho, \tag{4.227}$$

而函数 $F_m(x)$ 定义为 (详见附录 C)

$$F_m(x) = \int_0^x \mathrm{d}x\, x^{2m} \sqrt{1+x^2}, \qquad m \geqslant 1. \tag{4.228}$$

确定核子约化有效质量 $\xi$ 从而确定场 $\phi$ 的方程为

$$(1-\xi) + bC_\sigma^2(1-\xi)^2 + cC_\sigma^2(1-\xi)^3 = \frac{C_\sigma^2}{\pi^2}\xi^3 \sum_{i=p,n} f_1(k_i/\xi m_N), \tag{4.229}$$

其中函数 $f_m(x)$ 定义为 (详见附录 C)

$$f_m(x) = \int_0^x \mathrm{d}x \frac{x^{2m}}{\sqrt{1+x^2}}, \qquad m \geqslant 1, \tag{4.230}$$

而确定场 $\omega_0$ 的方程为

$$\omega_0 = \frac{C_\omega \rho_N}{M m_\omega} \frac{1}{1+c_3\omega_0^2/m_\omega^2}. \tag{4.231}$$

### b. 从模型参数算核物质性质

知道了物态方程，就可算出压强 $p$ 与抗压系数 $K$，

$$p = -\mathcal{E} + \rho_N \frac{\partial \mathcal{E}}{\partial \rho_N} = \frac{1}{3}\mathcal{E}_k - \frac{1}{3}m_N \xi \rho_s - \mathcal{E}_\sigma + \mathcal{E}_\omega - \frac{1}{2}c_3\omega_0^4 + \mathcal{E}_\rho, \tag{4.232}$$

$$K = 9\frac{\partial p}{\partial \rho_N} = \frac{1}{\rho_N}\left\{ \frac{m_N^4 \xi^4}{\pi^2} \sum_{i=p,n} \left(\frac{k_i}{\xi m_N}\right)^3 f_1'(k_i/\xi m_N) + 9\frac{C_\rho^2 \rho_N^2}{m_N^2}\delta^2 \right.$$

$$\left. + 9\frac{C_\omega^2 \rho_N^2}{m_N^2} \frac{1}{1+3c_3\omega_0^2/m_\omega^2} + 3\frac{m_N^4 \xi^4}{\pi^2} \sum_{i=p,n} \frac{k_i}{\xi m_N} f_1'(k_i/\xi m_N) \frac{\rho_N}{\xi}\frac{\partial \xi}{\partial \rho_N} \right\}, \tag{4.233}$$

其中 $f_m'(x) = \mathrm{d}f_m(x)/\mathrm{d}x$, 而

$$\frac{\rho_N}{\xi}\frac{\partial \xi}{\partial \rho_N} = \frac{1}{3}\frac{Q}{\xi[1+2bC_\sigma^2(1-\xi)+3cC_\sigma^2(1-\xi)^2] + Q + 3C_\sigma^2\rho_s/m_N^3}, \tag{4.234}$$

$$\rho_s = \frac{m_N^3 \xi^3}{\pi^2} \sum_{i=p,n} f_1(k_i/\xi m_N), \tag{4.235}$$

$$Q = -\frac{C_\sigma^2}{\pi^2}\xi^3 \sum_{i=\mathrm{p,n}} \frac{k_i}{\xi m_\mathrm{N}} f_1'(k_i/\xi m_\mathrm{N}). \tag{4.236}$$

在稳定点 $(\rho_0, 0)$, 压强为 0, 有

$$p(\rho_0, 0) = 0, \tag{4.237}$$

$$K_0 = K(\rho_0, 0) = 9\Big(\rho_\mathrm{N}^2 \frac{\partial^2 e}{\partial \rho_\mathrm{N}^2}\Big)_0. \tag{4.238}$$

可以看出, 线性 ρ 介子对抗压系数 $K_0$ 没有贡献, 而非线性 σ 和 ρ 介子的 $b, c$ 和 $c_3$ 项能降低 $K_0$, 使物态方程软化.

此外, 还可算出对称能 $J$, 密度对称能 $L$ 和密度抗压系数 $K_\mathrm{s}$ [2.32][42]:

$$J = \frac{1}{2}\frac{\partial^2 e}{\partial \delta^2}\Big|_0 = \frac{1}{6}\frac{k_\mathrm{F}^2}{\sqrt{k_\mathrm{F}^2 + m_\mathrm{N}^2\xi_0^2}} + J_\rho, \tag{4.239}$$

$$L = \frac{3}{2}\Big(\rho_\mathrm{N}\frac{\partial^3 e}{\partial \rho_\mathrm{N}\partial \delta^2}\Big)_0$$

$$= J + 2J_\rho - \Big\{3 + \frac{m_\mathrm{N}^3}{C_\sigma^2\rho_\mathrm{s}}\xi\big[1 + 2bC_\sigma^2(1-\xi) + 3cC_\sigma^2(1-\xi)^2\big]\Big\}_0 J_\sigma, \tag{4.240}$$

$$J_\rho = \frac{C_\rho^2 k_\mathrm{F}^3}{3\pi^2 m_\mathrm{N}^2}, \tag{4.241}$$

$$J_\sigma = -\frac{3}{2}m_\mathrm{N}\Big(\frac{m_\mathrm{N}\xi_0}{k_\mathrm{F}}\Big)^3 f_1(k_\mathrm{F}/\xi_0 m_\mathrm{N})\frac{\partial^2\xi}{\partial\delta^2}\Big|_0, \tag{4.242}$$

$$\frac{\partial^2\xi}{\partial\delta^2}\Big|_0 = \frac{2}{9}\frac{C_\sigma^2\xi_0^3}{\pi^2}\Big[2\frac{k}{\xi m_\mathrm{N}}f_1'(k/\xi m_\mathrm{N}) - \Big(\frac{k}{\xi m_\mathrm{N}}\Big)^2 f_1''(k/\xi m_\mathrm{N})\Big]_0\Big\{\frac{2C_\sigma^2\xi_0^2}{\pi^2}\Big[3f_1(k/\xi m_\mathrm{N})$$

$$- \frac{k}{\xi m_\mathrm{N}}f_1'(k/\xi m_\mathrm{N})\Big] + \big[1 + 2bC_\sigma^2(1-\xi) + 3cC_\sigma^2(1-\xi)^2\big]\Big\}_0^{-1}, \tag{4.243}$$

$$K_s = \frac{9}{2}\Big(\rho_\mathrm{N}^2\frac{\partial^4 e}{\partial\rho_\mathrm{N}^2\partial\delta^2}\Big)_0 = -6L + \frac{1}{2}\frac{\partial^2 K}{\partial\delta^2}\Big|_0. \tag{4.244}$$

可以看出, ρ 介子使 $J$ 增加 $J_\rho$, 使 $L$ 增加 $3J_\rho$, 而保持 $a_1$, $K_0$ 和 $K_\mathrm{s}$ 不变.

对于线性模型, $b = c = c_3 = 0$, 在标准状态 $(\rho_0, 0)$ 时, 能量密度的 (4.221) 式简化为

$$\mathcal{E}_0 = 2\frac{m_\mathrm{N}^4\xi_0^4}{\pi^2}F_1(k_\mathrm{F}/\xi_0 m_\mathrm{N}) + \frac{m_\mathrm{N}^4}{2C_\sigma^2}(1-\xi_0)^2 + \frac{C_\omega^2\rho_0^2}{2m_\mathrm{N}^2}, \tag{4.245}$$

而确定核子约化有效质量 $\xi$ 的 (4.229) 式成为

$$1 - \xi_0 = 2\frac{C_\sigma^2\xi_0^3}{\pi^2}f_1(k_\mathrm{F}/\xi_0 m_\mathrm{N}). \tag{4.246}$$

此外, 平衡条件 (4.237) 和抗压系数的表达式 (4.238) 简化为

$$\frac{2}{3}\frac{m_\mathrm{N}^4\xi_0^4}{\pi^2}f_2(k_\mathrm{F}/\xi_0 m_\mathrm{N}) - \frac{m_\mathrm{N}^4}{2C_\sigma^2}(1-\xi_0)^2 + \frac{C_\omega^2\rho_0^2}{2m_\mathrm{N}^2} = 0, \tag{4.247}$$

$$K_0 = 6\frac{C_\omega^2 k_{\mathrm{F}}^3}{\pi^2 m_{\mathrm{N}}^2} + 3m_{\mathrm{N}}\xi_0 f_1'(k_{\mathrm{F}}/\xi_0 m_{\mathrm{N}})\left[1 + \frac{m_{\mathrm{N}}^2\xi_0^2}{k_{\mathrm{F}}^2}\left(\frac{Q_0}{3 - 2\xi_0 + Q_0}\right)\right], \qquad (4.248)$$

$$Q_0 = -2\frac{C_\sigma^2\xi_0^3}{\pi^2}\frac{k_{\mathrm{F}}}{\xi_0 m_{\mathrm{N}}}f_1'(k_{\mathrm{F}}/\xi_0 m_{\mathrm{N}}). \qquad (4.249)$$

各个作者定出的模型参数值不同，其中的一些如表 4.3 所示 [42]. L-W 是原始的 Walecka 线性 σ-ω 模型 [2.31], L-HS 是 Horowitz-Serot 线性 σ-ω-ρ 模型 [43], L1, L2 和 L3 取自 Lee *et al* [44], L-Z, NL-Z 和 NL-VT 取自 Rufa *et al* [45], NL1 取自 Reinhard *et al* [46], NL2 取自 Fink *et al* [47], NL3 和 NL3-II 取自 Lalazissis *et al* [48], NLB, NLC 和 NLD 取自 Serot [49], NL-B1 和 NL-B2 取自 Boussy *et al* [50][51], NL-RA 取自 Rashdan [52], NL-SH 取自 Sharma *et al* [53], TM1 和 TM2 取自菅原 (Y. Sugahara) 与土岐 (H. Toki) [54], 其中多数都收集在 Reinhard 的评论中 [55]. 表中的 $g_2$ 和 $g_3$ 分别定义为

$$g_2 = m_{\mathrm{N}}bg_\sigma^3, \qquad g_3 = cg_\sigma^4. \qquad (4.250)$$

某些参数组原来给出的是 $C_i$ 而不是 $g_i$, $i = \sigma, \omega, \rho$. 对此情形, 这里给出的 $g_i$ 由 $C_i$, $m_i$ 和 $m_{\mathrm{N}}$ 从 (4.227) 式算出. 还需指出, 这里的 $g_\rho$ 只是文献 [2.39] 定义的一半.

**表 4.3　相对论平均场 σ-ω-ρ 模型的一些参数组, 详见正文** [42]

| | $m_{\mathrm{N}}$ | $m_\sigma$ | $m_\omega$ | $m_\rho$ | $g_\sigma$ | $g_\omega$ | $g_\rho$ | $g_2$ | $g_3$ | $c_3$ |
|---|---|---|---|---|---|---|---|---|---|---|
| L-W | 939.0 | 550.000 | 783.000 | 763. | 9.57269 | 11.67114 | .00000 | .00000 | .0000 | .0000 |
| L1 | 938.0 | 550.000 | 783.000 | 763. | 10.29990 | 12.59990 | .00000 | .00000 | .0000 | .0000 |
| L2 | 938.0 | 546.940 | 780.000 | 763. | 11.39720 | 14.24780 | .00000 | .00000 | .0000 | .0000 |
| L3 | 938.0 | 492.260 | 780.000 | 763. | 10.69200 | 14.87050 | .00000 | .00000 | .0000 | .0000 |
| L-HS | 939.0 | 520.000 | 783.000 | 770. | 10.47026 | 13.79966 | 4.03814 | .00000 | .0000 | .0000 |
| L-Z | 938.9 | 551.310 | 780.000 | 763. | 11.19330 | 13.82560 | 5.44415 | .00000 | .0000 | .0000 |
| NL1 | 938.0 | 492.250 | 795.359 | 763. | 10.13770 | 13.28460 | 4.97570 | 12.17240 | −36.2646 | .0000 |
| NL2 | 938.0 | 504.890 | 780.000 | 763. | 9.11122 | 11.49280 | 5.38660 | 2.30404 | 13.7844 | .0000 |
| NL3 | 939.0 | 508.194 | 782.501 | 763. | 10.21700 | 12.86800 | 4.47400 | 10.43086 | −28.8849 | .0000 |
| NL3-II | 939.0 | 507.680 | 781.869 | 763. | 10.20200 | 12.85400 | 4.48000 | 10.39100 | −28.9390 | .0000 |
| NLB | 939.0 | 510.000 | 783.000 | 770. | 9.69588 | 12.58890 | 4.27200 | 2.02714 | 1.6667 | .0000 |
| NL-B1 | 938.9 | 470.000 | 783.000 | 770. | 8.75834 | 11.80520 | 3.75195 | 7.51446 | −16.8112 | .0000 |
| NL-B2 | 938.9 | 485.000 | 783.000 | 770. | 9.72687 | 12.89370 | 3.52938 | 9.47080 | −28.1254 | .0000 |
| NLC | 939.0 | 500.800 | 783.000 | 770. | 9.75244 | 12.20370 | 4.32984 | 12.66960 | −33.3333 | .0000 |
| NLD | 939.0 | 476.700 | 783.000 | 770. | 8.26559 | 10.86600 | 4.49305 | 3.79970 | 8.3333 | .0000 |
| NL-RA | 939.0 | 515.000 | 782.600 | 763. | 9.62661 | 11.90390 | 4.52418 | 8.06582 | −16.3173 | .0000 |
| NL-SH | 939.0 | 526.059 | 783.000 | 763. | 10.44400 | 12.94500 | 4.38300 | 6.90990 | −15.8337 | .0000 |
| NL-VT | 938.9 | 483.420 | 780.000 | 763. | 9.79084 | 12.65660 | 4.61319 | 13.16500 | −38.1282 | .0000 |
| NL-Z | 938.9 | 488.670 | 780.000 | 763. | 10.05530 | 12.90860 | 4.84944 | 13.50720 | −40.2243 | .0000 |
| TM1 | 938.0 | 511.198 | 783.000 | 770. | 10.02890 | 12.61390 | 4.63220 | 7.23250 | .6183 | 71.3075 |
| TM2 | 938.0 | 526.443 | 783.000 | 770. | 11.46940 | 14.63770 | 4.67830 | 4.44400 | 4.6076 | 84.5318 |

在前面的公式中代入上述参数，即可算得标准核物质的性质 $\rho_0$, $a_1$, $K_0$, $J$, $L$ 和 $K_s$，如表 4.4 所示 [42]. 注意要先联立方程 (4.229) 和 (4.237) 式解出标准状态的 $\xi_0$ 和 $k_F$，而

$$\rho_0 = \frac{1}{4\pi r_0^3/3} = \frac{2k_F^3}{3\pi^2}. \tag{4.251}$$

在 $K_s$ 的 (4.244) 式中， $\partial^2 K/\partial\delta^2|_0$ 的解析表达式推导太繁，可用数值方法算. 作为比较，表中 $\langle NL \rangle$ 是非线性模型的简单数值平均，MS 是 Myers-Świątecki 的结果 [3.12]. 后两列为算得的中子星质量上限 $M_{\max}$ 和相应的半径 $R$，见第 6 章.

**表 4.4**　**算得的核物质性质，** $\rho_0$ **的单位为** $\mathrm{fm}^{-3}$**，其余的为 MeV. 后两列为中子星性质**

|        | $\rho_0$ | $a_1$ | $K_0$ | $J$ | $L$ | $K_s$ | $M_{\max}/M_\odot$ | $R/\mathrm{km}$ |
|--------|-------|-------|-------|-------|-------|-------|--------|--------|
| L-W    | .1937 | 15.75 | 545.6 | 22.11 | 74.5  | 74.8   | 2.60 | 12.2 |
| L1     | .1766 | 18.52 | 625.6 | 21.68 | 75.6  | 81.8   | 2.80 | 13.0 |
| L2     | .1417 | 16.78 | 578.5 | 19.07 | 68.8  | 97.4   | 3.13 | 14.4 |
| L3     | .1344 | 18.24 | 624.5 | 18.86 | 69.5  | 102.1  | 3.26 | 15.0 |
| L-HS   | .1485 | 15.75 | 546.8 | 34.98 | 115.5 | 93.4   | 3.08 | 14.6 |
| L-Z    | .1494 | 17.07 | 586.3 | 48.84 | 157.9 | 94.2   | 3.16 | 15.1 |
| NL1    | .1518 | 16.42 | 211.1 | 43.46 | 140.1 | 142.6  | 2.96 | 14.2 |
| NL2    | .1456 | 17.03 | 399.4 | 43.86 | 129.7 | 20.1   | 2.78 | 13.9 |
| NL3    | .1482 | 16.24 | 271.6 | 37.40 | 118.5 | 100.8  | 2.91 | 13.9 |
| NL3-II | .1491 | 16.26 | 271.7 | 37.70 | 119.7 | 103.3  | 2.91 | 13.9 |
| NLB    | .1485 | 15.77 | 421.0 | 35.01 | 108.3 | 54.8   | 2.87 | 13.8 |
| NL-B1  | .1625 | 15.79 | 280.4 | 33.04 | 102.5 | 76.1   | 2.68 | 12.9 |
| NL-B2  | .1627 | 15.79 | 245.6 | 33.10 | 111.3 | 158.8  | 2.87 | 13.5 |
| NLC    | .1485 | 15.77 | 224.4 | 35.02 | 108.0 | 76.8   | 2.77 | 13.2 |
| NLD    | .1485 | 15.77 | 343.2 | 35.01 | 101.5 | 13.5   | 2.60 | 13.0 |
| NL-RA  | .1570 | 16.25 | 320.5 | 38.90 | 119.1 | 62.0   | 2.75 | 13.4 |
| NL-SH  | .1460 | 16.35 | 355.3 | 36.12 | 113.6 | 79.7   | 2.93 | 14.1 |
| NL-VT  | .1530 | 16.09 | 172.8 | 39.73 | 126.9 | 130.0  | 2.87 | 13.7 |
| NL-Z   | .1508 | 16.19 | 172.8 | 41.72 | 133.9 | 140.0  | 2.92 | 13.9 |
| TM1    | .1452 | 16.26 | 281.2 | 36.89 | 110.8 | 33.5   | 2.45 | 13.3 |
| TM2    | .1323 | 16.16 | 343.8 | 35.98 | 113.0 | 56.0   | 2.73 | 14.4 |
| $\langle NL \rangle$ | .1500 | 16.14 | 287.7 | 37.53 | 117.1 | 83.2 |      |      |
| MS     | .1611 | 16.24 | 234.4 | 32.65 | 49.9  | -147.1 |      |      |

可以看出，首先，大多数数据组算得的 $\rho_0$ 和 $a_1$ 都比较接近 MS 的值，差别在第二、三位数. 其次，线性模型的 $K_0$ 明显偏高，引入非线性项以后可以降到与 MS 的相近，但用得较多的 NL3 的值仍比 MS 的高出几十 MeV. 第三，线性 σ-ω 模型的 $J$ 明显偏低，引入 ρ 介子后有很大改进，与 MS 的差别多数在第二位数. 第四，虽然 $L$ 和 $K_s$ 在 Myers-Świątecki 的工作中也还存在相当大的起伏，但这里的 $K_s$ 值与 MS 的符号相反，定性的趋势就有差别. 最后，从 TM1

和 TM2 的结果看，引入 ρ 介子非线性项的意义不大. 所以，现在用得较多的，是非线性 σ-ω-ρ 模型，其中 σ 介子场是非线性的.

**c. 用核物质性质定模型参数**

一般说来，像 Myers-Świątecki 这类非相对论模型，都有比较深厚的研究积累，能与很多实验数据符合，它们给出的核物质参数，可用作调整和确定相对论性平均场模型参数的参考. 考虑 ρ 介子场非线性项系数 $c_3 = 0$ 的模型. 核子、ω 介子和 ρ 介子质量取下列值，

$$m_{\rm N} = 938.9\,{\rm MeV}, \qquad m_\omega = 783\,{\rm MeV}, \qquad m_\rho = 763\,{\rm MeV}, \tag{4.252}$$

于是还有 6 个参数待定：$C_\sigma, C_\omega, C_\rho, b, c, m_\sigma$. 其中前 5 个 $C_\sigma, C_\omega, C_\rho, b$ 和 $c$ 联系于核物质性质，与物态方程有关，可从前面讨论的 6 个核物质性质中选择 5 个来确定. 这里选 $r_0, a_1, K_0, J$ 和 $K_s$.

在标准状态 $(\rho_0, 0)$，有 $e(\rho_0, 0) = -a_1$ 和 $\mathcal{E}_\rho = 0$, (4.221) 式成为

$$\mathcal{E}_k + \mathcal{E}_\sigma + \mathcal{E}_\omega = \rho_0(m_{\rm N} - a_1). \tag{4.253}$$

此外，由 (4.232) 式，平衡条件 $p(\rho_0, 0) = 0$ 可写成

$$\frac{1}{3}(\mathcal{E}_k - m_{\rm N}\xi\rho_s) - \mathcal{E}_\sigma + \mathcal{E}_\omega = 0. \tag{4.254}$$

由上述二式可推出

$$C_\omega^2 = \frac{2m_{\rm N}^2}{\rho_0^2}\mathcal{E}_\omega = \frac{m_{\rm N}^2}{\rho_0^2}\left[\rho_0(m_{\rm N} - a_1) - \frac{1}{3}(4\mathcal{E}_k - m_{\rm N}\xi\rho_s)\right], \tag{4.255}$$

$$\mathcal{E}_\sigma = \frac{1}{2}\left[\rho_0(m_{\rm N} - a_1) - \frac{1}{3}(2\mathcal{E}_k + m_{\rm N}\xi\rho_s)\right]. \tag{4.256}$$

其次，联立方程 (4.223) 和 (4.229) 式，可解出 $b$ 和 $c$，

$$b = \frac{12\mathcal{E}_\sigma}{m_{\rm N}^4(1-\xi)^3} - \frac{3\rho_s}{m_{\rm N}^3(1-\xi)^2} - \frac{3}{C_\sigma^2(1-\xi)}, \tag{4.257}$$

$$c = -\frac{12\mathcal{E}_\sigma}{m_{\rm N}^4(1-\xi)^4} + \frac{4\rho_s}{m_{\rm N}^3(1-\xi)^3} + \frac{2}{C_\sigma^2(1-\xi)^2}. \tag{4.258}$$

最后，由对称能 $J$ 的 (4.239) 和 (4.241) 式有

$$C_\rho^2 = \frac{2m_{\rm N}^2}{\rho_0}\left(J - \frac{1}{6}\frac{k_{\rm F}^2}{\sqrt{k_{\rm F}^2 + m_{\rm N}^2\xi^2}}\right). \tag{4.259}$$

给定 $r_0, a_1, \xi, C_\sigma$ 和 $J$，用上述公式就可算出 $C_\omega, C_\rho, b$ 和 $c$，从而算出 $K_0$ 和 $K_s$. 根据算出的 $K_0$ 和 $K_s$，再返回去调整和定出 $\xi$ 和 $C_\sigma$. 图 4.8 是 $r_0 = 1.14\,{\rm fm}$ 和 $a_1 = 16.0\,{\rm MeV}$ 时，对不同 $K_0$ 算得的 $K_s$ 与 $\xi$ 的关系，由它即可从给定的 $K_0$ 和 $K_s$ 定出 $\xi$. 从图可看出，若 $K_0 < 300\,{\rm MeV}$，则仅当 $\xi > 0.738$ 时 $K_s$ 才为负，

而且 $K_s > -30\,\mathrm{MeV}$. 同样, 给定 $r_0$ 和 $a_1$, 对不同的 $\xi$ 可算出 $C_\sigma$ 与 $K_0$ 的关系, 从而由给定的 $K_0$ 和 $\xi$ 定出 $C_\sigma$. 用这样定出的模型参数, 可进一步算 $L$, 结果如表 4.5 所示 [56]. 计算输入的各组 $r_0$, $a_1$, $K_0$, $J$ 和 $K_s$, 见第 3 章的表 3.8.

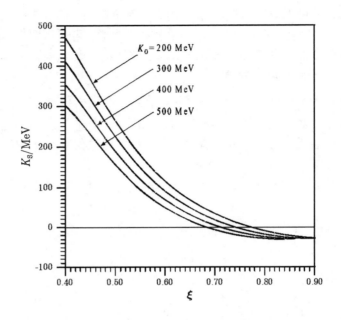

图 4.8   给定 $r_0$, $a_1$ 和 $K_0$ 时 $K_s$ 与 $\xi$ 的关系 [56]

表 4.5   用核物质性质 $r_0$, $a_1$, $K_0$, $J$ 和 $K_s$ 定出的非线性 σ-ω-ρ 模型参数 $C_\sigma^2$, $C_\omega^2$, $C_\rho^2$, $b$, $c$, $m_\sigma(\mathrm{MeV})$, 和由此算出的 $L(\mathrm{MeV})$, $a_2(\mathrm{MeV})$, $\xi$ 和 $t(\mathrm{fm})$ [56]. 详见正文

|        | $L$   | $a_2$ | $\xi$  | $C_\sigma^2$ | $C_\omega^2$ | $C_\rho^2$ | $b$      | $c$    | $m_\sigma$ | $t$  |
|--------|-------|-------|--------|---------|---------|---------|----------|--------|---------|------|
| MS     | 85.55 | 18.63 | 0.8934 | 92.728  | 30.908  | 27.729  | −0.09203 | 1.1137 | 363.94  | 1.45 |
| SIII   | 72.87 | 18.13 | 0.8774 | 77.041  | 47.982  | 24.665  | −0.15264 | 1.0935 | 551.27  | 0.89 |
| Ska    | 86.77 | 18.79 | 0.8851 | 96.522  | 38.415  | 29.434  | −0.08115 | 0.8458 | 390.88  | 1.39 |
| SkM    | 79.90 | 16.85 | 0.8973 | 95.423  | 28.962  | 25.294  | −0.08287 | 1.1499 | 366.12  | 1.42 |
| SkM*   | 77.73 | 17.51 | 0.8975 | 94.984  | 28.842  | 24.267  | −0.08441 | 1.1655 | 354.85  | 1.48 |
| RATP   | 75.43 | 18.80 | 0.8936 | 89.460  | 31.269  | 23.183  | −0.10318 | 1.1808 | 371.44  | 1.43 |
| Tondeur| 47.60 | 18.41 | 0.8862 | 107.753 | 36.378  | 9.705   | −0.04911 | 0.6885 | 352.64  | 1.57 |

这样定出的非线性系数 $c$ 均为正, 即 σ 介子势能有下限, 这意味着各组参数描述的场系统都是稳定的. 此外, 这里定出的核子有效质量 $\xi \approx 0.89$, 远大于拟合数据给出的值 [55]. 这是由于各组参数的 $K_s$ (表 3.8 最后一列) 都是很低的

负数. 值得指出, Brink-Boeker 相互作用 B1 和 Gogny 相互作用 D1 的 $K_s$ (表 3.5 最后一行) 也是负的. 前面曾指出, 相对论性平均场模型拟合的 $K_s$ (表 4.4 第 7 列) 都为正, 与非相对论性模型在定性上就有差别. 现在看来, 这也许不是模型本身, 而是数据拟合的问题.

有了这 5 个参数 $C_\sigma, C_\omega, C_\rho, b$ 和 $c$, 就可进一步定出第 6 个参数 $m_\sigma$. $m_\sigma$ 是 σ 介子的质量, 反比于它的 Compton 波长, 故联系于核力的力程, 亦即联系于与原子核的有限大小有关的性质, 如核表面厚度、表面能以及壳效应. 可考虑用有限核基态的表面厚度或表面弥散度 [55], 有限核 衍射极小锐半径 (diffraction-minimum-sharp radius) [57], 或半无限核物质的表面能. 前 5 个参数是用无限核物质的性质定出的, 为与之一致, 这里用半无限核物质的表面能 $a_2$ 来定 $m_\sigma$, 需要解场方程和计算 $a_2$.

沿 $z$ 轴的半无限核物质系统, 场方程为

$$\left(\frac{\mathrm{d}^2}{\mathrm{d}z^2} - m_\sigma^2\right)\phi = -g_\sigma\rho_s + g_2\phi^2 + g_3\phi^3, \tag{4.260}$$

$$\left(\frac{\mathrm{d}^2}{\mathrm{d}z^2} - m_\omega^2\right)\omega_0 = -g_\omega\rho_N, \tag{4.261}$$

$$\mu = g_\omega\omega_0 + \left[k_F^2 + (\xi m_N)^2\right]^{1/2}, \tag{4.262}$$

其中 $g_2$ 和 $g_3$ 见 (4.250) 式, $\mu$ 为对称核物质的核子化学势. 可用 Thomas-Fermi 近似解这些方程, 具体方法和步骤见文献 [2.36][58][59] 以及那里给出的文献.

计算表面能 $a_2$ 的公式为 [2.1]

$$a_2 = 4\pi r_0^2 \int_{-\infty}^{+\infty} \mathrm{d}z[\mathcal{E}(z) - \mathcal{E}(-\infty)\rho_N(z)/\rho_0]. \tag{4.263}$$

对核物质的能量密度 $\mathcal{E}(z)$, 仍有 (4.221) 与 (4.222) 式, 但

$$\mathcal{E}_\sigma(z) = \frac{1}{2}\left[\left(\frac{\mathrm{d}\phi}{\mathrm{d}z}\right)^2 + m_\sigma^2\phi^2\right] + \frac{1}{3}g_2\phi^3 + \frac{1}{4}g_3\phi^4, \tag{4.264}$$

$$\mathcal{E}_\omega(z) = \frac{1}{2}\left[\left(\frac{\mathrm{d}\omega_0}{\mathrm{d}z}\right)^2 + m_\omega^2\omega_0^2\right]. \tag{4.265}$$

对于对称核物质, $\delta = 0$, ρ 介子场对能量密度无贡献.

作为粗略的估算, 可以调整 $m_\sigma$, 使得由它算出的 $a_2$ 与已知值相等. 这样定出的 $m_\sigma$, 和据以算出的核物质表面厚度 $t$, 如表 4.5 最后两列所示. 这里 $t$ 的定义, 为在半无限大核物质表面附近密度从 90% 下降到 10% 的区间的厚度. 表中第 3 列是计算输入的 $a_2$, MS 的取自文献 [3.12], Skyrme 和 Tonduer 的分别取自文献 [3.48] 和 [2.22], 它们都是由非相对论性模型给出的值.

这样定出的 $m_\sigma$, 除了 SIII 的近似为 550 MeV 外, 其余都在 370 MeV 附近.

而 SIII 的 $r_0 = 1.180\,\mathrm{fm}$ 和 $K_0 = 355.5\,\mathrm{MeV}$ 都太大，$t = 0.89\,\mathrm{fm}$ 太小. 若改用 Hartree 近似求解场方程 [2.36][58][59]，$m_\sigma$ 可望提升到 $400\,\mathrm{MeV}$ 左右，仍比表 4.3 的值低很多. 不用 $a_2$ 而用 $t$ 来定 $m_\sigma$，结果甚至更差. 因为，增加表面厚度 $t$ 相当于增加力程，这会使 $m_\sigma$ 进一步减小，而使表面能 $a_2$ 增加.

看来，对于相对论性 σ-ω-ρ 平均场模型来说，为得到负的对称抗压系数 $K_s$，就得面对较小的 σ 介子质量 $m_\sigma$ 和表面厚度 $t$.

## 4.6  相对论性无规相近似：巨共振

### a. 有限核的方程

对有限核，电磁场不能忽略，在拉氏密度 (4.217) 中还要加上

$$\mathcal{L}' = -\frac{1}{4}F_{\mu\nu}F^{\mu\nu} - e\overline{\psi}\gamma_\mu A^\mu \frac{1}{2}(1+\tau_3)\psi, \tag{4.266}$$

$$F^{\mu\nu} = \partial^\mu A^\nu - \partial^\nu A^\mu, \tag{4.267}$$

其中 $A^\mu$ 为电磁场，$e$ 为基本电荷，$\tau_3$ 为同位旋矩阵. (4.266) 式第一项为自由电磁场拉氏量，第二项为与核子场的耦合. 由此可推出场的运动方程 [2.34]

$$[\gamma_\mu(\mathrm{i}\partial^\mu - g_\omega\omega^\mu - g_\rho\boldsymbol{\tau}\cdot\boldsymbol{b}^\mu) - (m_\mathrm{N} - g_\sigma\phi) - e\gamma_\mu A^\mu\frac{1}{2}(1+\tau_3)]\psi = 0, \tag{4.268}$$

$$\partial_\mu\partial^\mu\phi + m_\sigma^2\phi + g_2\phi^2 + g_3\phi^3 = g_\sigma\overline{\psi}\psi, \tag{4.269}$$

$$\partial_\mu W^{\mu\nu} + m_\omega^2\omega^\nu + c_3\omega_\mu\omega^\mu\omega^\nu = g_\omega\overline{\psi}\gamma^\nu\psi, \tag{4.270}$$

$$\partial_\mu\boldsymbol{B}^{\mu\nu} + m_\rho^2\boldsymbol{b}^\nu = g_\rho\overline{\psi}\gamma^\nu\boldsymbol{\tau}\psi, \tag{4.271}$$

$$\partial_\mu F^{\mu\nu} = e\overline{\psi}\gamma^\nu\frac{1}{2}(1+\tau_3)\psi, \tag{4.272}$$

这是一组核子与介子、光子耦合的方程，σ 介子有强度为 $g_\sigma$ 的标量源 $\overline{\psi}\psi$，ω 介子有强度为 $g_\omega$ 的矢量源 $\overline{\psi}\gamma^\nu\psi$，ρ 介子有强度为 $g_\rho$ 的矢量同位旋矢量源 $\overline{\psi}\gamma^\nu\boldsymbol{\tau}\psi$，电磁场有电荷源 $e\overline{\psi}\gamma^\nu\frac{1}{2}(1+\tau_3)\psi$.

实际运用上述耦合方程，需要做一些近似和简化. 首先是平均场近似，即介子和光子场都取平均值，约化为由上述各种场源生成的经典的平均场，而核子则成为在平均场中运动的无相互作用自由粒子. 在此近似下，核子场的 (4.268) 式约化为有平均场的单粒子 Dirac 方程，

$$(\mathrm{i}\gamma_\mu\partial^\mu - m_\mathrm{N} - V)\psi = 0, \tag{4.273}$$

$$V = -g_\sigma\phi + \gamma_\mu\left[g_\omega\omega^\mu + g_\rho\boldsymbol{\tau}\cdot\boldsymbol{b}^\mu + \frac{1}{2}(1+\tau_3)eA^\mu\right]. \tag{4.274}$$

注意物理上 $V$ 是核子与介子耦合的自能，按量子场论的习惯常记为 $\Sigma$ [2.32].

对于核结构的计算, 通常考虑定态, 平均场 $\phi$, $\omega$, $\boldsymbol{b}^\mu$ 和 $A^\mu$ 均与时间无关, $V$ 成为只依赖于空间坐标的势场. 假设体系各向同性, $\omega^\mu$ 和 $\boldsymbol{b}^\mu$ 就只有 $\omega^0$ 和 $\boldsymbol{b}^0$ 分量, 电磁场只有静电作用的 Coulomb 场 $A^0$. 实际上, 也不必考虑质子与中子的变化, 单粒子态是同位旋本征态, $\boldsymbol{\tau} \cdot \boldsymbol{b}^0$ 进一步简化为 $\tau_3 b_3^0$. 于是有

$$V = -g_\sigma\phi + \gamma_0 \left[ g_\omega\omega^0 + g_\rho\tau_3 b_3^0 + \frac{1}{2}(1+\tau_3)eA^0 \right]. \tag{4.275}$$

若 $V = V(\boldsymbol{x})$ 与时间无关, 就可设

$$\psi(x) = \varphi_k(\boldsymbol{x})\mathrm{e}^{-\mathrm{i}\epsilon_k t}, \tag{4.276}$$

把 (4.273) 式化为单粒子定态本征值方程

$$\left[ -\mathrm{i}\boldsymbol{\alpha}\cdot\nabla + \beta(m_\mathrm{N}+V) \right]\varphi_k(\boldsymbol{x}) = \epsilon_k\varphi_k(\boldsymbol{x}), \tag{4.277}$$

其中 $\boldsymbol{\alpha} = \gamma^0\boldsymbol{\gamma}$ 和 $\beta = \gamma^0$ 是 Dirac 矩阵, $\epsilon_k$ 是能量本征值, $k$ 是一组相容观测量的量子数. 同样简化 (4.269)—(4.272) 式, 可得平均场 $\phi$, $\omega^0$, $b_3^0$ 和 $A^0$ 的微分方程

$$-\nabla^2\phi + m_\sigma^2\phi + g_2\phi^2 + g_3\phi^3 = g_\sigma\rho_\mathrm{s}, \tag{4.278}$$

$$-\nabla^2\omega^0 + m_\omega^2\omega^0 + c_3(\omega^0)^3 = g_\omega\rho_\mathrm{B}, \tag{4.279}$$

$$-\nabla^2 b_3^0 + m_\rho^2 b_3^0 = g_\rho\rho_\mathrm{T}, \tag{4.280}$$

$$-\nabla^2 A^0 = \rho_\mathrm{C}, \tag{4.281}$$

其中 $\rho_\mathrm{s} = \langle\!\langle\overline{\psi}\psi\rangle\!\rangle$ 和 $\rho_\mathrm{B} = \langle\!\langle\psi^\dagger\psi\rangle\!\rangle$ 分别是核子场平均标量密度和重子数密度 (见 (2.155) 和 (2.156) 式), 而

$$\rho_\mathrm{T} = \langle\!\langle\psi^\dagger\tau_3\psi\rangle\!\rangle, \qquad \rho_\mathrm{C} = e\langle\!\langle\psi^\dagger\tfrac{1}{2}(1+\tau_3)\psi\rangle\!\rangle \tag{4.282}$$

分别是核子场平均 同位旋密度 和 电荷密度.

联立方程 (4.277)—(4.281), 求出自洽的解, 就得到平均场 $\phi$, $\omega^0$, $b_3^0$ 和 $A^0$, 以及核子的单粒子波函数 $\varphi_k$ 和能级 $\epsilon_k$. 这里关键是密度 $\rho_\mathrm{s}$, $\rho_\mathrm{B}$, $\rho_\mathrm{T}$ 和 $\rho_\mathrm{C}$ 的定义, 亦即求平均运算 $\langle\!\langle\ \rangle\!\rangle$ 的定义, 它们是解的物理条件. 把核子场 $\psi$ 按单粒子态 $\varphi_k$ 展开,

$$\psi(x) = \sum_k a_k\varphi_k(\boldsymbol{x})\mathrm{e}^{-\mathrm{i}\epsilon_k t}, \tag{4.283}$$

运算 $\langle\!\langle\ \rangle\!\rangle$ 就可表达成对单粒子态密度 $n_k = \langle\!\langle a_k^\dagger a_k\rangle\!\rangle$ 的求和. 对于基态核, Fermi 面 $k_\mathrm{F}$ 以下的单粒子态全填满, 包括负能态, 而 $k_\mathrm{F}$ 以上的 $n_k = 0$. 于是标量密度 $\rho_\mathrm{s}$ 可定义为

$$\rho_\mathrm{s} = \sum_{k<k_\mathrm{F}} \overline{\varphi}_k\varphi_k - \rho_\mathrm{s}^0, \tag{4.284}$$

其中 $\rho_s^0$ 为在重子数 $B=0$ 时相应求和的值, 称之为 真空项, 减去它就使得重子真空的标量密度为 0. 其他密度 $\rho_B$, $\rho_T$ 和 $\rho_C$ 也可类似写出.

求和包括所有负能态, 最后结果还要减去真空项, 这使得求解十分困难. 于是提出了 无海近似 (no-sea approximation) [55]: 假设对所有负能态的求和与真空项正好相消. 这相当于略去真空极化. 于是

$$\rho_s = \sum_{k=1}^{k_{\max}} c_k \overline{\varphi}_k \varphi_k, \tag{4.285}$$

其中基于物理的考虑唯象地引入权重因子 $c_k$, 从而使得单粒子态数大于核子数, $k_{\max} > A$. 其他密度 $\rho_B$, $\rho_T$ 和 $\rho_C$ 也可类似写出.

不过在 2.6 节就已经看到, 负能海和真空项, 是把介子场经典化的相对论性平均场理论无法避免的软肋. 尽管在略去负能态时可以说出各种理由 [55], 但在实际问题中就会发现无海近似并不总是成立. 相对论性的无规相近似, 在平均场基态的基础上考虑原子核的线性响应, 就发现负能态不能略去 [60][61]. 这里对此问题就不进一步深入.

图 4.9 是用一组参数计算 $^{208}$Pb 核得到的介子势场分布 [3.35]. 可以看出, σ 介子的引力势场与 ω 介子的斥力势场都很强, 二者几乎相消, 与 ρ 介子微弱的引力势场相加, 给出总的引力势场. 还可看出, 各个势场在核内基本恒定, 在边界很快趋于 0. 图 4.10 是用 NL1 计算 $^{208}$Pb 核得到的电荷分布 $\rho_C$(图中实线)[62], 可以看出与实验 (图中虚线) 符合得很好, 注意实验结果是用费米分布拟合的.

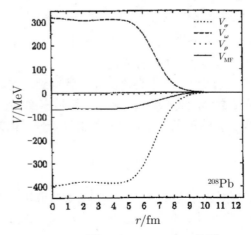

图 4.9    $^{208}$Pb 核中的介子势 [3.35]

通过这种对一些典型核的计算, 就可利用这些核的半径、电荷分布、变形参

数等几何性质，以及结合能、分离能等物理性质，把模型的参数确定下来，如表
4.3. 然后再用这样定出的参数，进一步计算其他的核，以及计算核的其他性质.

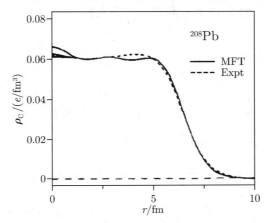

图 4.10    $^{208}$Pb 核的电荷密度分布 [62]

实际上，与有约束的非相对论 Hartree-Fock 计算 (4.197) 式类似，可以进行
有约束的相对论平均场理论计算 [63]，从而用介电定理 (4.208) 算出能量加权 $-1$
次矩 $m_{-1}$，再用 (4.210) 和 (4.109) 式算原子核的抗压系数 $K_{\rm A}$ 和单极巨共振能
$E_{\rm M}$. 同样，与非相对论的无规相近似类似，也可以在相对论平均场理论中作无
规相近似，直接计算原子核的巨共振.

这里有兴趣的，主要是核的单极巨共振，因为从它可以获得对核物质性质
特别是抗压系数的实际信息. 下面就来简略地讨论这个问题.

**b. 核内核子的传播函数**

对于有限核集体激发的巨共振，相对论平均场理论的无规相近似，物理上与
非相对论的 (4.168) 式一样，也是在基态的基础上，考虑 Fermi 面上粒子与 Fermi
面下空穴对的元激发. 元激发的能谱和分布，给出巨共振的实验观测量.

这种粒子 - 空穴对的激发，类似于量子场论中产生正反粒子对的真空激发，
其激发函数的 Feynman 图，是由正反粒子线围成的闭合圈. 不同的是，现在激
发的基础不是真空而是原子核的基态，激发的正反粒子对不是自由的而是处于
束缚态. 相应地，现在核子的 Feynman 传播子，也不再是自由核子的两点 Green
函数，而是在等效外场中的传播函数.

经典化的介子场与电磁场，等效于作用在核子上的经典外场 $V$，可把等效拉
氏密度写成

$$\mathcal{L}_{\rm eff} = \overline{\psi}({\rm i}\gamma^{\mu}\partial_{\mu} - m_{\rm N} - V)\psi, \tag{4.286}$$

于是在形式上有 [2.34]

$$S_{\mathrm{F}}^{-1} = \mathrm{i}\gamma^\mu \partial_\mu - m_{\mathrm{N}} - V, \tag{4.287}$$

其中 $S_{\mathrm{F}}$ 即在外场中的 Feynman 传播子. 由条件

$$S_{\mathrm{F}}^{-1} S_{\mathrm{F}} = S_{\mathrm{F}} S_{\mathrm{F}}^{-1} = 1, \tag{4.288}$$

可写出 $S_{\mathrm{F}}$ 满足的方程

$$(\mathrm{i}\gamma^\mu \partial_\mu - m_{\mathrm{N}} - V) S_{\mathrm{F}}(x, x')$$

$$= \gamma^0 \left[ \mathrm{i}\frac{\partial}{\partial t} + \mathrm{i}\boldsymbol{\alpha} \cdot \nabla - \beta(m_{\mathrm{N}} + V) \right] S_{\mathrm{F}}(x, x') = \delta(x - x'), \tag{4.289}$$

$$S_{\mathrm{F}}(x, x')(-\mathrm{i}\overleftarrow{\partial}'_\mu \gamma^\mu - m_{\mathrm{N}} - V)$$

$$= S_{\mathrm{F}}(x, x') \left[ -\mathrm{i}\frac{\overleftarrow{\partial}}{\partial t'} + \mathrm{i}\overleftarrow{\nabla}' \cdot \boldsymbol{\alpha} - (m_{\mathrm{N}} + V)\beta \right] \gamma^0 = \delta(x - x'), \tag{4.290}$$

其中 $\overleftarrow{\partial}_\mu(\overleftarrow{\partial}_0, \overleftarrow{\nabla})$ 作用于左近邻函数, $\delta(x - x') = \delta(t - t')\delta(\boldsymbol{x} - \boldsymbol{x}')$ 是四维 $\delta$ 函数. 上述二式, 即在外场中有点源的 Dirac 方程及其共轭方程. 在其中代入

$$S_{\mathrm{F}}(x, x') = \int_{-\infty}^{\infty} \frac{\mathrm{d}\omega}{2\pi} \mathrm{e}^{-\mathrm{i}\omega(t - t')} S_{\mathrm{F}}(\boldsymbol{x}, \boldsymbol{x}'; \omega), \tag{4.291}$$

即得 $S_{\mathrm{F}}(\boldsymbol{x}, \boldsymbol{x}'; \omega)$ 的方程

$$\gamma^0 \left[ \omega + \mathrm{i}\boldsymbol{\alpha} \cdot \nabla - \beta(m_{\mathrm{N}} + V) \right] S_{\mathrm{F}}(\boldsymbol{x}, \boldsymbol{x}'; \omega) = \delta(\boldsymbol{x} - \boldsymbol{x}'), \tag{4.292}$$

$$S_{\mathrm{F}}(\boldsymbol{x}, \boldsymbol{x}'; \omega) \left[ \omega + \mathrm{i}\overleftarrow{\nabla}' \cdot \boldsymbol{\alpha} - (m_{\mathrm{N}} + V)\beta \right] \gamma^0 = \delta(\boldsymbol{x} - \boldsymbol{x}'). \tag{4.293}$$

与之相应的定态 Dirac 方程, 是 (4.277) 式及其共轭

$$\overline{\varphi}_k \left[ -\mathrm{i}\overleftarrow{\nabla} \cdot \boldsymbol{\alpha} + (m_{\mathrm{N}} + V)\beta \right] = \epsilon_k \overline{\varphi}_k, \tag{4.294}$$

其中 $\overline{\varphi}_k = \varphi_k^\dagger \gamma^0$ 是旋量 $\varphi_k$ 的 Dirac 共轭. 为了区分正能解与负能解, 可在能量本征值上加副标 $\pm$, 用 $u_k$ 表示正能解 $\epsilon_k^+ > 0$ 的波函数, $v_k$ 表示负能解 $\epsilon_k^- < 0$ 的波函数. 于是, 单粒子定态 $\{\varphi_k\} = \{u_k, v_k\}$ 的完备性可写成

$$\sum_k \left[ u_k(\boldsymbol{x}) u_k^\dagger(\boldsymbol{x}') + v_k(\boldsymbol{x}) v_k^\dagger(\boldsymbol{x}') \right] = \sum_k \left[ \langle \boldsymbol{x} | \epsilon_k^+ \rangle \langle \epsilon_k^+ | \boldsymbol{x}' \rangle + \langle \boldsymbol{x} | \epsilon_k^- \rangle \langle \epsilon_k^- | \boldsymbol{x}' \rangle \right]$$

$$= \langle \boldsymbol{x} | \left( \sum_k | \epsilon_k^+ \rangle \langle \epsilon_k^+ | + | \epsilon_k^- \rangle \langle \epsilon_k^- | \right) | \boldsymbol{x}' \rangle = \langle \boldsymbol{x} | \boldsymbol{x}' \rangle = \delta(\boldsymbol{x} - \boldsymbol{x}'). \tag{4.295}$$

由此可以看出, 方程 (4.292) 与 (4.293) 式的解为

$$S_{\mathrm{F}}(\boldsymbol{x}, \boldsymbol{x}'; \omega) = \sum_k \left[ \frac{u_k(\boldsymbol{x}) \overline{u}_k(\boldsymbol{x}')}{\omega - \epsilon_k^+ + \mathrm{i}\varepsilon} + \frac{v_k(\boldsymbol{x}) \overline{v}_k(\boldsymbol{x}')}{\omega - \epsilon_k^- - \mathrm{i}\varepsilon} \right], \tag{4.296}$$

注意无限小量 $\mathrm{i}\varepsilon$ 使正负奇点 $\epsilon_k^\pm \mp \mathrm{i}\varepsilon$ 分处 $\omega$ 实轴的两边. 这是避开奇点使积分 (4.291) 式收敛的技巧, 可参阅量子场论中的 Wick 转动 [2.34]. 复杂的是, 这里不

是自由粒子, 而且有负能态.

(4.296) 式给出 Feynman 传播子按定态 Dirac 方程解的 谱分解 (spectral decomposition), 求和遍及能谱所有可能态. 这表示粒子可在所有可能态间传播, $S_{\rm F}$ 是平均场中准自由粒子的 Feynman 传播子. 但是, 即便略去粒子间的剩余相互作用, 粒子也不完全自由. 因为 Pauli 原理排除了 Fermi 面下已被占据的正能态, 粒子不能进入. 考虑这种 Pauli 阻塞 (Pauli blocking) 的物理, 可把核内核子的传播子写成

$$S(x, x') = \int_{-\infty}^{\infty} \frac{{\rm d}\omega}{2\pi} {\rm e}^{-{\rm i}\omega(t-t')} S(\boldsymbol{x}, \boldsymbol{x}'; \omega), \tag{4.297}$$

$$S(\boldsymbol{x}, \boldsymbol{x}'; \omega) = S_{\rm F}(\boldsymbol{x}, \boldsymbol{x}'; \omega) + S_{\rm D}(\boldsymbol{x}, \boldsymbol{x}'; \omega), \tag{4.298}$$

$$S_{\rm D}(\boldsymbol{x}, \boldsymbol{x}'; \omega) = \sum_{k<k_{\rm F}} \left[ \frac{u_k(\boldsymbol{x})\overline{u}_k(\boldsymbol{x}')}{\omega - \epsilon_k^+ - {\rm i}\varepsilon} - \frac{u_k(\boldsymbol{x})\overline{u}_k(\boldsymbol{x}')}{\omega - \epsilon_k^+ + {\rm i}\varepsilon} \right]$$
$$= 2\pi{\rm i} \sum_{k<k_{\rm F}} u_k(\boldsymbol{x})\overline{u}_k(\boldsymbol{x}')\delta(\omega - \epsilon_k^+), \tag{4.299}$$

其中 $S_{\rm D}(\boldsymbol{x}, \boldsymbol{x}'; \omega)$ 的求和限制在 Fermi 面下的正能态. 这一项的作用, 是把与 Fermi 面下正能态对应的奇点从 $\omega$ 实轴下方移到上方, 从而是逆时间传播的空穴态, 如图 4.11 所示. 换言之, $S_{\rm D}$ 考虑核中有核子分布, 填满了 Fermi 海, 不是真空. 对 Feynman 传播子的这一修正, 称为传播子的 密度相关项.

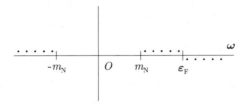

图 4.11  核内核子传播子的能谱示意

上述根据 Pauli 阻塞引入密度相关项的结果, 也可从传播子的下述定义 [2.34] 直接得到,

$$S(x, x') = -{\rm i}G(x, x') = -{\rm i}\langle 0|\mathcal{T}\psi(x)\overline{\psi}(x')|0\rangle, \tag{4.300}$$

其中 $|0\rangle$ 为原子核基态, $\mathcal{T}$ 为时序算符. 求上式的 Fourier 变换 $S(\boldsymbol{x}, \boldsymbol{x}'; \omega)$, 在其中代入按能谱展开的 (4.283) 式, 考虑到 $|0\rangle$ 是 Fermi 面下填满核子的态, 就可得到 (4.298) 式 [64].

传播子的上述谱分解表示, 虽然物理清晰, 但含人为的截断. 一个替代的做法是, 不利用定态 Dirac 方程 (4.277) 及其共轭方程 (4.294) 的本征值解, 而直接

求解非线性 Dirac 方程 (4.292) 与 (4.293). 这时 $\omega$ 可为复数, 不是能谱, 故称为非能谱做法 (nonspectral approach).

考虑球对称的情形, $V = V(r)$, 把 (4.275) 式简写为

$$V = V_{\mathrm{s}} + \gamma^0 V_{\mathrm{v}}, \tag{4.301}$$

$$V_{\mathrm{s}} = -g_\sigma \phi, \qquad V_{\mathrm{v}} = \left[ g_\omega \omega^0 + g_\rho \tau_3 b_3^0 + \frac{1}{2}(1 + \tau_3) e A^0 \right], \tag{4.302}$$

并设

$$m_{\mathrm{N}}^* = m_{\mathrm{N}} + V_{\mathrm{s}}, \qquad \omega^* = \omega - V_{\mathrm{v}}, \tag{4.303}$$

就可把 (4.292) 与 (4.293) 式改写成

$$\gamma^0 \big( \omega^* + \mathrm{i}\boldsymbol{\alpha} \cdot \nabla - \beta m_{\mathrm{N}}^* \big) S_{\mathrm{F}}(\boldsymbol{x}, \boldsymbol{x}'; \omega) = \delta(\boldsymbol{x} - \boldsymbol{x}'), \tag{4.304}$$

$$S_{\mathrm{F}}(\boldsymbol{x}, \boldsymbol{x}'; \omega) \big( \omega^* + \mathrm{i}\overleftarrow{\nabla}' \cdot \boldsymbol{\alpha} - m_{\mathrm{N}}^* \beta \big) \gamma^0 = \delta(\boldsymbol{x} - \boldsymbol{x}'). \tag{4.305}$$

写在球坐标 $(r, \theta, \phi)$ 中, 有 [7]

$$\big( \omega^* + \mathrm{i}\boldsymbol{\alpha} \cdot \nabla - \beta m_{\mathrm{N}}^* \big) \varphi = \left[ \mathrm{i}\alpha_r \Big( \frac{\partial}{\partial r} + \frac{1}{r} - \frac{\boldsymbol{j}^2 - \boldsymbol{l}^2 + 1/4}{r} \Big) + \omega^* - \beta m_{\mathrm{N}}^* \right] \varphi, \tag{4.306}$$

其中 $\alpha_r = \boldsymbol{\alpha} \cdot \boldsymbol{r}/r$, $\boldsymbol{j} = \boldsymbol{l} + \boldsymbol{s}$, 而 $\boldsymbol{l}$ 和 $\boldsymbol{s}$ 分别为轨道和自旋角动量算符. 由于球对称, $\varphi(r, \theta, \phi)$ 的径向部分可分离出来, 角度部分可用角动量本征函数 $\mathcal{Y}_{ljm}$ 展开,

$$\mathcal{Y}_{\kappa m}(\theta, \phi) = \langle \phi\theta | ljm \rangle = \langle \phi\theta | \kappa m \rangle, \tag{4.307}$$

其中 $|ljm\rangle$ 是 $\boldsymbol{l}^2, \boldsymbol{j}^2, j_z$ 的共同本征态, 量子数为 $(l, j, m)$, $\kappa$ 可正可负, 其定义为

$$j = |\kappa| - \frac{1}{2}, \qquad l = \left\{ \begin{array}{ll} +\kappa, & \kappa > 0, \\ -\kappa - 1, & \kappa < 0. \end{array} \right. \tag{4.308}$$

另外, 由于球对称, $\varphi(r, \theta, \phi)$ 有确定的宇称. 旋量空间宇称算符 $\gamma^0$ 会改变上下分量的相对宇称, 所以上下分量的轨道量子数应差 $\pm 1$. 可写出

$$\varphi_{\kappa m}(r, \theta, \phi) = \frac{1}{r} \left( \begin{array}{c} f(r)\mathcal{Y}_{+\kappa m} \\ \mathrm{i}g(r)\mathcal{Y}_{-\kappa m} \end{array} \right), \tag{4.309}$$

注意其中 $f(r)$ 和 $g(r)$ 是待定函数. 于是, 可把传播子 $S_{\mathrm{F}}(\boldsymbol{x}, \boldsymbol{x}'; \omega)$ 展开为

$$\begin{aligned} S_{\mathrm{F}}(\boldsymbol{x}, \boldsymbol{x}'; \omega) &= \sum_{\kappa m} \varphi_{\kappa m}(r, \theta, \phi) \varphi_{\kappa m}^\dagger(r', \theta', \phi') \\ &= \frac{1}{rr'} \sum_{\kappa m} \left( \begin{array}{c} f(r)\mathcal{Y}_{+\kappa m} \\ \mathrm{i}g(r)\mathcal{Y}_{-\kappa m} \end{array} \right) \left( f^*(r')\mathcal{Y}_{+\kappa m}'^\dagger \quad -\mathrm{i}g^*(r')\mathcal{Y}_{-\kappa m}'^\dagger \right) \\ &= \frac{1}{rr'} \sum_{\kappa m} \left( \begin{array}{cc} s_{11}^\kappa \mathcal{Y}_{+\kappa m}\mathcal{Y}_{+\kappa m}'^\dagger & -\mathrm{i}s_{12}^\kappa \mathcal{Y}_{+\kappa m}\mathcal{Y}_{-\kappa m}'^\dagger \\ \mathrm{i}s_{21}^\kappa \mathcal{Y}_{-\kappa m}\mathcal{Y}_{+\kappa m}'^\dagger & s_{22}^\kappa \mathcal{Y}_{-\kappa m}\mathcal{Y}_{-\kappa m}'^\dagger \end{array} \right), \tag{4.310} \end{aligned}$$

其中

$$\mathcal{Y}_{\kappa m}^{\prime\dagger} = \langle m\kappa|\theta'\phi'\rangle, \qquad s_{ij}^{\kappa} = s_{ij}^{\kappa}(r,r';\omega). \tag{4.311}$$

把 (4.310) 式代入方程 (4.304)，可得 $s_{ij}^{\kappa}$ 的微分方程 [65]

$$\begin{pmatrix} \omega^* - m_{\mathrm{N}}^* & \dfrac{\partial}{\partial r} - \dfrac{\kappa^*}{r} \\ \dfrac{\partial}{\partial r} + \dfrac{\kappa^*}{r} & -\omega^* - m_{\mathrm{N}}^* \end{pmatrix} \begin{pmatrix} s_{11}^{\kappa} & s_{12}^{\kappa} \\ s_{21}^{\kappa} & s_{22}^{\kappa} \end{pmatrix} = \delta(r - r'). \tag{4.312}$$

非能谱做法除没有人为截断外，还对正能与负能谱二者均严格处理，从而自动包含了负能态对响应的贡献。在原则上，仅仅考虑正能态是不完备的。需要强调，为了保持矢量流守恒，用于计算传播子与计算原子核基态的平均场必须相同 [65]。

### c. 核子 - 空穴对的极化函数

原子核巨共振对核子的作用，相当于一种等效外场。无规相近似考虑的核子 - 空穴对，就是此等效外场引起的 原子核极化 (nuclear polarization)。与量子电动力学中产生虚正负电子对的真空极化类似，原子核极化的 2 阶 Feynman 图如图 4.12 所示。比正负电子对复杂的是，这里有几种介子场，还要考虑原子核变形的影响，引起极化的物理并不单纯，相应顶点的性质与强度不同。

图 4.12　等效外场中原子核粒子 - 空穴极化的 2 阶 Feynman 图

按照 Feynman 规则，图中闭合圈的贡献是

$$\mathrm{i}\Pi^{PQ}(x,x') = \mathrm{tr}\left[\Gamma^P S(x,x')\Gamma^Q S(x',x)\right], \tag{4.313}$$

$\Pi^{PQ}(x,x')$ 就是时空坐标表象的极化函数，它给出在 $x$ 与 $x'$ 之间激发的核子 - 空穴对引起的极化振幅，其中 $\Gamma$ 与顶点性质有关，亦即与源 $P,Q$ 的性质有关。从 (4.217) 式第一行可看出， $\sigma$、$\omega$、$\rho$ 介子的 $\Gamma$ 分别为 $\mathrm{i}g_\sigma$，$-\mathrm{i}g_\omega\gamma^\mu$，$-\mathrm{i}g_\rho\gamma^\mu\tau_3$，而从 (4.266) 式第二项可看出， Coulomb 场光子的 $\Gamma = -\mathrm{i}e\gamma^0\frac{1}{2}(1+\tau_3)$。一般来说，根据所考虑的物理模型，有

$$\Gamma \sim 1, \gamma^5, \gamma^\mu, \gamma^5\gamma^\mu, \sigma^{\mu\nu}, \qquad \overline{\Gamma} = \gamma^0\Gamma^\dagger\gamma^0 = \Gamma. \tag{4.314}$$

与 (4.313) 式等价地， $\Pi^{PQ}(x,x')$ 也可定义为 [2.34]

$$\mathrm{i}\Pi^{PQ}(x,x') = \langle 0|\mathcal{T}J^P(x)J^Q(x')|0\rangle, \tag{4.315}$$

其中 $J(x)$ 为单粒子流,

$$J(x) = \overline{\psi}(x)\Gamma\psi(x). \tag{4.316}$$

把 $\Pi(x,x')$ 写成 $\Pi(\boldsymbol{x},\boldsymbol{x}';\tau)$, 其中 $\tau = t - t'$, 就有

$$\Pi^{PQ}(\boldsymbol{x},\boldsymbol{x}';\omega) = \int_{-\infty}^{+\infty} d\tau e^{i\omega\tau} \Pi^{PQ}(\boldsymbol{x},\boldsymbol{x}';\tau)$$

$$= -i \int_{-\infty}^{+\infty} \frac{d\omega'}{2\pi} \text{tr} \left[ \Gamma^P S(\boldsymbol{x},\boldsymbol{x}';\omega+\omega') \Gamma^Q S(\boldsymbol{x}',\boldsymbol{x};\omega') \right]. \tag{4.317}$$

这就是坐标 - 能量表象的极化函数, 它给出在 $\boldsymbol{x}$ 与 $\boldsymbol{x}'$ 之间激发能为 $\omega$ 的核子 - 空穴对引起的极化振幅. 动量 - 能量表象的极化函数可定义为 [66]

$$\Pi^{PQ}(\boldsymbol{k},\boldsymbol{k}';\omega) = i \int d^3\boldsymbol{x} d^3\boldsymbol{x}' e^{-i\boldsymbol{k}\cdot\boldsymbol{x}+i\boldsymbol{k}'\cdot\boldsymbol{x}'} \Pi^{PQ}(\boldsymbol{x},\boldsymbol{x}';\omega), \tag{4.318}$$

由此即给出原子核的响应函数

$$R^{PQ}(\boldsymbol{k},\omega) = \frac{1}{\pi} \text{Im} \Pi^{PQ}(\boldsymbol{k},\boldsymbol{k};\omega). \tag{4.319}$$

以上对极化函数的讨论, 基于单圈图 4.12, 是平均场近似的结果. 计入剩余相互作用, 还要考虑在核子圈图间由介子传播线连接的高阶图, 如图 4.13 所示.

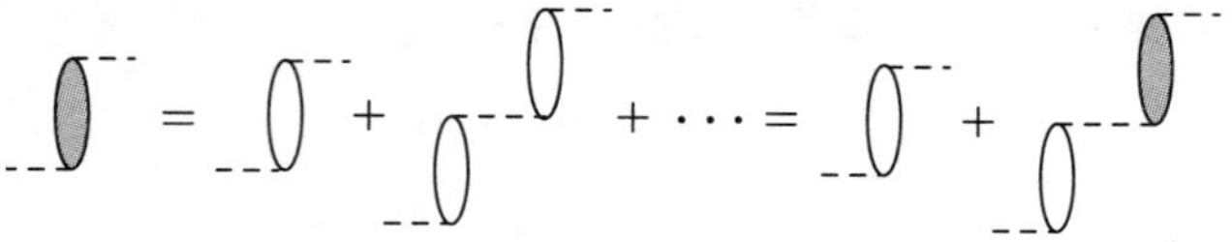

图 4.13   无规相近似极化函数 $\Pi^{PQ}(\boldsymbol{k},\boldsymbol{k}';\omega)$ 的 Feynman 图

上图表示的无规相近似极化函数 $\Pi^{PQ}(\boldsymbol{k},\boldsymbol{k}';\omega)$, 满足下述 Dyson 积分方程,

$$\Pi^{PQ}(\boldsymbol{k},\boldsymbol{k}';\omega) = \Pi_0^{PQ}(\boldsymbol{k},\boldsymbol{k}';\omega)$$

$$+ \int \frac{d^3\boldsymbol{q}}{(2\pi)^3} \frac{d^3\boldsymbol{q}'}{(2\pi)^3} \Pi_0^{PR}(\boldsymbol{k},\boldsymbol{q};\omega) V_{RS}(\boldsymbol{q},\boldsymbol{q}';\omega) \Pi^{SQ}(\boldsymbol{k},\boldsymbol{k}';\omega), \tag{4.320}$$

其中 $\Pi_0^{PQ}(\boldsymbol{k},\boldsymbol{k}';\omega)$ 是 (4.317) 与 (4.318) 式给出的无微扰极化函数, $V_{RS}(\boldsymbol{q},\boldsymbol{q}';\omega)$ 是由各种介子的 Feynman 传播子构成的剩余相互作用. 这里采用爱因斯坦约定, 对相同的上下标求和, 对 $R$ 和 $S$ 的求和遍历 (4.314) 式中各种可能的相互作用顶点.

σ 介子场本身的拉氏密度, 即 (4.217) 式第二行, 可写成

$$\mathcal{L}_\sigma = \frac{1}{2}(\partial_\mu\phi\partial^\mu\phi - m_\sigma^2\phi^2) - U(\phi), \tag{4.321}$$

$$U(\phi) = \frac{1}{3}g_2\phi^3 + \frac{1}{4}g_3\phi^4. \tag{4.322}$$

考虑平均场基础上的剩余相互作用, 可以用 $\phi_0$ 表示平均场, 把上述公式中的 $\phi$ 换成 $\phi_0 + \phi$, 现在 $\phi$ 是在平均场基础上的微小起伏. 把非线性项 $U(\phi)$ 在 $\phi_0$ 点展开, 只保留到 $\phi$ 的二次项, 并注意常数项、四维散度项和 $\phi$ 的一次项对场的运动方程无贡献, 就有

$$\mathcal{L}_\sigma = -\frac{1}{2}\phi\big[\partial_\mu\partial^\mu + m_\sigma^2 + U''(\phi_0)\big]\phi, \tag{4.323}$$

于是 Feynman 传播子 $\Delta_{\mathrm{F}}$ 为 [2.34]

$$\Delta_{\mathrm{F}} = -\big[\partial_\mu\partial^\mu + m_\sigma^2 + U''(\phi_0) - \mathrm{i}\varepsilon\big]^{-1}. \tag{4.324}$$

由 $\Delta_{\mathrm{F}}^{-1}\Delta_{\mathrm{F}} = \Delta_{\mathrm{F}}\Delta_{\mathrm{F}}^{-1} = 1$, 可写出 $\Delta_{\mathrm{F}}$ 满足的方程

$$\big[\partial_\mu\partial^\mu + m_\sigma^2 + U''(\phi_0) - \mathrm{i}\varepsilon\big]\Delta_{\mathrm{F}}(x,x') = -\delta(x-x'), \tag{4.325}$$

$$\Delta_{\mathrm{F}}(x,x')\big[\overleftarrow{\partial}'_\mu\overleftarrow{\partial}'^\mu + m_\sigma^2 + U''(\phi_0') - \mathrm{i}\varepsilon\big] = -\delta(x-x'), \tag{4.326}$$

注意其中 $\phi_0 = \phi_0(\boldsymbol{x})$, $\phi_0' = \phi_0(\boldsymbol{x}')$, 分别是空间坐标 $\boldsymbol{x}$ 和 $\boldsymbol{x}'$ 的函数.

若无非线性项, $U(\phi) = 0$, 这时有时空平移不变性, $\Delta_{\mathrm{F}}(x,x') = \Delta_{\mathrm{F}}(x-x')$,

$$\Delta(x-x') = \int\frac{\mathrm{d}^4 k}{(2\pi)^4}\Delta_{\mathrm{F}}(k)\mathrm{e}^{-\mathrm{i}k_\mu(x^\mu - x'^\mu)}, \tag{4.327}$$

动量空间传播子为

$$\Delta_{\mathrm{F}}(k) = \frac{1}{\omega^2 - \boldsymbol{k}^2 - m_\sigma^2 + \mathrm{i}\varepsilon}. \tag{4.328}$$

考虑非线性项, $U(\phi_0)$ 是空间坐标的函数, 传播子与空间位置有关, 解就没有这么简单. 这时仍有时间平移不变性, $\Delta_{\mathrm{F}}(x,x') = \Delta_{\mathrm{F}}(\boldsymbol{x},\boldsymbol{x}'; t-t')$,

$$\Delta_{\mathrm{F}}(\boldsymbol{x},\boldsymbol{x}'; t-t') = \int\frac{\mathrm{d}\omega}{2\pi}\frac{\mathrm{d}^3\boldsymbol{k}}{(2\pi)^3}\frac{\mathrm{d}^3\boldsymbol{k}'}{(2\pi)^3}\Delta_{\mathrm{F}}(\boldsymbol{k},\boldsymbol{k}';\omega)\mathrm{e}^{-\mathrm{i}\omega(t-t')+\mathrm{i}\boldsymbol{k}\cdot\boldsymbol{x}-\mathrm{i}\boldsymbol{k}'\cdot\boldsymbol{x}'}, \tag{4.329}$$

动量空间传播子 $\Delta_{\mathrm{F}}(\boldsymbol{k},\boldsymbol{k}';\omega)$ 依赖于初末动量 $\boldsymbol{k}$ 与 $\boldsymbol{k}'$, 满足马中玉等最先得到的积分方程 [61][67],

$$\big(\omega^2 - \boldsymbol{k}^2 - m_\sigma^2 + \mathrm{i}\varepsilon\big)\Delta_{\mathrm{F}}(\boldsymbol{k},\boldsymbol{k}';\omega) - \int\frac{\mathrm{d}^3\boldsymbol{k}''}{(2\pi)^3}S(\boldsymbol{k}-\boldsymbol{k}'')\Delta_{\mathrm{F}}(\boldsymbol{k}'',\boldsymbol{k}';\omega) = (2\pi)^3\delta(\boldsymbol{k}-\boldsymbol{k}'), \tag{4.330}$$

其中

$$S(\boldsymbol{k}-\boldsymbol{k}') = \int\mathrm{d}^3\boldsymbol{x}\, U''(\phi_0(\boldsymbol{x}))\mathrm{e}^{-\mathrm{i}(\boldsymbol{k}-\boldsymbol{k}')\cdot\boldsymbol{x}} \tag{4.331}$$

描述在传播过程中介子自相互作用引起的传播子动量的改变. 上述公式表明, 由于存在自相互作用, 介子传播子在动量空间遵从非定域的积分关系. 没有自相互作用时, (4.330) 式约化为通常的简单结果 (4.328),

$$\int\frac{\mathrm{d}^3\boldsymbol{k}'}{(2\pi)^3}\Delta_{\mathrm{F}}(\boldsymbol{k},\boldsymbol{k}';\omega) = \frac{1}{\omega^2 - \boldsymbol{k}^2 - m_\sigma^2 + \mathrm{i}\varepsilon} = \Delta_{\mathrm{F}}(\boldsymbol{k},\omega). \tag{4.332}$$

$\omega$ 和 $\rho$ 介子传播子的情形可以类似地讨论, 这里就不具体给出.

　　具体的计算, 有许多精细的技巧和考虑 [67], 这里就不深入. 对于球形核的单极巨共振, 只需考虑纵向响应, $P = Q \propto r^2 Y_{00} \gamma^0$, Piekarewicz 算得的结果如图 4.14 所示 [65]. 左图为 $^{90}$Zr, 右图为 $^{208}$Pb, 可以看出, 参数 NLC 算得的结果与实验接近, NLB 和 L-HS 都与实验相去甚远. 这就排除了比 $K_0 \approx 200$MeV 高得多的那些参数. 注意这里的 L-HS (见表 4.3) 即文献 [65] 中的 L2.

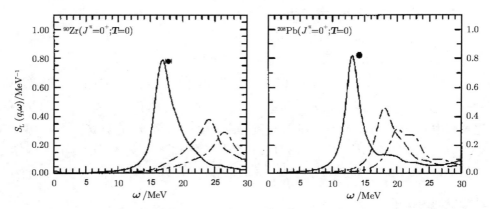

图 4.14 　单极巨共振: 实线 NLC, 虚线 NLB, 点划线 L-HS, 圆点为实验值 [65]

　　总的来说, 要想对核物质性质特别是抗压系数提供明确和可接受的结果, 相对论性平均场模型还有许多工作要做. 有限核与核物质的相对论性场论模型, 是一个十分活跃和有着巨大机会的前沿领域.

## 参 考 文 献

[1] D.H. Youngblood, C.M. Rozsa, J.M. Moss, D.R. Brown, and J.D. Bronson, *Phys. Rev. Lett.* **39** (1977) 1188.

[2] 丁大钊, 陈永寿, 张焕乔, *原子核物理进展*, 上海科学技术出版社, 1997.

[3] E. Merzbacher, *Quantum Mechanics*, John Wiley & Sons, Inc., 1961.

[4] D.H. Youngblood, H.L. Clark and Y.-W. Lui, *Nucl. Phys.* **A 649** (1999) 49c.

[5] F. Bertrand, *Nucl. Phys.* **A 354** (1981) 129c.

[6] 吴崇试, *数学物理方法* (第二版), 北京大学出版社, 2003.

[7] 王正行, *量子力学原理* (第二版), 北京大学出版社, 2008.

[8] J. Eisenberg and W. Greiner, *Nuclear Theory,* Vol. 1: *Nuclear Models*, North-Holland, Amsterdam, 1970.

[9] J. Treiner, H. Krivine, O. Bohigas and J. Martorell, *Nucl. Phys.* **A371** (1981) 253.

[10] R.C. Nayak, J.M. Pearson, M. Farine, P. Gleissl and M. Brack, *Nucl. Phys.* **A 516**

(1990) 62.

[11] W.D. Myers, W.J. Świątecki, *Nucl. Phys.* **A 587** (1995) 92.

[12] C.S. Wang, K.C. Chung, and A.J. Santiago, *Phys. Rev.* **C 55** (1997) 2844.

[13] H.F. Boersma, R. Malfliet, and O. Scholten, *Phys. Lett.* **B 269** (1991) 1.

[14] J.C. Slater, *Quantum Theory of Atomic Structure*, Vol.II, McGraw-Hill, New York, 1960.

[15] Chen Nanxian, *Möbius Inversion in Physics*, World Scientific, 2010.

[16] O. Bohigas, A.M. Lane, and J. Martorell, *Phys. Reports* **51** (1979) 267.

[17] R.A. Ferrell, *Phys. Rev.* **107** (1957) 1631.

[18] 李国强, 徐躬耦, 高能物理与核物理 **13** (1989) 642.

[19] D. Bohm and D. Pines, *Phys. Rev.* **92** (1953) 609.

[20] G.M. Ferentz, M. Gell-Mann, and D. Pines, *Phys. Rev.* **92** (1953) 836.

[21] I. Tamm, *J. Phys.* (U.S.S.R.) **9** (1945) 449.

[22] S.M. Dancoff, *Phys. Rev.* **78** (1950) 382.

[23] H. Goldstein, *Classical Mechanics*, Addison-Wesley, Cambridge 42, MA. 1980.

[24] J.P. Blaizot and D. Gogny, *Nucl. Phys.* **A 284** (1977) 429.

[25] J. Dechargé and D. Gogny, *Phys. Rev.* **C 21** (1980) 1568.

[26] P. Gleissl, M. Brack, J. Meyer and P. Quentin, *Ann. Phys.* **197** (1990) 205.

[27] G. Duhamel, M. Buenerd, P. de Saintignon, J. Chauvin, D. Lebrun, Ph. Martin, and G. Perrin, *Phys. Rev.* **C 38** (1988) 2509.

[28] H.J. Lu, S. Brandenberg, R. De Leo, M.N. Harakeh, T.D. Poelhekken, and A. van der Woude, *Phys. Rev.* **C 33** (1986) 1116.

[29] S. Brandenburg, R. De Leo, A.G. Drentje, M.N. Harakeh, H. Sakai, and A. van der Woude, *Phys. Lett.* **130 B** (1983) 9.

[30] M.M. Sharma, W.T.A. Borghols, S. Brandenburg, S. Crona, A. van der Woude, and M.N. Harakeh, *Phys. Rev.* **C 38** (1988) 2562.

[31] M. Buenerd, in *Proc. Int. Symp. on Highly excited states and nuclear structure*, Orsay, France,1983; *J. de Phys. Colloq.* **45** (1984) C4-115.

[32] D.H. Youngblood, H.L. Clark, and Y.-W. Lui, *Phys. Rev. Lett.* **82** (1999) 691.

[33] J.-P. Blaizot, *Nucl. Phys.* **A 649** (1999) 61c.

[34] I. Hamamoto, H. Sagawa, and X.Z. Zhang, *Phys. Rev.* **C 56** (1997) 3121.

[35] G. Coló, N. Van Giai, J. Meyer, K. Bennaceur, and P. Bonche, *Phys. Rev.* **C 70** (2004) 024307.

[36] Hiroyuki Sagawa, Satoshi Yoshida, Guo-Mo Zeng, Jian-Zhong Gu, and Xi-Zhen Zhang, *Phys. Rev.* **C 76** (2007) 034327.

[37] H.P. Morsch, M. Rogge, P. Turek, and C. Mayer-Böricke, *Phys. Rev. Lett.* **45** (1980)

337.

[38] T.S. Dumutrescu and F.E. Serr, *Phys. Rev.* **C 27** (1983) 811.

[39] H.L. Clark, Y.-W. Lui, and D.H. Youngblood, *Phys. Rev.* **C 63** (2001) 031301.

[40] I. Hamamoto, H. Sagawa, and X.Z. Zhang, *Phys. Rev.* **C 57** (1998) R1064.

[41] G. Coló and Nguyen Van Giai, *Nucl. Phys.* **A 731** (2004) 15.

[42] K.C. Chung, C.S. Wang, A.J. Santiago, and J.W. Zhang, *Eur. Phys. J.* **A 9** (2000) 453.

[43] C.J. Horowitz and B.D. Serot, *Nucl. Phys.* **A 368** (1981) 503.

[44] S-J. Lee, J. Fink, A.B. Balantekin, M.R. Strayer, A.S. Umar, P-G. Reinhard, J.A. Maruhn and W. Greiner, *Phys. Rev. Lett.* **57** (1986) 2916; **59**, (1986) 1171.

[45] M. Rufa, P-G. Reinhard, J. Maruhn, W. Greiner, and M.R. Strayer, *Phys. Rev.* **C 35** (1988) 390.

[46] P-G. Reinhard, M. Rufa, J. Maruhn, W. Greiner, and J. Friedrich, *Z. Phys.* **A 323** (1986) 13.

[47] J. Fink, S-J. Lee, A.S. Umar, M.R. Strayer, J.A. Maruhn, W. Greiner, and P-G. Reinhard, ORNL Preprint, 1988.

[48] G.A. Lalazissis, J. König, and P. Ring, *Phys. Rev.* **C 55** (1997) 540.

[49] B.D. Serot, *Rep. Prog. Phys.* **55** (1992) 1855.

[50] A. Boussy, S. Marcos, and J.F. Mathiot, *Nucl. Phys.* **A 415** (1984) 497.

[51] A. Boussy, S. Marcos, and Pham van Thieu, *Nucl. Phys.* **A 422** (1984) 541.

[52] M. Rashdan, *Phys. Lett.* **B 395** (1997) 141.

[53] M.M. Sharma, M.A. Nagarajan, and P. Ring, *Phys. Lett.* **B 312** (1993) 377.

[54] Y. Sugahara and H. Toki, *Nucl. Phys.* **A 579** (1994) 557.

[55] P.-G. Reinhard, *Rep. Prog. Phys.* **52** (1989) 439.

[56] K.C. Chung, C.S. Wang, A.J. Santiago, and J.W. Zhang, *Eur. Phys. J.* **A 12** (2001) 161.

[57] R.J. Furnstahl, B.D. Serot, and H.B. Tang, *Nucl. Phys.* **A 598** (1996) 539.

[58] W. Stocker and M.M. Sharma, *Z. Phys.* **A 339** (1991) 147.

[59] M. Centelles and X. Viñas, *Nucl. Phys.* **A 563** (1993) 173.

[60] J.F. Dawson and R.J. Furnstahl, *Phys. Rev.* **C 42** (1990) 2009.

[61] Zhongyu Ma, Nguyen Van Giai, and Hiroshi Toki, *Phys. Rev.* **C 55** (1997) 2385.

[62] P. Ring, *Prog. Part. Nucl. Phys.* **37** (1996) 193.

[63] YANG Ding(杨丁), CAO Li-Gang(曹李刚), and MA Zhong-Yu(马中玉), *Chin. Phys. Lett.* **20** (2009.No.2) 022101.

[64] M. L'Huillier and Nguyen Van Giai, *Phys. Rev.* **C 39** (1989) 2022.

[65] J. Piekarewicz, *Phys. Rev.* **C 64** (2001) 024307.

[66] A.L. Fetter and J.D. Walecka, *Quantum Theory of Many-Particle Systems*, McGraw-Hill, New York, 1971.

[67] YANG Ding(杨丁), CAO Li-Gang(曹李刚), and MA Zhong-Yu(马中玉), *Commun. Theor. Phys.* (Beijing) **53** (2010) 716, 723.

# 5    核碰撞中的核物质

前两章讨论的基础是基态和集体激发态的中低能核实验, 只涉及正常密度 $\rho_0$ 附近的核物质. 本章讨论的基础是高能核碰撞实验, 主要是相对论性重离子碰撞和高能核子与重核的碰撞. 在这类高能碰撞中, 核物质先经受巨大的压缩, 密度达到正常密度的数倍甚至更高, 温度也相应升高, 从而可以研究零温和含温高密度核物质的性质, 特别是抗压性. 在碰撞高压的反弹下, 核物质快速膨胀稀化, 蒸发冷却, 由此则可研究低密度核物质的性质, 如液气相变与相平衡. 这两者, 特别是零温高密度核物质的性质, 在中子星结构和超新星爆发中都起着重要作用. 在这个意义上, 高能核碰撞实验也是在地面上对这类天体物理进行的实验探索.

与前两章相同的是, 高能核碰撞实验是在有限核上做的, 从中提取无限核物质的性质, 需要考虑库仑作用的影响, 并进行核子数趋于无限的外推. 与前两章不同的是, 高能核碰撞是复杂热体系的动力学, 包含热力学和动力学两个方面, 核物质并不处于静止稳定的平衡态. 从碰撞中提取平衡态核物质性质, 还要排除动力学因素, 并进行从非平衡态到平衡态的外推. 此外, 碰撞过程中不仅形成核物质团块, 还产生大量核碎片, 甚至产生大量强作用粒子, 需要细心地从中把有关核物质的信息分离提取出来. 显然, 这一切既带来巨大的困难, 也成为全新的挑战和机会.

## 5.1  热力学的讨论

高能重离子碰撞虽然是激烈和快速的微观过程, 但仍可从宏观的热力学借用一些简单的概念和图像, 来进行定性和定量的分析和讨论. 这种分析和讨论的可能性, 正是从高能核碰撞实验提取核物质物态方程信息的基础. 因为从根本上说, 物态方程完全是宏观的热力学概念.

### a. 核物质的稳定条件

从热力学来看, 核物质是由中子和质子两种成分组成的二元系. 描述这个二元系, 除了温度 $T$ 外, 还要用体积 $V$ 和两种组元的粒子数 $N$ 与 $Z$. 根据热力

学, 体系平衡态的稳定条件是 [1]

$$\delta^2 E \geqslant T\delta^2 S - p\delta^2 V + \sum_i \mu_i \delta^2 N_i, \qquad i = \text{n}, \text{p}, \tag{5.1}$$

其中 $S$ 为体系的熵, $p$ 为压强, $\mu_\text{n}$ 和 $\mu_\text{p}$ 分别为中子和质子化学势, $N_\text{n} = N$, $N_\text{p} = Z$. 由于总粒子数 $A = N+Z$ 是常数, 自变量可选 $T$, $v = V/A$ 和 $x_i = N_i/A$, 从而把上式化为 Gibbs-Duhem 不等式 [2]

$$\left(\frac{\partial S}{\partial T}\right)_v (\delta T)^2 - \left(\frac{\partial p}{\partial v}\right)_T (\delta v)^2 + \sum_i 2\left(\frac{\partial \mu_i}{\partial v}\right)_T \delta v \delta x_i + \sum_{ij} \left(\frac{\partial \mu_i}{\partial x_j}\right)_{T,v} \delta x_i \delta x_j \geqslant 0, \tag{5.2}$$

其中 $(\partial S/\partial T)_v$ 是恒正的. 对于恒温情形, $\delta T = 0$, 考虑到 $\mu_\text{p}(\rho, \delta) = \mu_\text{n}(\rho, -\delta)$ 和 $\delta x_\text{p} = -\delta x_\text{n}$, 上述条件成为

$$-\left(\frac{\partial p}{\partial v}\right)_T (\delta v)^2 + 2\left[\left(\frac{\partial \mu_\text{n}}{\partial v}\right)_T - \left(\frac{\partial \mu_\text{p}}{\partial v}\right)_T\right] \delta v \delta x_\text{n}$$

$$+ \left[\left(\frac{\partial \mu_\text{n}}{\partial x_\text{n}}\right)_{T,v} - 2\left(\frac{\partial \mu_\text{p}}{\partial x_\text{n}}\right)_{T,v} + \left(\frac{\partial \mu_\text{p}}{\partial x_\text{p}}\right)_{T,v}\right] (\delta x_\text{n})^2 \geqslant 0. \tag{5.3}$$

由于 $v$ 与 $x_\text{n}$ 是独立的, 于是得核物质稳定的必要条件

$$-\left(\frac{\partial p}{\partial v}\right)_T \geqslant 0, \tag{5.4}$$

$$\left(\frac{\partial \mu_\text{n}}{\partial x_\text{n}}\right)_{T,v} - 2\left(\frac{\partial \mu_\text{p}}{\partial x_\text{n}}\right)_{T,v} + \left(\frac{\partial \mu_\text{p}}{\partial x_\text{p}}\right)_{T,v} \geqslant 0, \tag{5.5}$$

和充分条件

$$\Sigma = -\left(\frac{\partial p}{\partial v}\right)_T \left[\left(\frac{\partial \mu_\text{n}}{\partial x_\text{n}}\right)_{T,v} - 2\left(\frac{\partial \mu_\text{p}}{\partial x_\text{n}}\right)_{T,v} + \left(\frac{\partial \mu_\text{p}}{\partial x_\text{p}}\right)_{T,v}\right] - \left[\left(\frac{\partial \mu_\text{n}}{\partial v}\right)_T - \left(\frac{\partial \mu_\text{p}}{\partial v}\right)_T\right]^2 \geqslant 0. \tag{5.6}$$

(5.4) 式是 力学平衡条件, 它表示在等温压缩时, 压强必须增加. (5.5) 式是 化学平衡条件. 由于 $\delta x_\text{p} = -\delta x_\text{n}$, 又可写为 [3]

$$\left(\frac{\partial \mu_\text{n}}{\partial x_\text{n}}\right)_{T,v} \geqslant 0 \quad \text{和} \quad \left(\frac{\partial \mu_\text{p}}{\partial x_\text{p}}\right)_{T,v} \geqslant 0, \tag{5.7}$$

它们表示在等温等容时, 增加中子或质子的成分, 相应的化学势必须增加.

可一般地定义 等温抗压系数 (isothermal incompressibility) $K_\text{T}$ 和 等熵抗压系数 (isentropic incompressibility) $K_\text{S}$,

$$K_\text{T} = 9\frac{\partial p}{\partial \rho}\bigg|_T, \qquad K_\text{S} = 9\frac{\partial p}{\partial \rho}\bigg|_S. \tag{5.8}$$

于是, 力学平衡条件 (5.4) 要求核物质等温抗压系数必须大于等于零, $K_\text{T} \geqslant 0$. 压强有热力学关系

$$pV = N\mu_\text{n} + Z\mu_\text{p} - E. \tag{5.9}$$

在 2.3 节已经指出，在无限核物质的情形，热力学压强与力学压强是一致的.

具体计算依赖于相互作用和统计模型. 这里考虑 Seyler-Blanchard 相互作用的 Thomas-Fermi 模型. 这个模型虽然给出的抗压系数 $K_0 \approx 306\,\text{MeV}$ 偏高，但由于简单，物态方程有解析表达式，便于分析和计算，可提供一些定性的图像和概念. 与更实际的模型相比 [4][5][6]，这些定性的图像和概念是一样的. 先来看零温情形.

### b. 零温核物质的液态与气态

2.4 节已给出零温物态方程和压强的表达式，见 (2.96) 和 (2.100) 式. 与 3.5 节类似，保持中子和质子数不变，由能量 $E$ 对变分 $\delta\rho_\text{n}$ 和 $\delta\rho_\text{p}$ 取极值，可得关于 $\rho_\text{n}$ 与 $\rho_\text{p}$ 的一组积分方程，即 Seyler-Blanchard 方程 [2.6]. 对于无限大的均匀系，这组方程约化为 [2.21]

$$\mu_\text{n} = \epsilon_\text{D} \left[ C_2^+(\delta)\left(\frac{\rho}{\rho_\text{D}}\right)^{2/3} - C_3^+(\delta)\left(\frac{\rho}{\rho_\text{D}}\right)^{3/3} + C_5^+(\delta)\left(\frac{\rho}{\rho_\text{D}}\right)^{5/3} \right], \tag{5.10}$$

$$\mu_\text{p} = \epsilon_\text{D} \left[ C_2^-(\delta)\left(\frac{\rho}{\rho_\text{D}}\right)^{2/3} - C_3^-(\delta)\left(\frac{\rho}{\rho_\text{D}}\right)^{3/3} + C_5^-(\delta)\left(\frac{\rho}{\rho_\text{D}}\right)^{5/3} \right], \tag{5.11}$$

其中

$$C_2^\pm(\delta) = (1 \pm \delta)^{2/3}, \tag{5.12}$$

$$C_3^\pm(\delta) = (c_l + c_u) \pm (c_l - c_u)\delta, \tag{5.13}$$

$$C_5^\pm(\delta) = \frac{8}{5}c_l(1 \pm \delta)^{5/3} + \frac{3}{5}c_u(1 \mp \delta)^{5/3} + c_u(1 \mp \delta)(1 \pm \delta)^{2/3}, \tag{5.14}$$

参数 $\epsilon_\text{D}$, $\rho_\text{D}$, $c_u$ 和 $c_l$ 的定义见 2.4 节，相关的讨论可参阅 3.7 节. 对于给定的 $\mu_\text{n}$ 和 $\mu_\text{p}$，(5.10) 和 (5.11) 式为确定 $\rho$ 和 $\delta$ 的方程，而对于给定的 $\rho$ 和 $\delta$，它们就是计算化学势 $\mu_\text{n}$ 和 $\mu_\text{p}$ 的公式.

这个模型的物态方程如第 2 章图 2.5 所示，相应的压强 $p$ 和化学势 $\mu$ 如图 5.1. 可以看出，$\delta = 1.0$ 的压强 $p$ 无零点，即此模型的中子物质没有束缚态. 在右边化学势的图中，$\delta \geqslant 0$ 的曲线是中子化学势 $\mu_\text{n}$, $\delta \leqslant 0$ 的曲线是不对称度为 $-\delta$ 的质子化学势 $\mu_\text{p}$，这里利用了对称性 $\mu_\text{p}(\rho, \delta) = \mu_\text{n}(\rho, -\delta)$.

对给定的 $\delta$, $-(\partial p/\partial v)_T$ 正比于图 5.1(左) 中曲线的斜率，可以看出，在一定的 $(\rho, \delta)$ 区域，条件 (5.4) 不满足. 同样，在一定的 $(\rho, \delta)$ 区域，条件 (5.6) 不满足. 而在 $\rho < \rho_\text{D}$ 时，条件 (5.5) 总是满足的. 计算的结果如图 5.2, 曲线 $\partial p/\partial \rho = 0$ 左边的区域不满足 (5.4) 式，曲线 $\Sigma = 0$ 左边的区域不满足 (5.6) 式，后者包括了前者. 所以，图 5.2 中，在 $\Sigma = 0$ 曲线外边和虚线 $\delta = 1$ 左边的区域，核物质是稳定的. 这里采用约化密度参数 $\Gamma = (\rho/\rho_\text{D})^{1/3}$.

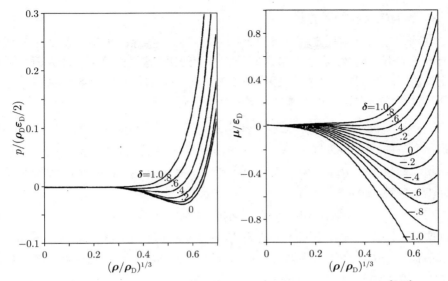

图 5.1　Seyler-Blanchard 物态方程的压强 $p$ (左) 和化学势 $\mu$ (右) [2.21]

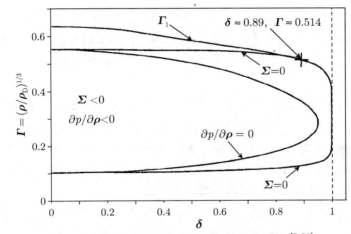

图 5.2　零温核物质在 $(\Gamma, \delta)$ 平面的稳定区域 [2.21]

　　这样, 在 $(\rho, \delta)$ 平面, 均匀的稳定核物质存在于两个互不连通的区域. 一个区域的密度高, 一个区域的密度低, 两者之间被一不稳定区域分开. 分开它们的密度间隔与不对称度有关, 随着不对称度趋于 1, 这个密度间隔趋于零. 于是, 可把密度高的态称为核物质 液态, 把密度低的态称为核物质 气态. 不稳定区域的核物质, 只能以气液混合的形式存在. 核物质的这种状态, 是用密度 $\rho$ 和不对称度 $\delta$ 这两个宏观变量描述的物质状态, 即热力学意义上的 物态.

### c. 零温气液核物质的相平衡

在均匀核物质不稳定的气液混合区, 气液两相共存的 Gibbs 函数之和低于均匀系的 Gibbs 函数, 存在气液之间的相平衡问题. 这里讨论两相分界面为平面的简单情形. 设界面左边半无限区域的态为 $(\rho_1, \delta_1)$, 右边半无限区域的态 $(\rho_2, \delta_2)$ 可分三种情形. 先设右边为真空, 这时平衡条件为 [1]

$$p(\rho_1, \delta_1) = 0, \qquad \mu_n(\rho_1, \delta_1) \leqslant 0, \qquad \mu_p(\rho_1, \delta_1) \leqslant 0. \qquad (5.15)$$

由第一个条件, 可在区间 $0 \leqslant \delta_1 \leqslant \delta_{nD}$ 解出 $\rho_1(\delta_1)$, 并由此算出 $\rho_{1n}(\delta_1)$ 和 $\rho_{1p}(\delta_1)$, 以及相应的化学势 $\mu_{1n} = \mu_n(\rho_1(\delta_1), \delta_1)$ 和 $\mu_{1p} = \mu_p(\rho_1(\delta_1), \delta_1)$. $\delta_{nD}$ 由中子化学势 $\mu_n(\rho_1(\delta_{nD}), \delta_{nD}) = 0$ 定出, 有

$$\delta_{nD} \approx 0.305, \qquad \rho_1(\delta_{nD}) \approx 0.139 \, \text{fm}^{-3}. \qquad (5.16)$$

超过这一点, $\delta_1 > \delta_{nD}$, 压强和中子化学势都大于 0, (5.15) 式中前两条不满足, 体系不稳定, 中子会溢出界面, 在右边形成中子气体. 所以 $\delta_{nD}$ 称为核物质的 中子溢出点 (neutron drip point).

再来看右边有中子气体的情形, 这时 $\delta_2 = 1$, $\rho_2 = \rho_{2n}$, 平衡条件为 [1]

$$p(\rho_1, \delta_1) = p(\rho_{2n}, 1), \qquad \mu_n(\rho_1, \delta_1) = \mu_n(\rho_{2n}, 1), \qquad \mu_p(\rho_1, \delta_1) \leqslant \mu_p(\rho_{2n}, 1). \quad (5.17)$$

由前两个条件, 可在区间 $\delta_{nD} \leqslant \delta_1 \leqslant \delta_{pD}$ 解出 $\rho_1(\delta_1)$ 和 $\rho_{2n}(\delta_1)$, 并由此算出 $\rho_{1n}(\delta_1)$ 和 $\rho_{1p}(\delta_1)$, 以及相应的化学势. $\delta_{pD}$ 由质子化学势 $\mu_p(\rho_1(\delta_{pD}), \delta_{pD}) = 0$ 定出, 有

$$\delta_{pD} \approx 0.678, \qquad \rho_1(\delta_{pD}) \approx 0.104 \, \text{fm}^{-3}, \qquad \rho_{2n}(\delta_{pD}) \approx 0.0617 \, \text{fm}^{-3}. \quad (5.18)$$

超过这一点, $\delta_1 > \delta_{pD}$, 质子化学势也大于 0, (5.17) 式后一条不满足, 体系不稳定, 质子也会溢出界面, 在右边形成核物质气体. 所以 $\delta_{pD}$ 称为核物质的 质子子溢出点 (proton drip point).

最后来看一般的情形, 两相平衡条件为 [1]

$$p(\rho_1, \delta_1) = p(\rho_2, \delta_2), \qquad \mu_n(\rho_1, \delta_1) = \mu_n(\rho_2, \delta_2), \qquad \mu_p(\rho_1, \delta_1) = \mu_p(\rho_2, \delta_2). \quad (5.19)$$

在区间 $\delta_{pD} \leqslant \delta_1 \leqslant \delta_C$, 可从上述条件解出 $\rho_1(\delta_1)$, $\rho_2(\delta_1)$ 和 $\delta_2(\delta_1)$, 亦即等价的 $\rho_1(\delta_1)$, $\rho_{2n}(\delta_1)$ 和 $\rho_{2p}(\delta_1)$. $\delta_C$ 由 $\rho_1(\delta_1) = \rho_2(\delta_2)$ 确定, 有

$$\delta_C \approx 0.89, \qquad \rho_1(\delta_C) = \rho_2(\delta_C) \approx 0.083 \, \text{fm}^{-3}. \qquad (5.20)$$

这是一个 临界点, 在这一点, 左右两边密度和不对称度都相同, 不再区分成两相, 而成为一个均匀的整体.

以上三种情形, 与解 Seyler-Blanchard 积分方程的结果相同 [2.1]. 当然, Seyler-Blanchard 积分方程是微观理论, 所以还能给出核物质在界面附近的密度

分布, 不过这与现在的讨论无关.

在全区间 $0 \leqslant \delta_1 \leqslant 1$ 的解, 如图 5.3 所示. 超过临界点的曲线, 是假设左右两相交换而给出. 左图是密度随 $\delta_1$ 的变化, 右图是化学势与压强随 $\delta_1$ 的变化. 在中子溢出点, 两边的中子化学势开始相等, 而在质子溢出点, 两边的质子化学势也开始相等. 超出中子溢出点的情形, 由于内部压强 $p > 0$, 整个体系必须在外加压强下才能平衡. 从右图还可看出, 中子化学势的斜率大于等于零, 质子化学势的斜率小于等于零, 满足化学平衡条件 (5.7) 式.

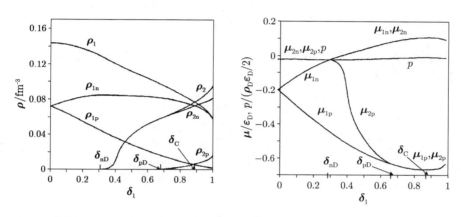

图 5.3　两相的平衡. 左: 密度随 $\delta_1$ 的变化. 右: 化学势与压强随 $\delta_1$ 的变化 [2.21]

超出中子溢出点的情形, $\delta_1 > \delta_{nD}$, 左右两边核物质的密度和不对称度不同, 左边与右边相比, 密度高而不对称度低, $\rho_1 \geqslant \rho_2, \delta_1 \leqslant \delta_2$. 核物质这两相的混合与平衡, 类似于 $^3$He-$^4$He 混合液在低温下的行为. 低于 0.87K 时, $^3$He-$^4$He 混合液分离成两相, 一相 $^3$He 较多从而较轻, 浮在 $^4$He 较多从而较重的另一相上面 [2]. 利用核物质的这一性质, 就有可能进行同位旋 分馏 (distillation): 设法使核物质从左边的相变到右边的相, 从而得到同位旋较高的核物质, 甚至得到纯中子物质. 注意这里只是零温情形, 分馏概念的完整讨论还需要进一步考虑温度的作用, 涉及沸点和汽化热等 [3].

中子溢出点的存在, 是在有限核的核素图中丰中子一侧存在 中子溢出线 (neutron drip line) 的物理基础 [7]. 中文文献上又把中子溢出线称为 中子滴线. 但在有限核的情形, 一般并不考虑核外存在与之达到平衡的中子气体. 还要注意, 核素图中缺中子一侧的 质子溢出线 或质子滴线, 主要是由于过量质子引起的库仑排斥, 与这里的质子溢出点在物理上是两回事.

**d. 含温度的情形**

对于均匀核物质，2.5 节 Seyler-Blanchard 相互作用 Thomas-Fermi 统计模型的能量密度可化为

$$\mathcal{E} = \sum_\tau \left[ \frac{t_\tau}{2m_\tau} + \frac{1}{2}\rho_\tau v_\tau \right] = \sum_\tau \rho_\tau \left[ T\frac{\mathcal{I}_{3/2}(y_\tau)}{\mathcal{I}_{1/2}(y_\tau)} - \frac{1}{2}\epsilon_{\mathrm{D}}\gamma_\tau \right], \tag{5.21}$$

类似可得体系的熵密度为 [8]

$$\mathcal{S} = \sum_\tau \rho_\tau \left[ \frac{5}{3}\frac{\mathcal{I}_{3/2}(y_\tau)}{\mathcal{I}_{1/2}(y_\tau)} - y_\tau \right]. \tag{5.22}$$

有了这两个函数，就可算出其他热力学量，例如压强 $p$，热容密度 $c_{\mathrm{V}}$，等温抗压系数 $K_{\mathrm{T}}$ 和等熵抗压系数 $K_{\mathrm{S}}$ [2.29]，

$$p = \epsilon_{\mathrm{D}}\sum_\tau \rho_\tau \left[ \frac{2}{3}\frac{T}{\epsilon_{\mathrm{D}}}\frac{\mathcal{I}_{3/2}(y_\tau)}{\mathcal{I}_{1/2}(y_\tau)} + \theta_\tau - \frac{1}{2}\gamma_\tau \right], \tag{5.23}$$

$$c_{\mathrm{V}} = \sum_\tau \rho_\tau \left[ \frac{5}{2}\frac{\mathcal{I}_{3/2}(y_\tau)}{\mathcal{I}_{1/2}(y_\tau)} + \frac{3}{2}\frac{T}{\epsilon_{\mathrm{D}}}\left(\frac{\partial y_\tau}{\partial t}\right)_{\rho_\tau} \right], \tag{5.24}$$

$$K_{\mathrm{T}} = \frac{9}{\rho}\sum_\tau \rho_\tau \left(\frac{\partial p}{\partial \rho_\tau}\right)_{T,\rho_{-\tau}}, \qquad K_{\mathrm{S}} = \frac{9}{\rho}\sum_\tau \rho_\tau \left(\frac{\partial p}{\partial \rho_\tau}\right)_{S,\rho_{-\tau}}. \tag{5.25}$$

在低温 $T \ll \mu_{\mathrm{F}}$ 时，把费米积分近似展开成 $T/\mu$ 的级数，可发现，$\mathcal{S}$ 和 $c_{\mathrm{V}}$ 与温度成正比，比例系数依赖于 $(\rho, \delta)$，而其余的量，如等温抗压系数 $K_{\mathrm{T}}$，均为 $T^2$ 的线性函数 [2.29]. 这些结果是普遍的，与相互作用的形式无关 [9][10][11][12].

算得的核物质在 $(\Gamma, \delta)$ 平面的稳定区域随温度的变化，如图 5.4 所示 [2.29]，记住 $\Gamma = (\rho/\rho_{\mathrm{D}})^{1/3}$. 可以看到，随着温度的升高，不稳定区域逐渐减小，低密度边界逐步升高，最高不对称度从 1 逐渐缓慢减小，而高密度边界基本保持不变.

由 (5.25) 式，可算得等温抗压系数 $K_{\mathrm{T}}$ 与等熵抗压系数 $K_{\mathrm{S}}$ 作为温度 $T$ 和不对称度 $\delta$ 的函数，如图 5.5 所示 [13]. 随着温度和不对称度的升高，抗压系数单调下降. 在这里，温度 $T$ 和不对称度 $\delta$ 所起的作用相似. 这种相似性，来自泡利阻塞效应 (Pauli blocking effect)，它使得不对称度 $\delta$ 越高，单核子能级的填充就越稀，这相当于温度 $T$ 越高. 注意随着温度升高，等熵抗压系数 $K_{\mathrm{S}}$ 比等温抗压系数 $K_{\mathrm{T}}$ 下降得慢，亦即 $K_{\mathrm{S}}$ 逐渐高于 $K_{\mathrm{T}}$. 这是由于在等熵压缩过程中，没有热量流失. 这些定性的结果是普遍的，不限于 Seyler-Blanchard 相互作用的 Thomas-Fermi 模型. Skyrme 相互作用的 Hartree-Fock 模型给出的结果与此一致 [14]. 这里算得的抗压系数偏高，这是 Seyler-Blanchard 作用本身的局限，参阅 3.7 节的讨论.

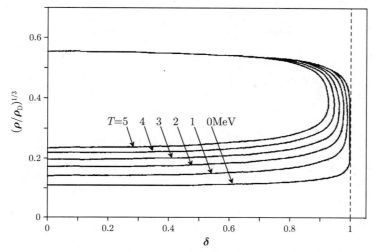

图 5.4 核物质在 $(\Gamma, \delta)$ 平面的稳定区域随温度的变化 [2.29]

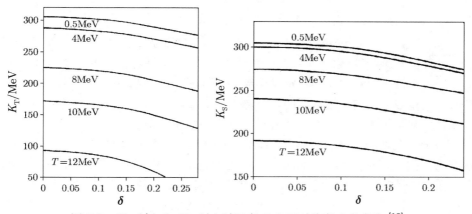

图 5.5 $K_{\mathrm{T}}$ (左) 和 $K_{\mathrm{S}}$ (右) 随温度 $T$ 和不对称度 $\delta$ 的变化 [13]

给定温度 $T$ 和不对称度 $\delta$, (5.23) 式给出的物态方程类似于 van der Waals 方程, 其零温情形见图 5.1 的左图. 发生液气相变的位置, 可用麦克斯韦等面积法则确定 [1]. 相应的 等温亚稳线 (isothermal spinodal) 可由此方程的极大和极小点定出. 计算结果如图 5.6 所示 [13]. 左图是 $(T, \rho)$ 相图, 相当于图 1.4 的左下角. 其中实线是给定不对称度的相变曲线, 它与水平等温线相交的左右两点, 分别是发生相变的气、液密度. 曲线的顶点, 为给定不对称度的 相变临界点, 临界温度 $T_{\mathrm{C}}$, 临界密度 $\rho_{\mathrm{C}}$. 图中的虚线, 为给定 $\delta$ 的等温亚稳线. 可以看出, 随着不对称度的增加, 临界温度和临界密度下降, 临界点向左下移动, 这也是泡利阻塞效应的结果. 右图是 $T_C$ 随 $\delta$ 变化的关系, 实线和虚线分别得自 Seyler-Blanchard 和 Skyrme 相互作用的计算, 后者也是用 Thomas-Fermi 模型 [11].

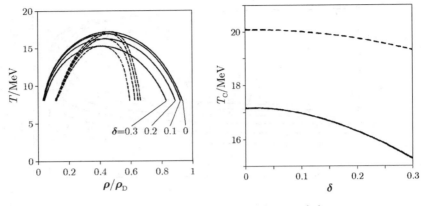

图 5.6  相变曲线 (左) 和临界温度 (右) [13]

### e. 高能碰撞实验拓展的范围

前两章讨论的基础, 是稳定核的基态和低能集体激发态, 相应的核物质密度 $1 \lesssim \rho/\rho_0 \lesssim 1.18$, 不对称度 $0 \leqslant \delta \lesssim 0.18$ (见 (3.50) 式和文献 [3.21]), 温度 $T = 0$. 实际上, 理论计算和实验测量最常用到的 $^{208}$Pb 核, 虽然 $(N - Z)/A = 0.21$, 但扣除中子皮以后, 内部核物质的不对称度只有 $\delta \approx 0.143$ [15]. 而高能碰撞实验, 可以极大地拓展密度、不对度和温度这三方面的研究范围.

首先, 在高能碰撞的压缩下, 碰撞中心区域的核物质密度可超过 $\rho_0$ 很多, 达到它的数倍甚至更高. 这就能对物态方程的高密度行为, 特别是核物质的抗压性质, 提供实际的观测信息. 当然, 高密度范围更重要的特点, 是产生大量强作用粒子, 以及发生从核物质到其他强子物质的相变.

其次, 高能核碰撞是强作用快过程, 若用中子溢出线附近的不稳定极丰中子核碰撞, 就有可能短暂地得到接近中子溢出点 $\delta_{\mathrm{nD}} \approx 0.3$ 的核物质, 从而提供不对称度比稳定核高得多的观测信息. 在这方面, 关系最大的是核物质的对称能系数 $J$ 和对称抗压系数 $K_s$.

第三, 高能核碰撞, 可在极短时间内在碰撞中心注入极高能量, 形成一个高温高密的区域. 核物质的热效应, 自然是高能核碰撞实验研究的一个重要领域. 一方面, 有可能研究物态方程对温度的依赖, 特别是抗压系数对温度的依赖. 另一方面, 可以探寻核物质的液气相变, 特别是相变临界温度及其对不对称度的依赖.

## 5.2 高能核碰撞的图像和概念

### a. 运动学的几何图像和概念

高能重离子碰撞的物理分析, 通常选择 入射核 与 靶核 相向运动而总动量为零的参考系. 体系总动量为零的参考系称为 动量中心系, 简称 动心系 (center of momentum, 简写 c.m.) [16]. 由于相对论动量 $p$ 并不正比于速度 $v$, 动心系不是 质心系 (center of mass, 简写也是 c.m.). 只是在牛顿近似下, $p_1 + p_2 \approx m_1 v_1 + m_2 v_2$, 动心系才近似成为质心系. 通常在不会引起误解时, 也把动心系称为质心系.

由于相对论效应, 核在运动方向发生洛伦兹收缩, 成为扁椭球, 见第 1 章图 1.3. 能量越高, 收缩越大. 对于动能远大于静质能的 极端相对论性重离子碰撞 (ultra-relativistic heavy-ion collisions), 核可以收缩成薄饼. 另一方面, 由于能量高, 可忽略把核子束缚在核内的结合能, 而把入射核与靶核看成两团自由核子体系. 同时, 由于能量高, 核子运动的德布罗意波长为核子半径的量级, 甚至更短, 经典轨道的图像和概念适用. 于是, 直接参与碰撞的, 只是两核沿入射方向直线运动能够发生重叠的部分, 称为碰撞的 参与者 (participants). 重叠区域之外的部分不直接参与碰撞, 称为碰撞的 旁观者 (spectators). 图 5.7 给出了碰撞过程中参与者和旁观者如何形成和运动的简单示意.

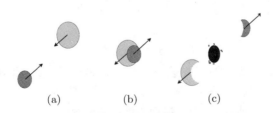

$$(a) \qquad (b) \qquad (c)$$

图 5.7 动心系相对论性重离子碰撞示意

参与者区域在碰撞中经受极大的压缩, 淀积极高的能量, 密度和温度急剧升高, 像一团炽热的 火球 (fire ball). 然后在高压下爆发, 产生和碎裂成大量碎片, 向四面八方飞溅. 这些出射粒子既携带了火球的热学信息, 也带有爆发过程的动力学信息. 高能重离子碰撞的物理, 主要就是这种携带极高能量的参与者在碰撞瞬间演绎出来的物理. 从这短暂而复杂的现象中, 分析辨认出核物质及其各种高能衍生物的信息, 包含热学的和动力学的, 是设计和进行这种实验的一个主要目的. 而定量描写这种过程的, 则是高能重离子碰撞的唯象模型和理论 [17]. 因为是唯象的, 一般说来, 由于研究的问题和视角不同, 对模型和理论的选择也就不同.

### b. 粗略的估计

考虑 $250A$ MeV 的 Au+Au, $A$ 是入射核的核子数, Au 的 $A = 197$. $250A$ MeV 就是每核子 250 MeV, 所以也常写成 250 MeV/nucleon 或 250 MeV/u. 核子动能 250 MeV 可与静质能 939 MeV 相比, 所以是相对论性重离子碰撞.

从用入射核打固定靶的 实验室系, 到两个核相向碰撞的动心系, 动量与能量的变换为[16]

$$p_1^* = \gamma(p_1 - \beta E_1), \tag{5.26}$$

$$E_1^* = \gamma(-\beta p_1 + E_1), \tag{5.27}$$

$$p_2^* = -\gamma\beta m_2, \tag{5.28}$$

$$E_2^* = \gamma m_2, \tag{5.29}$$

其中下标 1 表示入射核, 2 表示靶核, 带 * 号的量在动心系, $\gamma = 1/\sqrt{1 - \beta^2}$ 为爱因斯坦膨胀因子, 动心系相对于实验室系的速度为

$$\beta = \frac{p_1}{E_1 + m_2}, \qquad E_1 = \sqrt{p_1^2 + m_1^2}. \tag{5.30}$$

对于 $m_1 = m_2$ 的情形, 实验室系的动能 250 MeV 变换到动心系为 60 MeV, $\beta = 0.343$, 洛伦兹收缩因子 $\sqrt{1 - \beta^2} = 1/\gamma = 0.939$.

互相碰撞的两个核, 在碰撞方向洛伦兹收缩成扁椭球形, 体积收缩, 密度增加,

$$\rho \longrightarrow \gamma\rho. \tag{5.31}$$

碰撞使得参与的核子减速停下并进一步挤压, 密度从 $\gamma\rho_0$ 开始增加. 核的碰撞动能, 会转化为核物质的压缩势能, 热运动内能, 宏观流动动能, 以及用于产生核碎片和 $\pi$ 介子等各种强子, 及其四向溅射飞出的动能.

两个 60 MeV 的核子相碰, 反应有效动能为 120 MeV, 还小于产生 $\pi$ 介子的阈能. 假设碰撞动能全部用于压缩使密度增加, 就得到碰撞中核物质密度增大的上限 $\rho_{\max}$. 用半唯象的 Scheid-Ligensa-Greiner 二次物态方程 (见 (2.34) 式)

$$e(\rho) = e(\rho_0) + \frac{K_0}{18\rho_0^2}(\rho - \rho_0)^2, \tag{5.32}$$

取 $K_0 = 210$ MeV 和 $e(\rho) - e(\rho_0) = 60$ MeV, 可得估值 $\rho_{\max}/\rho_0 \approx 3.3$.

实际上, 束流能量为 $250A$ MeV 的固定靶实验达不到这么高的密度. 压缩过程会伴随升温和蒸发, 压缩到一定程度就由于被高压反弹而发生碎裂, 大部分能量都被蒸发的核子和碎裂的核碎片带走了. 入射能量再高, 还会产生各种

强作用粒子, 情形就更复杂. 定量分析这种碰撞体系的演变过程, 需要选择适当的模型和理论.

1982 年, Stock 等人在 Bevalac 上做了一个重要的实验[18]. 他们用加速到 $(0.36\text{—}1.8)\,A\,\mathrm{GeV}$ 的 $^{40}\mathrm{Ar}$ 和 $0.977A\,\mathrm{GeV}$ 的 $^{4}\mathrm{He}$ 轰击 KCl, 以及用 $0.772A\,\mathrm{GeV}$ 的 $^{40}\mathrm{Ar}$ 轰击 $\mathrm{BaI_2}$, 测量中心碰撞的 $\pi^-$ 介子产额, 发现比核内级联模型[19] 算得的 $\pi^-$ 产额系统地偏低. 级联模型只考虑粒子间的直接碰撞, 略去了平均场效应. 而核物质处于压缩状态时, 质心系的一部分能量变成了核物质的压缩能 $E^{\mathrm{C}}$, 这会使 $\pi^-$ 产额降低. 假设这是引起 $\pi^-$ 产额降低的唯一原因, 就可以在核内级联模型的基础上, 由这种 $\pi^-$ 产额的降低来确定核物质的压缩能. 再用核内级联模型算出核物质密度, 即可给出核物质的物态方程. 图 5.8 是他们的结果, 从 $E^{\mathrm{C}}$ 扣除的 $10\,\mathrm{MeV}$, 是有关核的基态结合能, 曲线是 Scheid-Ligensa-Greiner 二次方程 (5.32).

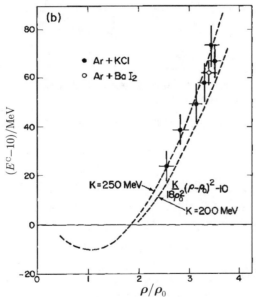

图 5.8 Stock 等人定出的压缩能随密度的变化[18]

这一工作有清晰的物理和敏锐的直觉, 但 Stock 他们在文章最后也指出, 还有待进一步深入的理论研究. 进一步的研究表明, 在物理上, 高多重数的 $\pi$ 产额对物态方程依赖很小[20]. 这是由于 $\pi$ 是强作用粒子, 对反应末态敏感, 这时物态方程的作用不大. 于是提出了用 K 介子产额[21][22] 或动量流[23] 来探索物态方程的做法. 而在模型和理论上, 要求能够考虑和定量描述碰撞压缩的动力学. 下面的讨论所涉及的动力学图像和概念, 宏观上主要是流体力学, 微观上则是多粒子体系的输运理论.

### c. 流体力学模型

重离子碰撞的流体力学模型 [24], 可以描述压缩和升温核物质的一些宏观整体性质, 并为碰撞过程的物理分析提供直观的图像和概念. 考虑能量动量守恒,

$$\partial_\mu T^{\mu\nu} = 0, \tag{5.33}$$

其中 $T^{\mu\nu}$ 为相对论性流体的能量动量张量. 取 理想流体近似,

$$T^{\mu\nu} = (\mathcal{E} + p)u^\mu u^\nu - pg^{\mu\nu}, \tag{5.34}$$

$\mathcal{E}$ 是能量密度, $p$ 为流体压强, $u^\mu$ 为流体速度, $g^{\mu\nu}$ 为时空度规张量 [2.34]. 把上式代入 (5.33) 式, 得

$$[\partial_\mu \mathcal{E} u^\mu + (\mathcal{E} + p)\partial_\mu u^\mu] u^\nu + \partial_\mu p u^\mu u^\nu + (\mathcal{E} + p)u^\mu \partial_\mu u^\nu - \partial^\nu p = 0. \tag{5.35}$$

在核物质的本体坐标系, 集体流速为零, $u = (u^0, \boldsymbol{v}) = (1, 0)$, 上述方程简化为

$$(\mathcal{E} + p)\frac{\partial \boldsymbol{v}}{\partial t} = -\nabla p, \tag{5.36}$$

这就是流体的动力学方程. 与牛顿方程类比, 上式中焓密度 $w = \mathcal{E} + p$ 相当于质量, 压强 $p$ 相当于受力的势场.

用重子数密度 $\rho$, 可把压强写成 (见 (2.8) 式)

$$p = \rho^2 \frac{\partial(\mathcal{E}/\rho)}{\partial \rho}\bigg|_{s/\rho}, \tag{5.37}$$

其中 $s$ 为熵密度. 于是, 从能量泛函 $\mathcal{E}(\rho)$ 算出压强 $p$, 就可用方程 (5.36) 算加速度 $\partial \boldsymbol{v}/\partial t$, 从而分析由参与者区域出射的粒子分布. 再通过与实验测得的分布比较, 即可获得关于能量泛函 $\mathcal{E}(\rho)$ 亦即关于压强 $p$ 和物态方程 $e = \mathcal{E}/\rho$ 的实际信息, 特别是关于核物质抗压性以及发生相变的可能 [25].

### d. 多粒子输运模型

当粒子德布罗意波长与粒子尺度相当甚至更短时, 轨道概念近似适用, 碰撞体系的状态可用各种粒子在相空间的分布 $f(\boldsymbol{r}, \boldsymbol{p}, t)$ 来描述. 在物理上, 这相当于 Landau 准粒子近似. 在这种半经典的图像和框架下, 碰撞过程的演变, 就归结为分布函数在相空间的变化.

暂不考虑粒子间的相互作用, 碰撞体系就是相空间的一种理想流体, 稳定情形的连续方程为

$$\frac{\partial f}{\partial t} + \dot{\boldsymbol{r}} \cdot \frac{\partial f}{\partial \boldsymbol{r}} + \dot{\boldsymbol{p}} \cdot \frac{\partial f}{\partial \boldsymbol{p}} = 0, \tag{5.38}$$

后两项是粒子运动引起的 *漂移项*. 这个方程表示, 单位时间内在单位相空间中, 增加的粒子数与流出的粒子数之代数和为零. 利用粒子在相空间运动的哈密顿正则方程, 可把上式写成

$$\frac{\partial f}{\partial t} + \frac{\partial \epsilon}{\partial \boldsymbol{p}} \cdot \frac{\partial f}{\partial \boldsymbol{r}} - \frac{\partial \epsilon}{\partial \boldsymbol{r}} \cdot \frac{\partial f}{\partial \boldsymbol{p}} = 0, \tag{5.39}$$

其中 $\epsilon$ 为单粒子能量, $\partial \epsilon / \partial \boldsymbol{p}$ 为粒子速度, $-\partial \epsilon / \partial \boldsymbol{r}$ 为粒子受力. 上式就是最早用于等离子体的 Vlasov 方程 [26]. 注意粒子能量 $\epsilon$ 与动量 $\boldsymbol{p}$ 构成四维矢量 $(\epsilon, \boldsymbol{p}) = p$, 粒子速度 $\boldsymbol{v}$ 与爱因斯坦因子 $\gamma$ 构成四维矢量 $(\gamma, \gamma \boldsymbol{v}) = u$.

考虑粒子间的相互作用, 碰撞体系就是相空间的一种有源流体, 与 (5.38) 式相应的有源方程为 [2.14]

$$\frac{\partial f}{\partial t} + \dot{\boldsymbol{r}} \cdot \frac{\partial f}{\partial \boldsymbol{r}} + \dot{\boldsymbol{p}} \cdot \frac{\partial f}{\partial \boldsymbol{p}} = I, \tag{5.40}$$

上式右边的 $I$ 为 *碰撞项*, 表示单位时间内在单位相空间中, 由于粒子间的碰撞而净进入的粒子数. 利用粒子的哈密顿正则方程, 可把上式写成

$$\frac{\partial f}{\partial t} + \frac{\partial \epsilon}{\partial \boldsymbol{p}} \cdot \frac{\partial f}{\partial \boldsymbol{r}} - \frac{\partial \epsilon}{\partial \boldsymbol{r}} \cdot \frac{\partial f}{\partial \boldsymbol{p}} = I. \tag{5.41}$$

由于碰撞项包含对分布函数乘积的积分, 上式为非线性积分微分方程, $I$ 亦称 *碰撞积分*. 当粒子碰撞截面很小时, 与漂移相比, 碰撞引起的分布变化可以忽略, 近似有 $I \approx 0$, 上式就近似成为 Vlasov 方程 (5.39).

(5.41) 式就是多粒子体系输运过程的基本方程, 其物理分为碰撞和漂移两部分. 最初 Boltzmann 针对稀薄气体离子, 写出了遵从经典统计的碰撞项. 后来 Uehling 和 Uhlenbeck 推广到量子粒子, 写出遵从量子统计的碰撞项 [27]. 现在文献上把 (5.41) 式称为 Boltzmann-Uehling-Uhlenbeck 方程, 简称 BUU 方程 或 Boltzmann 方程, Bertsch 等人最早把它运用于重离子碰撞 [28].

上面写出 Boltzmann 方程的方法, 是直观和物理的, 隐含几个外加的近似和假设, 属于手工操作. 这是指准粒子近似, 经典哈密顿正则方程, 和碰撞的作用. 所以, 在理论上有各种推导, 尝试把这些近似和假设纳入一个自洽和统一的理论之中 [29][30]. 而在高能重粒子碰撞中, 则需要把这种推导建立在相对论的基础上 [31][32][33][34].

需要指出, 早在 1932 年, 对于从波函数 $\psi(\boldsymbol{r}, t)$ 变换得到的函数

$$f(\boldsymbol{r}, \boldsymbol{p}, t) = \frac{1}{(2\pi)^3} \int \mathrm{d}^3 r' \psi^*(\boldsymbol{r} + \boldsymbol{r}'/2, t) \mathrm{e}^{-\mathrm{i} \boldsymbol{p} \cdot \boldsymbol{r}'} \psi(\boldsymbol{r} - \boldsymbol{r}'/2, t), \tag{5.42}$$

Wigner 就发现, 它对动量积分给出粒子的坐标分布, 对坐标积分给出粒子的动量分布, 并根据 Schrödinger 方程证明, 它近似满足 (5.39) 式 [35]. 所以在文献上, 把 (5.42) 式称为 Wigner 变换, 而把粒子在相空间的分布称为 Wigner 分布.

还要指出，在文献上，对于不同的粒子体系和动力学模型，推出的粒子运动方程和碰撞项不同，输运方程的具体形式和名称也略有不同，这里就不细说.

### e. 碰撞过程的演变

入射束到靶核的垂直距离称为 *瞄准距离* 或 *碰撞距离*，入射束流与靶核构成的平面称为 *碰撞平面* 或 *反应平面*，而通过体系质心与入射束流垂直的平面则称为 *碰撞横截面* 或 *反应横截面*. 高能核碰撞是极快的过程，时间尺度是 $10\,\mathrm{fm}/c$ 的量级.

具体考虑 $400A\mathrm{MeV}$ 的 Bi+Bi，碰撞距离 $b = 8.7\,\mathrm{fm}$，在动心系的碰撞平面如图 5.9 所示. 现在 $\beta = 0.419, 1/\gamma = 0.908$. Bi 核半径约为 $R \approx 1.14 \times 209^{1/3}\,\mathrm{fm} = 6.77\,\mathrm{fm}$，考虑洛伦兹收缩，图中 $l/\gamma = 5.18\,\mathrm{fm}$，每个核飞过这段距离的时间 $t_1 = l/\gamma\beta c = 12\,\mathrm{fm}/c$，而继续再飞过核半径的时间 $t_2 = R/\gamma\beta c = 15\,\mathrm{fm}/c$. 也就是说，碰撞约在 $10\,\mathrm{fm}/c$ 时达到最大压缩，而在 $27\,\mathrm{fm}/c$ 时就基本结束了.

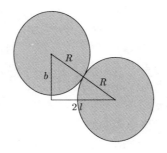

图 5.9    $400A\mathrm{MeV}$ Bi+Bi 碰撞，  $b = 8.7\,\mathrm{fm}$

图 5.10 是 Danielewicz 对这个过程进行模拟计算的结果 [36]. 他考虑核子，$\pi$ 介子，$\Delta$ 和 $N^*$ 共振态，以及 $A \leqslant 3$ 的轻核自由度，计算采用平均场模型的输运理论，模型参数给出 $K = 210\,\mathrm{MeV}$ 和 $m_\mathrm{N}^*/m_\mathrm{N} = 0.70$，详见下一节.

图 5.10 中，上排的横坐标为 $y$ 轴，是 $xy$ 平面. 下排的横坐标为 $z$ 轴，是 $xz$ 平面. $z$ 轴在入射束流方向，$xz$ 平面为碰撞平面，$xy$ 平面为碰撞横截面. 时间步长为 $5\,\mathrm{fm}/c$. 曲线为重子等密度线，从 $\rho/\rho_0 = 0.1$ 的虚线起始，间隔为 0.2，每隔两条实线画一条虚线，亦即 $\rho/\rho_0 = 0.1, 0.7$ 和 $1.3$ 为虚线. 印出来的曲线不太清楚，有兴趣的读者请看原文 [36] 或类似图形的电子版 [25].

可以看出，从两核表面接触开始，到 $5\,\mathrm{fm}/c$ 左右参与区域开始形成，$10\,\mathrm{fm}/c$ 左右达到最大压缩，是一个半长轴约 $0.5\,\mathrm{fm}$ 半短轴约 $0.4\,\mathrm{fm}$ 的扁椭球，中心密度 $\rho_{\max}/\rho_0 \gtrsim 1.7$. 然后开始快速膨胀，到 $20\,\mathrm{fm}/c$ 左右中心密度略高于 1.3，$25\,\mathrm{fm}/c$

左右降到 0.7, 35 fm/c 时已经基本消失, 只剩下两边的旁观者区域.

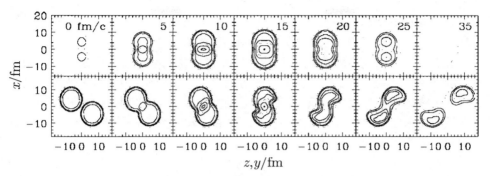

图 5.10    $400A$ MeV Bi+Bi 反应模拟计算的等密度图,    $b = 8.7$ fm [36]

实验室系的动能 400 MeV 变换到动心系为 95MeV, 反应有效动能为 190MeV. 仍用 (5.32) 式来估计, 代入 $\rho/\rho_0 = 1.7$, 有 $e(\rho) - e(\rho_0) = 5.7$ MeV, 即参与碰撞的 95MeV 中, 只有 $5.7/95 = 6\%$ 转化为核物质的压缩能, 其余 94% 均损失在出射核子和碎片上.

类似地, 他还计算了 $2A$ GeV 的 Au+Au 反应, 碰撞距离 $b = 6$ fm. 由于束流能量比前者高, 过程快得多. 参与者区域在 4 fm/c 左右开始形成, 到 8 fm/c 左右压缩达到极大, 中心密度 $\rho_{\max}/\rho_0 \gtrsim 2.4$, 而 16 fm/c 时碰撞就结束了 [25]. 图 5.11 是根据这一模拟计算画出的 3D 图形及其在 $zx$ 和 $xy$ 平面的投影 [37].

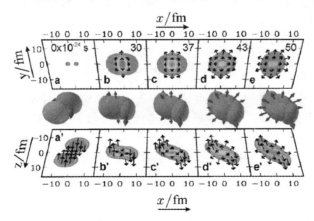

图 5.11    $2A$ GeV Au+Au 反应模拟计算的 3D 图及其投影,    $b = 6$ fm [37]

在图 5.11 中, 中图三维表面为 $\rho \sim 0.1\rho_0$ 的等密度面, 箭头为入射核与靶核的初始速度 (左图) 或旁观者飞出的速度 (其余图). 下图外沿密度 $0.1\rho_0$, 改变步

长 $0.5\rho_0$. 上图为等压强图, 外沿压强 0, 改变步长 $15\,\mathrm{MeV/\,fm^3}$. 上下图中小箭头
分别为 $xy$ 和 $zx$ 平面该点平均速度. 碰撞到 $3 \times 10^{-23}\mathrm{s}$ 的 b 和 b′ 图, 中心密度
达到 $3\rho_0$, 压强达到 $90\,\mathrm{MeV/\,fm^3}$. 到约 $4 \times 10^{-23}\mathrm{s}$ 的 c 和 c′ 图, 中心横向压强约
为其平衡值的 80%, 随后达到平衡, 直到碰撞结束.

在旁观者飞开之前, 参与者区域的压缩物质受到旁观者的阻拦, 在横向压
强的推动下, 只能朝与碰撞平面垂直的方向流动 (图 b 到图 d). 而在旁观者飞开
之后, 压缩物质不受阻拦, 倾向于沿其运动方向, 在 $xy$ 平面各向散开. 于是,
一开始的出射是 离面 (out-of-plane) 的, 即沿 $y$ 轴, 然后才散布在 $xy$ 平面的各
个方向, 成为以 在面 (in-plane) 的为主.

影响压缩物质膨胀和流动方向的, 有两个时标. 一个是旁观者的阻拦时间
$2R/\gamma\beta c$, 与碰撞核半径 $R$ 和入射核子速度 $\beta$ 有关. 另一个是压缩物质在内部压
强 $p$ 推动下的膨胀时间 $R/c_s$, 反比于其声速 $c_s = c\sqrt{\partial p/\partial \mathcal{E}}$, 与压缩物质的硬度
有关. 二者之比 $2\sqrt{\partial p/\partial \mathcal{E}}/\gamma\beta$ 与 $R$ 无关. 这个比值越大, 即入射束流每核子能
量越高, 压缩物质越硬, 出射分布从离面到在面的转变过程就越快.

## 5.3 碰撞核物质的压缩性

本节讨论高能核碰撞对核物质抗压系数提供的信息, 主要讨论 Danielewicz
的工作 [36][37], 其基础是平均场模型的输运理论. 对于平均场模型, Boltzmann
方程 (5.41) 左边漂移项考虑粒子在平均场中运动引起的变化率, 方程右边碰撞
项考虑碰入和碰出引起的粒子变化率. 决定粒子运动的单粒子能量, 可写成体
系净能量 $E$ 对粒子数的泛函微商 [36],

$$\epsilon(\boldsymbol{r},\boldsymbol{p},t) = \frac{(2\pi)^3}{g}\frac{\delta E}{\delta f(\boldsymbol{r},\boldsymbol{p},t)}, \tag{5.43}$$

其中 $g$ 为粒子自旋简并度. 由于 $E$ 与体系总动量构成四维矢量, 而 $f$ 为洛仑
兹标量, 所以上式保证了单粒子量 $(\epsilon, \boldsymbol{p})$ 为四维矢量. 碰撞项包括碰入和碰出两
项,

$$I = \mathcal{K}^<(1 \mp f) - \mathcal{K}^> f, \tag{5.44}$$

其中正负号分别对应于玻色子和费米子. 碰出项可写成 [36]

$$\mathcal{K}^>(\boldsymbol{p}_1) = g\int\frac{\mathrm{d}^3\boldsymbol{p}_2}{(2\pi)^3}\frac{1}{2}\int\mathrm{d}\Omega^{*\prime}v_{12}\frac{\mathrm{d}\sigma}{\mathrm{d}\Omega^{*\prime}}f_2(1-f_1')(1-f_2'), \tag{5.45}$$

其中 $v_{12}$ 为 1,2 二粒子相对速度, $\mathrm{d}\sigma/\mathrm{d}\Omega^{*\prime}$ 为二粒子动心系微分散射截面, 角度
积分前的因子 $1/2$, 是由于同类粒子碰撞, 末态重复计算了两次. 推导中具体考
虑了相对论协变性和碰撞的细致平衡等, 这里就不细说. 碰入项可类似写出.

**a. 能量泛函**

平均场动力学的总能量依赖于相空间分布. 净能量的参数化模型, 应考虑平均场和物态方程, 并能进行输运理论的计算. 参阅 3.4 节, 可以写成 [36]

$$E = \int \mathrm{d}^3 \boldsymbol{r}\, \mathcal{E} + E_{\mathrm{GD}} + E_{\mathrm{T}} + E_{\mathrm{C}}, \tag{5.46}$$

其中第一项的 $\mathcal{E}$ 为能量密度; 第二项

$$E_{\mathrm{GD}} = \frac{a_{\mathrm{GD}}}{2\rho_0} \int \mathrm{d}^3 \boldsymbol{r} (\nabla \rho)^2 \tag{5.47}$$

为密度梯度项, $a_{\mathrm{GD}}$ 为模型参数; 第三项

$$E_{\mathrm{T}} = \frac{a_{\mathrm{T}}}{2\rho_0} \int \mathrm{d}^3 \boldsymbol{r} \rho_{\mathrm{T}}^2 \tag{5.48}$$

为同位旋作用项, 其中 $\rho_{\mathrm{T}}$ 为同位旋三分量密度, $a_{\mathrm{T}}$ 为模型参数; 第四项

$$E_{\mathrm{C}} = \frac{1}{4\pi\varepsilon_0} \int \mathrm{d}^3 \boldsymbol{r} \mathrm{d}^3 \boldsymbol{r}' \frac{\rho_{\mathrm{ch}}(\boldsymbol{r})\rho_{\mathrm{ch}}(\boldsymbol{r}')}{|\boldsymbol{r} - \boldsymbol{r}'|} \tag{5.49}$$

为库仑能项, 其中 $\rho_{\mathrm{ch}}(\boldsymbol{r})$ 为电荷密度.

对于在非相对论简化下与动量无关的平均场, 能量密度可取 [36][38]

$$\mathcal{E} = \sum_{\mathrm{x}} g_{\mathrm{x}} \int \frac{\mathrm{d}^3 \boldsymbol{p}}{(2\pi)^3} f_{\mathrm{x}}(\boldsymbol{p}) \sqrt{p^2 + m_{\mathrm{x}}^2(\rho_{\mathrm{s}})} + \int_0^{\rho_{\mathrm{s}}} \mathrm{d}\rho_{\mathrm{s}}' U(\rho_{\mathrm{s}}') - \rho_{\mathrm{s}} U(\rho_{\mathrm{s}}), \tag{5.50}$$

其中下标 x 为粒子名, $p$ 为动量, $m_{\mathrm{x}}(\rho_{\mathrm{s}}) = m_{\mathrm{x}} + A_{\mathrm{x}} U(\rho_{\mathrm{s}})$, $A_{\mathrm{x}}$ 为重子数,

$$\rho_{\mathrm{s}} = \sum_{\mathrm{x}} g_{\mathrm{x}} A_{\mathrm{x}} \int \frac{\mathrm{d}^3 \boldsymbol{p}}{(2\pi)^3} \frac{m_{\mathrm{x}}(\rho_{\mathrm{s}})}{\sqrt{p^2 + m_{\mathrm{x}}^2(\rho_{\mathrm{s}})}} f_{\mathrm{x}}(\boldsymbol{p}), \tag{5.51}$$

而 $U(\rho_{\mathrm{s}})$ 取唯象的

$$U(\xi) = \frac{-a\xi + b\xi^\nu}{1 + (\xi/2.5)^{\nu-1}}, \tag{5.52}$$

其中 $\xi = \rho_{\mathrm{s}}/\rho_0$, $a$, $b$ 和 $\nu$ 为模型参数. 容易看出, 若在 $E$ 的 (5.46) 式中只有第一项, 则单粒子能量由 (5.50) 式的 $\mathcal{E}$ 给出,

$$\tilde{\epsilon}_{\mathrm{x}}(p, \rho_{\mathrm{s}}) = \sqrt{p^2 + m_{\mathrm{x}}^2(\rho_{\mathrm{s}})}, \tag{5.53}$$

这相当于有效质量受平均场调制的自由粒子动能, 可参阅 2.6 节对 Walecka 平均场模型的讨论. 模型 (5.50) 式中含 $U(\rho_{\mathrm{s}})$ 的后两项, 相当于各种介子场的贡献, 唯象地给出了平均场的密度相关性. 粒子数密度分布可由 Wigner 分布函数算出,

$$\rho(\boldsymbol{r}, t) = \int \mathrm{d}^3 \boldsymbol{p}\, f(\boldsymbol{r}, \boldsymbol{p}, t). \tag{5.54}$$

正常重子数密度取 $\rho_0 = 0.160/\mathrm{fm}^3$. 参数 $a_{\mathrm{GD}}$ 对动量无关平均场取 21.4 MeV, 对动量相关平均场取 18.2 MeV. 参数 $a_{\mathrm{T}} = 97\,\mathrm{MeV}$. 参数 $a$, $b$ 和 $\nu$ 由基态核平均性质来调节. 当每核子能量在 $\rho_0$ 达到极小时, 要求极小值 $\mathcal{E}/\rho - m_{\mathrm{N}} \approx$

$-16\,\text{MeV}$ 和 $K = 210\,\text{MeV}$, 或 $\mathcal{E}/\rho - m_{\text{N}} \approx -17\,\text{MeV}$ 和 $K = 380\,\text{MeV}$, 可分别定出 $a = 187.24\,\text{MeV}$, $b = 102.62\,\text{MeV}$, $\nu = 1.6339$, 或 $a = 121.26\,\text{MeV}$, $b = 52.10\,\text{MeV}$, $\nu = 2.4624$ [36].

对于在非相对论简化下与动量相关的平均场, 能量密度可取 [36]

$$\mathcal{E} = \sum_{\text{x}} g_{\text{x}} \int \frac{\mathrm{d}^3\boldsymbol{p}}{(2\pi)^3} f_{\text{x}}(\boldsymbol{p}) \left[ m_{\text{x}} + \int_0^p \mathrm{d}p'\, v_{\text{x}}^*(p', \rho) \right] + \int_0^\rho \mathrm{d}\rho'\, U(\rho'), \tag{5.55}$$

这里选择重子流为零的定域参考系,

$$\boldsymbol{J} = \sum_{\text{x}} g_{\text{x}} A_{\text{x}} \int \frac{\mathrm{d}^3\boldsymbol{p}}{(2\pi)^3} f_{\text{x}} \boldsymbol{v}_{\text{x}} = 0, \tag{5.56}$$

相对速度 $v_{\text{x}}^*$ 依赖于动量和密度,

$$v_{\text{x}}^*(p, \xi) = \frac{p}{\sqrt{p^2 + m_{\text{x}}^2 / \left( 1 + c\frac{m_{\text{N}}}{m_{\text{x}}} \frac{A_{\text{x}}\xi}{(1 + \lambda p^2/m_{\text{x}}^2)^2} \right)^2}}, \tag{5.57}$$

其中 $c$ 和 $\lambda$ 为模型参数. 注意上式给出了平均场的动量相关性. 与 (5.53) 式类似, 现在单粒子能量由 (5.55) 式的 $\mathcal{E}$ 给出,

$$\tilde{\epsilon}_{\text{x}}(p, \rho) = m_{\text{x}} + \int_0^p \mathrm{d}p'\, v_{\text{x}}^* + A_{\text{x}} \left[ \rho \left\langle \int_0^{p_1} \mathrm{d}p'\, \frac{\partial v}{\partial \rho} \right\rangle + U(\rho) \right], \tag{5.58}$$

其中

$$\rho \left\langle \int_0^{p_1} \mathrm{d}p'\, \frac{\partial v}{\partial \rho} \right\rangle = \sum_{\text{y}} g_{\text{y}} \int \frac{\mathrm{d}^3\boldsymbol{p}_1}{(2\pi)^3} f_{\text{y}}(\boldsymbol{p}_1) \int_0^{p_1} \mathrm{d}p'\, \frac{\partial v_{\text{y}}^*}{\partial \rho}. \tag{5.59}$$

### b. Thomas-Fermi 方程和光学势

对于原子核基态, (5.46) 式的能量 $E$ 应取极小. 与 3.5 节类似, 保持中子和质子数不变, 能量 $E$ 对变分 $\delta\rho_{\text{n}}$ 和 $\delta\rho_{\text{p}}$ 取极值的条件, 给出确定密度分布 $\rho_{\text{n}}$ 和 $\rho_{\text{p}}$ 的 Euler-Lagrange 方程,

$$\tilde{\epsilon}_{\text{p}}\big(p(\rho_{\text{p}})\big) - a_{\text{GD}} \nabla^2 \left( \frac{\rho}{\rho_0} \right) + \frac{a_{\text{T}}}{4} \frac{\rho_{\text{p}} - \rho_{\text{n}}}{\rho_0} + \Phi - \mu_p = 0, \tag{5.60}$$

$$\tilde{\epsilon}_{\text{n}}\big(p(\rho_{\text{n}})\big) - a_{\text{GD}} \nabla^2 \left( \frac{\rho}{\rho_0} \right) + \frac{a_{\text{T}}}{4} \frac{\rho_{\text{n}} - \rho_{\text{p}}}{\rho_0} - \mu_n = 0, \tag{5.61}$$

其中 $\Phi$ 为库仑势. 这组方程又称 Thomas-Fermi 方程, 其边条件为密度 $\rho$ 的法向微商等于零,

$$\nabla_{\text{n}} \rho = 0. \tag{5.62}$$

对于具体的数值计算, 更方便的是把上述 Thomas-Fermi 方程化为

$$\frac{1}{r^2} \frac{\mathrm{d}}{\mathrm{d}r} r^2 \frac{\mathrm{d}}{\mathrm{d}r} \rho = \frac{\rho_0}{2a_{\text{GD}}} \left[ \tilde{\epsilon}_{\text{p}} + \Phi + \tilde{\epsilon}_{\text{n}} - \mu_{\text{p}} - \mu_{\text{n}} \right], \tag{5.63}$$

$$\mu_{\text{p}} - \mu_{\text{n}} = \tilde{\epsilon}_{\text{p}} + \Phi - \tilde{\epsilon}_{\text{n}} + \frac{a_{\text{T}}}{2} \frac{\rho_{\text{p}} - \rho_{\text{n}}}{\rho_0}. \tag{5.64}$$

从 $r = 0$ 点的值 $\rho(0)$ 开始，由 (5.63) 式可算出密度分布 $\rho(r)$. 任一点 $r$ 的密度差 $\rho_{\mathrm{p}} - \rho_{\mathrm{n}}$, 可由 (5.64) 式算出. $\Phi$ 由 Gauss 定理算出. 调整起点的值 $\rho(0)$, 使得在边界 $\rho$ 与 $\mathrm{d}\rho/\mathrm{d}r$ 同时为零. 调整化学势 $\mu_{\mathrm{p}}$ 与 $\mu_{\mathrm{n}}$, 使得质子数与中子数等于设定值. 最后，把 $\Phi$ 与 $\mu_{\mathrm{p}}$ 归一成 $r \to \infty$ 时 $\Phi \to 0$.

模型的参数见文献 [36], 对 $^{208}\mathrm{Pb}$ 核计算的结果如图 5.12 所示. 图中实线为经验值 [39], 长、短虚线分别为用动量无关场计算的质子、中子密度分布, 长、短点划线分别为用动量相关场 $m^* = 0.7m$ 计算的质子、中子密度分布, 所用参数对应于 $K = 210\,\mathrm{MeV}$. 注意这里已经把自由核子质量简写为 $m$, 省去了下标 N.

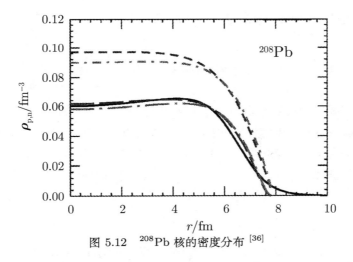

图 5.12    $^{208}\mathrm{Pb}$ 核的密度分布 [36]

为了检验和支持所选的参数值，与 3.5 节 Myers-Świątecki 的工作类似, 除了中、重核的密度分布, Danielewicz 还计算了核物质中的光学势. 采用 Feldmeier 和 Lindner 的定义 [40], 光学势可简单写成单粒子能量与动能之差,

$$U^{\mathrm{opt}}(p) = \epsilon(p) - m - T(p). \tag{5.65}$$

图 5.13 中实线为 Feldmeier-Lindner 对核结构与核子散射实验的拟合 [40], 虚线为用不同平均场参数算得的结果，点线为动量无关平均场的结果，都对应于 $K = 210\,\mathrm{MeV}$. $K = 380\,\mathrm{MeV}$ 与 $K = 210\,\mathrm{MeV}$ 的结果实际上无法分辨，因为这两个势的速度对动量与密度的依赖关系一样 [36].

用 Boltzmann 方程 (5.41) 模拟和分析高能核碰撞时，要遇到非正常核密度特别是低于正常核密度的情形. 在这种情形进行的比较表明，上述光学势的行为与 Brieva-Rook 的 Brueckner-Hartree-Fock 计算 [41] 和 Friedman-Pandharipande 的变分计算 [42] 是一致的 [36].

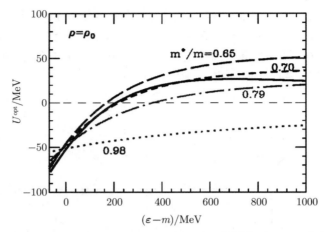

图 5.13    正常核物质内的光学势实部作为核子能量的函数 [36]

### c. 模拟和分析高能核碰撞

用 Boltzmann 方程模拟碰撞过程的计算, 也就是从方程解出相空间分布函数 $f(\boldsymbol{p}, \boldsymbol{r}, t)$. 可用黄卓然 (Cheuk-Yin Wong) 的 赝粒子模拟 (pseudoparticle simulation) [43], 现在文献上称之为 试探粒子法 (test particle method) [44]. 把相空间密度用一组 $\delta$ 函数即试探粒子来表示,

$$\frac{g}{(2\pi)^3} f(\boldsymbol{r}, \boldsymbol{p}, t) = \frac{1}{\mathcal{N}} \sum_k \delta(\boldsymbol{p} - \boldsymbol{p}_k(t)) \delta(\boldsymbol{r} - \boldsymbol{r}_k(t)), \tag{5.66}$$

其中 $\mathcal{N}$ 是每个粒子的试探粒子数. 实际应用时, 要求进行积分的相空间体积元包含足够多的试探粒子. 由运动引起的分布变化, 即方程 (5.41) 左边的漂移项, 用试探粒子满足的哈密顿正则方程来计算:

$$\frac{\mathrm{d}\boldsymbol{r}_k}{\mathrm{d}t} = \frac{\mathrm{d}\epsilon}{\mathrm{d}\boldsymbol{p}_k}, \qquad \frac{\mathrm{d}\boldsymbol{p}_k}{\mathrm{d}t} = -\frac{\mathrm{d}\epsilon}{\mathrm{d}\boldsymbol{r}_k}. \tag{5.67}$$

而由碰撞引起的变化, 即方程右边的碰撞项, 用 Monte-Carlo 程序来计算. 这里碰撞截面是关键的输入函数, 可取自由粒子的 $\sigma_{\text{free}}$ 和在介质中的 $\sigma_{\text{med}}$ 两种情形进行对比. 在介质中的碰撞截面, 虽然理论上可以算 [45], 不过 Danielewicz 是用唯象的做法. 为保持细致平衡, 只对弹性散射取

$$\sigma_{\text{med}} = \sigma_0 \tanh \frac{\sigma_{\text{free}}}{\sigma_0}, \tag{5.68}$$

其中 $\sigma_0 = \rho^{-2/3}$. 整个数值计算在相空间网格上进行, 具体做法见 [36] 及其所引文献.

对于瞄准距离 $b = 8.7\,\text{fm}$ 的 $400A\,\text{MeV}$ Bi+Bi 反应, 模拟计算的等密度图如

上一节的图 5.10 所示. 图 5.14 上图的星号 *, 则给出了体系中心的重子数密度随时间的变化, $\rho(r=0)/\rho_0 \sim t$ [36]. 这是一个不对称的峰, 压缩用了 10 fm/$c$, 膨胀则用了 25 fm/$c$, $\rho(r=0)/\rho_0$ 从 1 到 1 的宽度为 22 fm/$c$. 注意在旁观者飞开后膨胀还继续了一段时间, 结合前面对图 5.9 的运动学分析, 这段时间约为 $(10 + 25 - 27)\,\mathrm{fm}/c = 8\,\mathrm{fm}/c$.

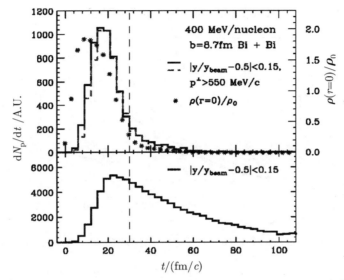

图 5.14　400$A$MeV Bi+Bi 反应模拟计算的结果, $b = 8.7$ fm [36]

图 5.14 还给出了 中间快度 (midrapidity) 的质子发射率随时间变化的关系 d$N_\mathrm{p}$/d$t \sim t$, 这里用 快度 (rapidity) $y$ 来限制观测范围, $y_{\mathrm{beam}}$ 为束流快度. 注意不要把快度 $y$ 与坐标 $y$ 混淆. 在高能实验中, 快度是比速度更方便适用的观测量, 它描述粒子在入射束方向运动的快慢, 在速度 $v \to c$ 时仍能区分快慢有微小差别的情形, 见附录 D. 上图只选择高动量质子, 下图则包括所有质子. 粗虚线得自 $K = 380\,\mathrm{MeV}$ 的动量无关平均场, 其余结果得自 $K = 210\,\mathrm{MeV}$ 和 $m^*/m = 0.7$ 的平均场.

从图 5.14 可以看出, 高能质子的发射比中心压缩的时间推迟约 6 fm/$c$, 而大量质子的发射又比高能质子的发射推迟约 7 fm/$c$. 还可看出, $K = 210\,\mathrm{MeV}$ 和 380 MeV 的结果区别不大. 为了由观测来判断物态方程的软硬, 用质子发射率这种全方位的观测量还不理想, 需要设计和选择特定的观测量. 这里用得着爱因斯坦回答海森伯的那句名言 [46]: "在原则上, 试图单靠可观测量去建立理论那是完全错误的. 实际上正好相反, 是理论决定我们能够观测到什么东西."

出射粒子 *横动量* (transverse momentum), 即其动量在与入射束方向垂直的 $xy$ 平面的分量 $p^{\perp}$, 是一个恰当的观测量. 另一观测量是离面与在面质子产额之比

$$R_{\mathrm{N}} = \frac{N(90^{\circ}) + N(-90^{\circ})}{N(0^{\circ}) + N(180^{\circ})}, \tag{5.69}$$

注意离面与在面均对反应平面 $zx$ 而言, 其中角度为出射方向在 $xy$ 平面的幅角 $\phi$. 图 5.15 为这两个观测量之间关系的一个例子[36].

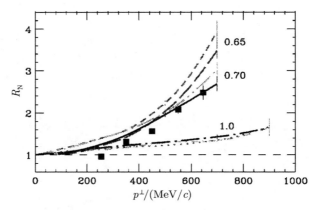

图 5.15    400 $A$ MeV Bi+Bi 反应模拟计算的结果, $\quad b = 8.7\,\mathrm{fm}$ [36]

图 5.15 中, 点线、实线和长划线 $K = 210\,\mathrm{MeV}$, $m^{*}/m$ 依次为 1.0, 0.70, 0.65, 用介质中的碰撞截面计算. 长划点线和短划点线分别是 $K = 380\,\mathrm{MeV}$ 的动量无关平均场和无平均场的结果, 而长划双点线和短划线用自由粒子碰撞截面, 平均场分别对应于 $m^{*}/m = 0.70$ 和 0.65. 实心方块是实验测量值[47]. 可以看出, 这组观测量 $R_{\mathrm{N}} \sim p^{\perp}$ 对物态方程和碰撞截面都敏感, 实验支持 $K = 210\,\mathrm{MeV}$ 和 $m^{*}/m = 0.70$ 的平均场, 和在介质中的碰撞截面.

### d. 从高能核碰撞看核物质的抗压系数

从物理上看, 碰撞的参与者区域受到沿入射 $z$ 轴正反两个方向的挤压, 更容易在与 $z$ 轴垂直的方向膨胀, 见图 5.11. 由此可以期待, 投影到 $xy$ 平面的出射粒子横动量 $p^{\perp}$ 能反映参与者区域核物质被压缩的情形. 在碰撞平面 $zx$ 来看, 这表现为出射粒子方向偏离 $z$ 轴, 来自入射核的粒子偏向 $+x$, 来自靶核的粒子偏向 $-x$. 为了把它们与来自旁观者的粒子区分开, 实验上是测量其快度 $y$. 于是, 可定义 *横向流* (transverse flow)[48]

$$F = \left. \frac{\mathrm{d}\langle p_x/A \rangle}{\mathrm{d}(y/y_{\mathrm{c.m.}})} \right|_{y/y_{\mathrm{c.m.}}=1}, \tag{5.70}$$

这里 $\langle p_x \rangle$ 为观测粒子横动量 $p_x$ 的平均值，$A$ 为观测粒子的核子数，$y$ 是粒子快度，$y_{\text{c.m.}}$ 是粒子在质心系中静止时的快度. 定性地看，$F$ 相当于在碰撞平面出射粒子平均偏向角的正切.

此外，出射粒子有可能受旁观者阻挡，离面与在面的横动量不对称，在与入射束垂直的 $xy$ 平面内呈椭圆状分布[49]. 对这种 椭圆流 (elliptic flow)，可用

$$v_n = \langle \cos n\phi \rangle, \qquad n = 0, 1, 2, \cdots \qquad (5.71)$$

来描述，这里 $\phi$ 为出射粒子动量的幅角，即 $xy$ 平面上 $p^\perp$ 与 $x$ 轴的夹角，$\tan\phi = p_y/p_x$，这是横动量 $p^\perp$ 的离面与在面分量之比. 实际上常用的是出射质子的 $v_2$，

$$v_2 = \langle \cos 2\phi \rangle = \langle \cos^2 \phi - \sin^2 \phi \rangle = \left\langle \frac{p_x^2 - p_y^2}{p_x^2 + p_y^2} \right\rangle, \qquad (5.72)$$

在实验上是选择在质心系快度 $y$ 小而基本上垂直于束流的粒子. $v_2 < 0$ 的情形出射质子离面 ($\phi = 90°$ 或 $-90°$) 多于在面 ($\phi = 0°$ 或 $180°$)，而 $v_2 > 0$ 的情形则相反. 所以，椭圆流 $v_2$ 与横向流 $F$ 一样，能反映参与者区域核物质被压缩的情形.

图 5.16 是入射核 $^{197}$Au 与不同靶核碰撞的横向流，作为入射束每核子能量的函数，束流能量从 $0.15A\,$GeV 到 $10A\,$GeV，碰撞距离 $b$ 从 $5\,$fm 到 $7\,$fm. 实验点

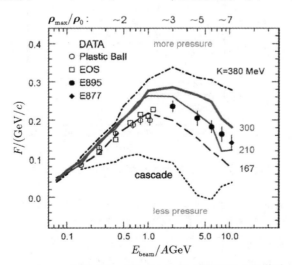

图 5.16   入射核 $^{197}$Au 与不同靶核碰撞的横向流 [37]

Plastic Ball, EOS, E877 和 E895 分别取自 Gustafsson 等[50], Partlan 等[51], Barrette 等[52], 和 Liu 等[53]. 曲线是模拟计算的结果，点线 (标记为 cascade) 的

计算无平均场，$\rho_{\max}$ 是在相应能量模拟计算的密度极大值.

从图上看，横向流随入射束能量 $E_{\text{beam}}$ 的升高有一个平缓的峰，注意横轴是对数标尺. 实验点的峰位于 $2A\,\text{GeV}$ 附近，相应的 $\rho_{\max} \sim 3\rho_0$. 随 $K$ 值的增加，计算曲线的峰位从 $\sim 1A\,\text{GeV}$ 增加到 $2A\,\text{GeV}$ 处，峰高也相应增加. 在 $E_{\text{beam}} < 1A\,\text{GeV}$ 的部分，分布大体呈线性. 实验点的分布，在到达峰值前接近 $K = 167\,\text{MeV}$，在峰值之后则支持 $K = 210\,\text{MeV}$，整个实验点的分布完全排除了抗压系数高于 $300\,\text{MeV}$ 的情形. 只是计算所用的模型包含了密度和动量两方面的相关性，横向流的数据还不足以限制和把这两者独立地定出. 可用入射束流能量较低的椭圆流实验数据，来进一步限制和定出模型的动量相关性.

图 5.17 给出 $700A\,\text{MeV}$ Bi+Bi 的椭圆流 $\langle\cos 2\phi\rangle$ 对出射横动量 $p^{\perp}$ 的关系[54]. 碰撞距离 $b = 8.6\,\text{fm}$，属于擦边碰撞. 实心方块为实验点[47]，曲线为输运理论的计算，核子不同的有效质量 $m^*$ 对应于平均场不同的动量相关[36]，曲线上的误差棒为理论计算的统计误差. 可以看出，实验支持 $m^* = 0.70m$ 的平均场，与图 5.15 的结果一致.

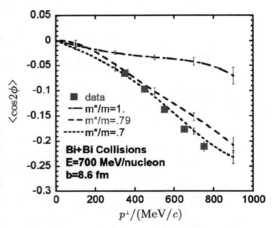

图 5.17    $700A\,\text{MeV}$ Bi+Bi 擦边碰撞椭圆流计算与实验的比较[54]

通过上述计算与实验的比较，并考虑平均场动量相关性和碰撞积分的不确定因子，可得一压强与密度关系的范围. 对于密度在 $2 < \rho/\rho_0 < 4.6$ 的零温核物质，如图 5.18 的阴影区域所示. 图中的压强曲线，由 $K = 210, 300\,\text{MeV}$ 的零温对称核物质物态方程算出. 可以看出，在密度 2 到 $5\rho_0$ 之间，$K = 300\,\text{MeV}$ 产生的压强比 $K = 210\,\text{MeV}$ 的多出 60%.

这一压强与密度的范围，限制了对称核物质物态方程的选择. 图中 Akmal 等人的穿过允许区域的物态方程[55]，代表通过拟合 N-N 散射实验确定两核子相互作用的一类模型. Lalazissis 等人的物态方程 (RMF:NL3, 图中最高的那条粗虚线) [4.48], 代表通过交换有效 $\omega$ 和 $\sigma$ 介子产生 N-N 相互作用的一类相对论性平均场模型. 虽然这类模型多数给出的压强偏高, 然而在拉氏密度中引入非线性项可降低压强, 从而符合这实验的限制 [56]. Boguta 物态方程 [57] 表明, 若在密度 $3\rho_0$ 附近核物质有另一相更稳定, 则物态方程可能软化. 这个物态方程算出的压强太低. 另一方面, 由于实验限制的区域相当宽, 不能排除压强上升到 $\rho \sim 3\rho_0$ 以后有一平台, 容许在较高密度 $\rho > 4\rho_0$ 存在更稳定的相, 从而发生到夸克胶子相变的可能.

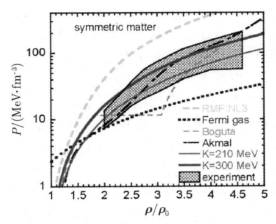

图 5.18　对称核物质的零温物态方程 [37]

高能重离子碰撞实验提供的物态方程信息, 这里只限于对称核物质的抗压性, 虽然还不像核基态与巨共振实验提供的那样丰富和精确, 但对密度成倍高于基态密度 $\rho_0$ 的情形, 它却是唯一和不可替代的. 与对称核物质的图 5.18 类似, Danielewicz 还尝试给出对中子物质的物态方程的限制 [37], 这就涉及高密度不对称核物质的性质. 下面就来讨论相对论性重离子碰撞中高密度不对称核物质的问题.

## 5.4　碰撞核物质的不对称性

核物质的不对称性, 主要表现于物态方程的对称能系数 $J$, 密度对称系数 $L$ 和对称抗压系数 $K_s$. 如何从重离子碰撞实验提取这方面的信息, 十多年来一直是研究和关注的一个主题 [3.16][58]. 这里主要讨论 MSU (Michigan State University) 的同位素扩散实验 [59] 和陈列文、柯治明与李宝安的工作 [60][61][62], 其基础也是平均场模型的输运理论.

不对称性也就是同位旋, 它在核碰撞中的变化与 π 介子自由度紧密相关. 核子、核子共振态和 Δ 等重子的输运方程与 π 介子的输运方程可分别写为 [63]

$$\frac{\partial f_{\rm b}}{\partial t} + \frac{\boldsymbol{p}}{\epsilon_{\rm b}} \cdot \nabla_{\boldsymbol{r}} f_{\rm b} - \nabla_{\boldsymbol{r}} U_{\rm b} \cdot \nabla_{\boldsymbol{p}} f_{\rm b} = I^{\rm b}_{\rm bb} + I^{\rm b}_{\rm b\pi}, \tag{5.73}$$

$$\frac{\partial f_\pi}{\partial t} + \frac{\boldsymbol{k}}{\epsilon_\pi} \cdot \nabla_{\boldsymbol{r}} f_\pi = I^\pi_{\rm b\pi}, \tag{5.74}$$

其中 b 指重子, $\boldsymbol{p}$ 和 $\boldsymbol{k}$ 分别是重子和 π 介子动量, $U_{\rm b}$ 是重子所处的平均场, $I^{\rm b}_{\rm bb}$ 和 $I^{\rm b}_{\rm b\pi}$ 分别是单位相空间体积内 b-b 和 b-π 碰撞引起的重子数增加率, $I^\pi_{\rm b\pi}$ 是 b-π 碰撞引起的 π 介子数增加率. 这里有两点注意, 一是重子位形空间漂移项的速度取 $\boldsymbol{p}/\epsilon_{\rm b}$ 而不是 $\partial\epsilon_{\rm b}/\partial\boldsymbol{p}$, 即这里不考虑平均场的动量相关性. 另一是 π 介子近似自由, 没有动量空间漂移项. 在这个框架里, 除了 b-b 和 b-π 碰撞截面外, 平均场 $U_{\rm b}$ 是主要的物理.

### a. 平均场 $U$ 的模型

用修正的 Gogny 有效相互作用, 从 Hartree-Fock 近似可导出单粒子势 [64]

$$U_\tau(\rho, \delta, \boldsymbol{p}) = A_l \frac{\rho_\tau}{\rho_0} + A_u \frac{\rho_{\tau'}}{\rho_0} + B\left(\frac{\rho}{\rho_0}\right)^\sigma (1 - x\delta^2) - 8\tau x \frac{B}{\sigma+1} \frac{\rho^{\sigma-1}}{\rho_0^\sigma} \delta \rho_{\tau'}$$

$$+ \frac{2C_l}{\rho_0} \int {\rm d}^3\boldsymbol{p}' \frac{f_\tau(\boldsymbol{r}, \boldsymbol{p}')}{1 + (\boldsymbol{p}-\boldsymbol{p}')^2/\Lambda^2} + \frac{2C_u}{\rho_0} \int {\rm d}^3\boldsymbol{p}' \frac{f_{\tau'}(\boldsymbol{r}, \boldsymbol{p}')}{1 + (\boldsymbol{p}-\boldsymbol{p}')^2/\Lambda^2}, \tag{5.75}$$

其中 $\tau' \neq \tau$, $f_\tau(\boldsymbol{r}, \boldsymbol{p}) = 2\Theta[p_{\rm F}(\tau) - p]/(2\pi)^3$, 而 $\sigma$, $A_u$, $A_l$, $B$, $C_l$, $C_u$, $\Lambda$ 和 $x$ 为模型参数. 可以看出, 前四项与密度和不对称度相关, 后两项还与动量相关. 特别是, 后者区分为同位旋相同的 $C_l$ 和不同的 $C_u$ 两项, 突出了不对称性. 这是一种动量相关相互作用 MDI. 而这个同位旋标量和矢量势均与动量相关的同位旋相关 Boltzmann-Uehling-Uhlenbeck 输运模型, 则称为 IBUU04 [65].

要求单粒子势 $U$ 随 $\boldsymbol{p}$ 的变化尽量与用 Gogny 相互作用的 Hartree-Fock 或 Brueckner-Hartree-Fock 算得的一致 [66], 可以定出 $\Lambda = 1.0p_{\rm F}$, $p_{\rm F}$ 为饱和密度 $\rho_0$ 的费米动量 (第 2 章的符号为 $k_{\rm F}$). 这使得同位旋标量势 $(U_{\rm n} + U_{\rm p})/2$ 与采用 N-N 散射数据的变分多体理论相符, 而同位旋矢量势 $(U_{\rm n} - U_{\rm p})/2$ 与得自低能 N-N 散射实验的结果相符 [65]. 要求饱和态 $\rho_0 = 0.16/{\rm fm}^3$, $e_0 = -16.0\,{\rm MeV}$, $K_0 = 211\,{\rm MeV}$, 和 $J \sim 30\,{\rm MeV}$, 可得 $\sigma = 4/3$, $B = 106.35\,{\rm MeV}$, $C_l = -11.70\,{\rm MeV}$, $C_u = -103.40\,{\rm MeV}$, 以及 [62]

$$A_u = -95.98 - x\frac{2B}{\sigma+1}, \qquad A_l = -120.57 + x\frac{2B}{\sigma+1}. \tag{5.76}$$

参数 $x = -2, -1, 0, 1$, 用来模拟微观或唯象的几种对称能 $e_{\rm sym}(\rho)$, $x = 1$ 是模拟用 Gogny 有效相互作用的 Hartree-Fock 计算的结果 [64].

### b. 对称能 $e_{\text{sym}}(\rho)$ 的参数化

对称能 $e_{\text{sym}}(\rho)$ 的定义, 可写成 [60]

$$e(\rho, \delta) = e(\rho, 0) + e_{\text{sym}}(\rho)\delta^2 + \mathcal{O}(\delta^4). \tag{5.77}$$

用物态方程的参数 (见 (3.31) 式, 那里用 $J(\rho)$ 表示对称能), 有

$$e_{\text{sym}}(\rho) = \frac{1}{2}\frac{\partial^2 e}{\partial \delta^2}\bigg|_{\delta=0} = J + \frac{L}{3}\frac{\rho - \rho_0}{\rho_0} + \frac{1}{18}K_s\left(\frac{\rho - \rho_0}{\rho_0}\right)^2 + \mathcal{O}\left(\left(\frac{\rho - \rho_0}{\rho_0}\right)^3\right), \tag{5.78}$$

即在偏离饱和密度 $\rho_0$ 不太远时, 除了 $\rho_0$ 以外, 对称能主要由对称能系数 $J$, 密度对称系数 $L$ 和对称抗压系数 $K_s$ 这三个常数表征. 这里可写出

$$L = 3\rho_0\frac{\mathrm{d}e_{\text{sym}}}{\mathrm{d}\rho}\bigg|_{\rho=\rho_0}, \qquad K_s = 9\rho_0^2\frac{\mathrm{d}^2 e_{\text{sym}}}{\mathrm{d}\rho^2}\bigg|_{\rho=\rho_0}, \tag{5.79}$$

即 $L$ 正比于对称能曲线在饱和点的斜率, $K_s$ 正比于在该点的曲率, 而 $K_{\text{as}} = K_s - 6L$ (见 (3.29) 式). 此外, 若 (5.77) 式中 $\mathcal{O}(\delta^4)$ 可忽略, 则有近似公式

$$e_{\text{sym}}(\rho) \approx e(\rho, 1) - e(\rho, 0). \tag{5.80}$$

物态方程 $e(\rho, \delta)$ 包括动能和势能两部分, 相应的对称能 $e_{\text{sym}}(\rho)$ 亦可分为动能和势能两部分. 动能部分是自由费米气体模型 (见 (2.53) 式), 用 (5.77) 式, 有

$$e_{\text{sym}}^{\text{kin}}(\rho) = \frac{1}{2}\frac{\partial^2 e}{\partial \delta^2} = \frac{1}{3}\epsilon_{\text{F}}\left(\frac{\rho}{\rho_0}\right)^{2/3} = 12.3\left(\frac{\rho}{\rho_0}\right)^{2/3}\text{MeV}. \tag{5.81}$$

若用近似公式 (5.80), 则为

$$e_{\text{sym}}^{\text{kin}}(\rho) \approx (2^{2/3} - 1)\frac{3}{5}\epsilon_{\text{F}}\left(\frac{\rho}{\rho_0}\right)^{2/3} = 13.0\left(\frac{\rho}{\rho_0}\right)^{2/3}\text{MeV}, \tag{5.82}$$

误差 6%. 对称能的势能部分, 可从单粒子势 (5.75) 算出, 参数化为

$$e_{\text{sym}}^{\text{pot}}(\rho) = F\frac{\rho}{\rho_0} + (18.6 - F)\left(\frac{\rho}{\rho_0}\right)^G, \tag{5.83}$$

其中 $F$ 和 $G$ 为依赖于 $x$ 的参数, 见文献 [60]. 总的曲线如图 5.19 [60].

作为对比, 可取动量无关的 软 Bertsch-Kruse-Das Gupta 势 (SBKD) [28][60],

$$U_{\text{SBKD}}(\rho, \delta, \tau) = -356\frac{\rho}{\rho_0} + 303\left(\frac{\rho}{\rho_0}\right)^{7/6}$$

$$+ 4\tau e_{\text{sym}}^{\text{pot}}(\rho) + (18.6 - F)(G - 1)\left(\frac{\rho}{\rho_0}\right)^G \delta^2. \tag{5.84}$$

这个相互作用给出较软的 $K_0 = 200\,\text{MeV}$, 而其对称能与前面 (5.75) 式 MDI 的完全一样.

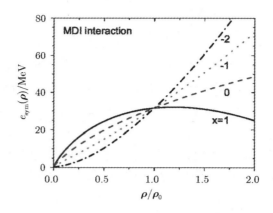

图 5.19   MDI 对称能随密度的变化 [60]

### c. 同位旋扩散的观测

研究对称能的效应, 在静态核的情形, 主要是分析不对称核的质量. 在核碰撞的情形, 可以对比不对称核碰撞与对称核碰撞, 如 $(^{238}\text{U}+^{238}\text{U})/(^{40}\text{Ca}+^{40}\text{Ca})$, 也可比较在入射核与靶核不对称的碰撞过程中, 不对称度的传递和转移, 即同位旋的扩散 [59].

入射核与靶核不对称的碰撞, 例如 $^{124}\text{Sn}+^{112}\text{Sn}$, 入射核的不对称度 $I = (124 - 2 \times 50)/124 = 0.194$, 靶核 $I = 12/112 = 0.107$, 碰撞过程中不对称度会从入射核传递和转移到靶核, 发生 同位旋扩散 (isospin diffusion). 完全扩散而达到平衡的理想情形,  $I = (24+12)/(124+112) = 0.153$. 实际上这是非平衡的输运过程, 扩散的快慢与 N-N 碰撞截面有关, 也与对称能有关. 另一方面, 整个碰撞的时间可粗略估计为 $\tau_{\text{C}} = 2l/v_{\text{b}}$, 其中 $2l$ 为二核碰撞时沿碰撞方向的中心距离 (见图 5.9), $v_{\text{b}} = \beta c$ 为动心系束流速度. 这个时间, 亦即束流能量的选择, 应与扩散的时间相配合.

可把入射核与靶核相同和不同的碰撞分别称为 对称碰撞 和 不对称碰撞. 为排除观测中的非扩散因素, 选择同样条件的对称碰撞 $^{124}\text{Sn}+^{124}\text{Sn}$ 和 $^{112}\text{Sn}+^{112}\text{Sn}$ 作对比. 对于 $50A\,\text{MeV}$ $^{124}\text{Sn}+^{124}\text{Sn}$ 的碰撞,  $\beta = 0.161$. 取 $b = 6\,\text{fm}$ 和核半径 $R = 6.5\,\text{fm}$ (含 $0.55\,\text{fm}$ 的表面弥散度), 得 $\tau_{\text{C}} = 72\,\text{fm}/c$. 更精确的估计, 可从输运模型的 BUU 模拟得到, 如图 5.20 所示. 与图 5.10 类似, 图 5.20 的上部给出了 $50A\,\text{MeV}$ 和 $b = 6\,\text{fm}$ 的 $^{124}\text{Sn}+^{124}\text{Sn}$ BUU 模拟等密度图. 可以看出, 入射核与靶核大约在 $100\,\text{fm}/c$ 时分离, 与 $\tau_{\text{C}}$ 的上述估值量级一致.

需要指出,  $50A\,\text{MeV}$ 的束流, 属于中能重离子碰撞. 碰撞的每核子能量是核势阱深度的量级, 核内核子结合能与库仑能不能忽略, 区分旁观者和参与者的自由核子气体模型需进行修正. 在介质中, 要考虑环境对 N-N 碰撞截面的影响, 以及质子中子有效质量的分裂 [62].

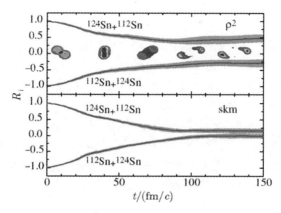

图 5.20 $R_i(\delta)$ 的 BUU 模拟 [59]

在 MSU K1200 回旋加速器上的实验 [59], 选择了入射核与靶核的四种组合, 这里分别用 $j = 1, 2, 3, 4$ 标记, 如表 5.1 所示. 用快度选择从擦边碰撞的入射核区域发射的粒子, 测量 $Z = 3\text{—}8$ 的同位素产额 $Y_j(N, Z)$, 拟合 同位旋标度关系 (isoscaling relationship) [67]

$$R_{j1}(N, Z) = \frac{Y_j(N, Z)}{Y_1(N, Z)} = Ce^{(\alpha N + \beta Z)}, \tag{5.85}$$

得到的 $\alpha$ 值如表 5.1 [59], 其中 $I_0$ 为碰撞组合的总不对称度.

**表 5.1 从实验数据拟合得到的 $\alpha$ 值 [59]**

| $j$ | 1 | 2 | 3 | 4 |
|---|---|---|---|---|
| 组合 | $^{112}\text{Sn} + ^{112}\text{Sn}$ | $^{112}\text{Sn} + ^{124}\text{Sn}$ | $^{124}\text{Sn} + ^{112}\text{Sn}$ | $^{124}\text{Sn} + ^{124}\text{Sn}$ |
| $I_0$ | 0.107 | 0.153 | 0.153 | 0.194 |
| $\alpha$ | 0 | $0.16 \pm 0.02$ | $0.42 \pm 0.02$ | $0.57 \pm 0.02$ |

如果没有发生扩散, 组合 2 和 3 的 $\alpha$ 应分别为 0 和 0.57. 实验测得 0.16 和 0.42, 说明发生了扩散. 若 $\alpha$ 与发射区域不对称度有线性关系, 则在扩散完成达到平衡时, $\alpha$ 应在 $(0 + 0.57)/2 = 0.28$ 左右. 而实际上分别在 0 与 0.28 和 0.28 与 0.57 的中点, 说明扩散大约只进行了一半.

组合 2 与 3 的区别在于, 2 是从靶核向入射核扩散, 3 是从入射核向靶核扩散. 为了消除在这两种情形中平衡前发射等非扩散因素引起的差别, 可用两

者线性插值的平均, 定义 **同位旋输运比** (isospin transport ratio) [59]

$$R_i = \frac{1}{2}\left[\left(2\cdot\frac{x-x_{112+112}}{x_{124+124}-x_{112+112}}-1\right)+\left(1-2\cdot\frac{x_{124+124}-x}{x_{124+124}-x_{112+112}}\right)\right]$$
$$= \frac{2x-x_{124+124}-x_{112+112}}{x_{124+124}-x_{112+112}}, \tag{5.86}$$

其中 $x$ 为对同位旋敏感的观测量, 这里即上述参数 $\alpha$. 当 $x$ 取对称碰撞 $x_{112+112}$ 或 $x_{124+124}$ 时, $R_i$ 归一化为 $-1$ 或 $1$. 若无扩散, 则组合 2 应为 $R_i = -1$, 3 应为 $R_i = 1$. 若完全扩散, 则 2 和 3 的 $R_i$ 均应为 0. 而实际上, 对于不对称碰撞 2 或 3, 实验分别给出 $-0.44$ 或 $0.47$, 即 $|R_i(\alpha)| \approx 0.5$.

统计模型的分析表明, $\alpha$ 与发射粒子区域的不对称度 $I$ 近似有 线性关系 [68]. 在上述实验的基础上, 再测量一组对称碰撞 $^{118}\mathrm{Sn}+^{118}\mathrm{Sn}$ $(I_0 = 0.153)$ 的 $\alpha$, 就可直接验证这种线性关系. 而从这种线性关系, 可得 $R_i(\alpha) \approx R_i(\langle I\rangle)$ [59]. 另一方面, 有限核体系的不对称度 $I$ 与无限核物质的不对称度 $\delta$ 近似相等. 设 $\delta = \langle I\rangle$, 就有

$$R_i(\alpha) \approx R_i(\delta). \tag{5.87}$$

这是联系实验观测与理论计算的基本关系. 注意 $\alpha$ 得自测量 $Z = 3$—8 的出射粒子, 而 $\delta$ 是计算 入射核残余 (projectile remnant, projectile residue, or quasiprojectile) 的平均不对称度 $\langle I\rangle$. 为降低统计涨落, 这是用多次计算的平均中子和质子数来算.

图 5.20 上图计算用的相互作用, 相应于 $e_{\mathrm{sym}} = C_{\mathrm{sym}}(\rho/\rho_0)^2$, 密度相关性很强, 随着演变中密度的降低, 扩散很快停止, 在两核分离时 $|R_i(\delta)|$ 约趋于 0.5. 下图是用 SkM 相互作用, 相应的 $e_{\mathrm{sym}} = 38.5(\rho/\rho_0) - 21.0(\rho/\rho_0)^2$ [69], 密度相关性较弱, 扩散一直进行到两核分离, 这时 $R_i(\delta)$ 已经趋于平衡值 0. 计算值的宽度表示统计涨落的大小. 这一结果表明, 假设同位旋标度关系 (5.85) 是反映碰撞完成两核分离后入射核残余的发射, 就可用 $R_i(\alpha)$ 的观测值来限制和定出核物质的对称能.

**d. 用 $R_i(\alpha)$ 确定对称能 $e_{\mathrm{sym}}(\rho)$**

更实际的输运模型计算 [60], 采用前述参数化的 MDI 相互作用 (5.75) 和 SBKD 相互作用 (5.84). 计算 $\langle I\rangle$ 所用的入射核残余区域, 选择局域密度高于 $\rho_0/20$, 动心系速度高于 $v_\mathrm{b}/2$ 的核子集合. 密度截断 $\rho_0/8$ 给出几乎相同的结果. 碰撞项的计算, 采用自由核子 N-N 散射的实验截面.

图 5.21 是这样算得的 $R_i(\delta)$ 和平均中心密度的时间演化, $x = -1$. 可以看出, 同位旋扩散主要是在大约 30 至 80 fm/$c$ 的区间, 相应的平均中心密度大约

为 1.2 至 $0.3\rho_0$. 与图 5.20 不同, 这里的 $R_i$ 约在 $100\,\mathrm{fm}/c$ 有一低谷, 过后又缓慢回升. 这一方面是由于对称势 $(U_n - U_p)/2\delta$ 在低密度时仍有相当强度, 另一方面是由于三种碰撞组合的时间演化历程不同, 使得在低密度对 $R_i$ 仍有贡献. 不过可以看出, 在 $120\,\mathrm{fm}/c$ 附近入射核与靶核的残余完全分离时, MDI 的 $R_i$ 已经趋于 $\sim 0.5$ 的极限, 与 MSU 的实验相符. 而 SBKD 的 $R_i$ 明显低于实验值.

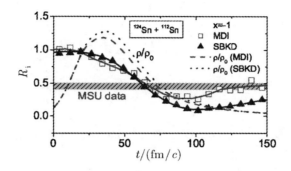

图 5.21 $R_i(\delta)$ 和平均中心密度的时间演化, MDI 与 SBKD 相互作用, $x = -1$ [60]

前面已经指出, 对于中能重离子碰撞, 要考虑介质的效应. 介质效应既影响核子有效质量, 也影响 N-N 散射截面. 核子有效质量 $m_\tau^*$ 通常依赖于介质密度、不对称度以及核子动量 [70], 可一般地定义为 [62]

$$\frac{m_\tau^*}{m_\tau} = 1 + \frac{m_\tau}{p}\frac{\mathrm{d}U_\tau}{\mathrm{d}p}. \tag{5.88}$$

另一方面, 在 N-N 散射中, 初态入射流和末态能级密度都依赖于核子有效质量. 假设散射矩阵元与自由空间相同, 就可把介质中的 N-N 散射截面 $\sigma_{\mathrm{med}}$ 写成 [62]

$$\sigma_{\mathrm{med}} = \sigma_{\mathrm{exp}}\left(\frac{\mu_{\mathrm{NN}}^*}{\mu_{\mathrm{NN}}}\right)^2, \tag{5.89}$$

其中 $\sigma_{\mathrm{exp}}$ 为自由空间 N-N 散射实验截面, $\mu_{\mathrm{NN}}^*/\mu_{\mathrm{NN}}$ 为介质与自由空间碰撞核子对的约化质量之比. 注意参数 $x$ 只出现在密度相关项中, 与有效质量和散射截面无关.

用 MDI 相互作用的 IBUU04 模型和 $\sigma_{\mathrm{med}}$ 计算 $R_i(\delta)$ 的时间演化, 结果如图 5.22 所示 [62]. 可以看出, 只有 $x = -1$ 的情形, 能与 MSU 的实验相符. 而参数 $x$ 的选择, 决定抗压系数 $K(\delta) \approx K_0 + K_{\mathrm{as}}\delta^2$ (见 (3.29) 式) 中的 $K_{\mathrm{as}}$. 随着 $x$ 的增加, $K_{\mathrm{as}}$ 相应增加, 见图 5.23.

图 5.23 中的 $\gamma$, 是参数化对称能 $e_{\mathrm{sym}}(\rho) \approx 31.6(\rho/\rho_0)^\gamma$ MeV 中密度的幂次. 纵坐标为 同位旋输运强度 (strength of isospin transport) $1 - R_i$, 其中 $R_i$ 的计算

取 120 至 150 fm/$c$ 的时间平均. 与图 5.20 一样, 标出了计算的统计误差. 这里就不讨论这个图的物理, 有兴趣的读者可看原文 [62]. 要指出的是, 如图 5.23 所示, 对于 MDI 相互作用的 IBUU04 模型, 若用自由空间 N-N 散射的实验截面 $\sigma_{\mathrm{exp}}$, 在 $x=-1$ 附近输运强度 $1-R_i$ 达到极小, 并给出与 MSU 数据相符的结果. 这时 $\gamma=1.05$, 有 $e_{\mathrm{sym}}(\rho)\approx 31.6(\rho/\rho_0)^{1.05}\,\mathrm{MeV}$, $K_{\mathrm{as}}\approx -550\pm 100\,\mathrm{MeV}$.

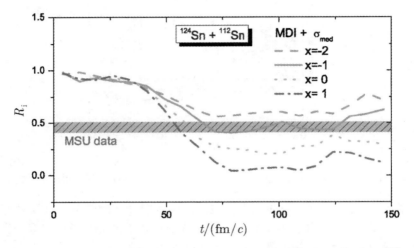

图 5.22　$R_i(\delta)$ 的时间演化, MDI 相互作用的 IBUU04 模型和 $\sigma_{\mathrm{med}}$ [62]

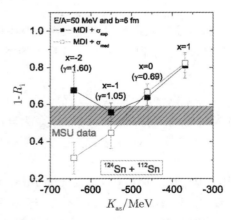

图 5.23　$1-R_i(\delta)$ 随 $K_{\mathrm{as}}$ 的变化, MDI 相互作用的 IBUU04 模型和 $\sigma_{\mathrm{med}}$ [62]

若用介质中的散射截面 $\sigma_{\mathrm{med}}$, 则输运强度 $1-R_i$ 随 $x$ 的上升而单调上升, 与 MSU 的数据符合的范围在 $x$ 从 $-1$ 到 $0$ 之间. 在原则上, 可精确算出与

MSU 数据符合的 $x$ 值, 和相应的 $K_{as}$ 与 $\gamma$. 而用线性插值, 即可简单地定出 $K_{as} \approx -500 \pm 50\,\mathrm{MeV}$, $\gamma = 0.89$. 介质的影响, 会使输运强度随 $K_{as}$ 的变化从有极小变成单调的, 这可能包含了某种物理.

注意 $K_{as} = K_s - 6L$, 其中 $L$ 正比于图 5.19 中曲线在饱和点的斜率, $K_s$ 正比于曲线在该点的曲率. 可以看出, 随着 $x$ 的减小, 曲线斜率增加, 即 $L$ 增加. 于是与图 5.23 类似, 可给出输运强度 $1 - R_i$ 随 $L$ 变化的图 5.24 [61]. 与图 5.23 同样, 符合 MSU 数据的 $x$ 在 $0$ 与 $-1$ 之间, 用简单的线性插值, 可得 $L = 88 \pm 25\,\mathrm{MeV}$.

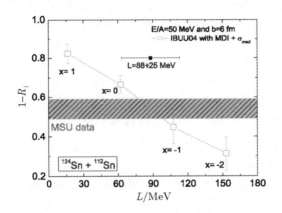

图 5.24  $1 - R_i(\delta)$ 随 $L$ 的变化, MDI 相互作用的 IBUU04 模型和 $\sigma_{\mathrm{med}}$ [61]

既然参数 $x$ 是模拟几种对称能的, 它就不仅影响重离子碰撞, 还会影响基态核的性质, 例如中子皮. 于是, 核的中子皮厚度, 也可用来限制和选择 $x$. 这种研究表明, 与 $^{208}\mathrm{Pb}$ 中子皮厚度相符的 $x$, 在 $0$ 与 $1$ 之间 [62]. 这个区间, 与前面用 MSU $R_i$ 数据限制的区间 $-1$ 至 $0$, 共同的交点是 $x = 0$, 这对应于 $\gamma = 0.69$.

归纳起来, 得到的主要结果是 [60][61][62]

$$e_{\mathrm{sym}}(\rho) \approx 31.6(\rho/\rho_0)^{0.69}\,\mathrm{MeV}, \quad K_{as} = -500 \pm 50\,\mathrm{MeV}, \quad L = 88 \pm 25\,\mathrm{MeV}, \quad (5.90)$$

由此还可算出

$$K_s = K_{as} + 6L \approx 28\,\mathrm{MeV}, \quad (5.91)$$

这是通过重离子碰撞, 在非正常密度区域得到的结果. 从 MSU 实验数据分析和提取这些信息的物理模型和图像, 是适合中能重离子碰撞的输运理论. 但在确定 $\gamma$ 的数值时, 除了 MSU 的重离子数据, 还用到中子皮的数据. 所以这些结果的基础并不完全相同.

必须指出,本节讨论的问题,属于目前十分活跃的前沿领域. 和本书其他章节一样,囿于作者的了解,这里的介绍和讨论只是一个简单和初步的导引,不一定准确,更不可能全面和及时. 有兴趣的读者,可从有关文献和会议进一步获取全面完整和更新 (update) 的信息.

## 5.5  核物质的液气相变

前面输运模型的模拟表明,从接触开始,碰撞参与者区域快速压缩和热化,持续时间 $\sim 20\,\mathrm{fm}/c$,其间有 平衡前 (pre-equilibrium) 轻粒子发射. 然后膨胀,发生关联. 几十 $\mathrm{fm}/c$ 后,不均匀的核介质中出现界面,结团形成 碎块 (fragments). 碎块间距增加到能克服和失去相互作用时,其成分和内部能量就固定下来. 亦即,在粒子平均自由程达到相互作用力程时,体系热运动就被 冻结 (freeze-out). 冻结后的碎块,在长程库仑作用下沿各自的轨道运动,与外界停止粒子和热的交换,一般不在基态,会在几百 $\mathrm{fm}/c$ 内慢慢向真空发射轻粒子. 经过约纳秒量级 ($\sim 10^{14}\,\mathrm{fm}/c$) 的时间后,冷却的最后产物进入探测系统. 对碎块进行测量,就能获得体系热运动状态的信息.

可用体积 $V$、压强 $p$、不对称度 $\delta$ 和温度 $T$ 来描述和讨论体系的热运动. 体积是几何变量,压强是力变学量,不对称度是化学变量,这在输运模型中已经遇到,现在的问题是温度这个热学变量. 温度本是关于无限体系热平衡的概念,其基础是热力学第零定律,即存在平衡态并有传递性,若 A 与 B 平衡, B 与 C 平衡, 则 A 与 C 平衡 [71]. 而现在的对象是有限体系,对有限体系如何引进温度,引进的温度与无限体系的温度概念是否一致和相容,都是需要研究的问题. 下面的讨论将仿照 Weisskopf 的做法 [1.7][72],并给出简单的物理分析和诠释.

### a. Weisskopf 核温度

若孤立核体系的激发能为 $E^*$, Boltzmann 熵为 $S$, 则仿照热力学第二定律,可以写出

$$\mathrm{d}E^* = T\mathrm{d}S, \tag{5.92}$$

$$S = k_\mathrm{B}\ln W, \tag{5.93}$$

其中 $W$ 在统计力学里有几种等价的选择 [2.3],这里取总激发能 $E^*$ 处的微观量子态密度. 注意在自然单位里 Boltzman 常数 $k_\mathrm{B} = 1$,可以省略不写. (5.92) 式表示,体系激发能的增加正比于熵的增加. 而 (5.93) 式表示,熵的增加就是几率

的增加, $\mathrm{d}S = \mathrm{d}W/W$. 联立这两式, 有

$$\mathrm{d}E^* = T\frac{\mathrm{d}W}{W}, \tag{5.94}$$

即激发能的增加正比于几率的增加, 比例常数为 $T$.

核子是费米子, 在体系的基态, 费米面下的单粒子态全部填满, 费米面上的态全空. 若在费米面上填入一些核子, 费米面下出现空位, 体系就被激发. 激发能的增加, 对应于费米面上填充态的增加, 亦即填充几率的增加, 这就是 (5.94)式的物理. 注意这里 $E^*$ 和 $W$ 都是对有限体系定义的, 所以 (5.92) 和 (5.94)式中的 $T$ 也定义于有限体系. 这样定义的 $T$, 称为 Weisskopf 核温度 (nuclear temperature), 简称 核温度. 按照这个定义, 当体系趋于无限时, 核温度就成为通常统计力学的绝对温度.

现在把上述体系分成 $1, 2$ 两部分. 两部分间没有粒子交换, 但有能量交换, 每一部分都不再是孤立系. 由于能量守恒, 可写出

$$\mathrm{d}E_i^* = T_i\mathrm{d}S_i - \mathrm{d}E_i^t, \qquad i = 1, 2, \tag{5.95}$$

其中 $\mathrm{d}E_i^t$ 为体系 $i$ 净输出的能量. 由于 $\mathrm{d}E_1^t = -\mathrm{d}E_2^t$, 所以

$$\mathrm{d}E^* = \mathrm{d}E_1^* + \mathrm{d}E_2^*. \tag{5.96}$$

由于两部分间没有粒子交换, 在位形没有变动的情况下, $W = W_1W_2$, 所以

$$S = S_1 + S_2. \tag{5.97}$$

利用上述关系, 可写出

$$T\mathrm{d}S = T_1\mathrm{d}S_1 + T_2\mathrm{d}S_2 = T_1\mathrm{d}S + (T_2 - T_1)\mathrm{d}S_2. \tag{5.98}$$

一般地说, $T_1 \neq T_2$, 所以 $T \neq T_1, T_2$. 当 $T_1 = T_2$ 时, 上式表明,

$$T = T_1 = T_2, \tag{5.99}$$

这时称 1 与 2 达到 热平衡. 若体系分成的任意两部分均彼此热平衡, 则称体系处于 热平衡态. 实际上, 体系只有处于热平衡态, (5.92) 或 (5.94) 式定义的温度才有意义, 温度是描述热平衡态的量.

再回到 (5.92) 式. 填充态数的增加对应于激发能的增加, 所以 $T \geqslant 0$. 一般说来, $T$ 随 $E^*$ 变, $E^*$ 是 $T$ 的函数, $E^* = E^*(T)$. 当 $T \to 0$ 时, $E^* \to 0$, 并且 $E^*$ 比 $T$ 趋于 0 更快, 即比热趋于 0,

$$\left.\frac{\mathrm{d}E^*}{\mathrm{d}T}\right|_{T\to 0} \longrightarrow 0, \tag{5.100}$$

这相当于热力学第三定律. 于是, $E^*(T)$ 在 $T = 0$ 点的展开不含 $T$ 的一次项,

对于激发不太高的强简并情形, 有

$$E^* = aT^2, \tag{5.101}$$

其中 $a$ 是待定参数. 从上式解出 $T$ 代入 (5.94) 式, 即可求出

$$W = W_0 e^{2\sqrt{aE^*}}, \tag{5.102}$$

即 $a$ 确定能态的密度.

从微观模型, 可推出 $a$ 的表达式. 由第 2 章的含温 Thomas-Fermi 模型 (见 (2.139) 式), 求低温对称核物质的每核子激发能, 即得

$$E^* = A\big[e(\rho, \delta, T) - e(\rho, \delta, 0)\big]_{\delta=0} = \frac{\pi^2 A}{4\epsilon_{\mathrm{F}}} \frac{(\rho/\rho_0)^{-2/3}}{1 + c_{\mathrm{s}}(k_{\mathrm{F}}/k_{\mathrm{D}})^3 \rho/\rho_0} T^2 = aT^2, \tag{5.103}$$

即

$$a = \frac{\pi^2 A}{4\epsilon_{\mathrm{F}}} \frac{(\rho/\rho_0)^{-2/3}}{1 + c_{\mathrm{s}}(k_{\mathrm{F}}/k_{\mathrm{D}})^3 \rho/\rho_0}, \tag{5.104}$$

其中 $c_{\mathrm{s}}$ 为相互作用常数, $k_{\mathrm{D}}$ 为动量相关作用参数. 可以看出, $a$ 与密度和相互作用有关, 正比于费米面上的单粒子能级密度 $n_{\mathrm{F}} = 6A/4\epsilon_{\mathrm{F}}$ [73][74], 故称为 能级密度参数 (level density parameter).

在 (5.104) 式中略去相互作用, $c_{\mathrm{s}} = 0$, 即得自由费米气体的结果, 代入 $\epsilon_{\mathrm{F}} \approx 37\,\mathrm{MeV}$, 有

$$a = \frac{\pi^2 A}{4\epsilon_{\mathrm{F}}} \left(\frac{\rho}{\rho_0}\right)^{-2/3} \approx \frac{A}{15} \left(\frac{\rho}{\rho_0}\right)^{-2/3} \mathrm{MeV}^{-1}, \tag{5.105}$$

其数值通常在 $A/13$—$A/8$ 之间 [75][76].

### b. 实验测定的核温度

考虑一粒子与热源构成的孤立系, 二者有能量交换, 体系总能量 $E^*$. 粒子能量在 $\epsilon$ 附近 $\mathrm{d}\epsilon$ 内的几率可以写成

$$I(\epsilon)\mathrm{d}\epsilon \propto w(\epsilon)W(E^* - \epsilon)\mathrm{d}\epsilon, \tag{5.106}$$

其中 $w(\epsilon)$ 为粒子在自由空间的能级密度, $W(E^* - \epsilon)$ 为热源的能级密度. 若热源足够大, $E^* \gg \epsilon$, 则由 (5.101) 和 (5.102) 式有 $W(E^* - \epsilon) \approx W(E^*)e^{-\epsilon/T}$, 而 $w(\epsilon) = 4\pi V p^2 \mathrm{d}p/(2\pi)^3 \mathrm{d}\epsilon \propto \sqrt{\epsilon}$, 于是有 Maxwell 谱 [77]

$$I(\epsilon)\mathrm{d}\epsilon \approx C\epsilon^{1/2}e^{-\epsilon/T}\mathrm{d}\epsilon, \tag{5.107}$$

其中 $T = \sqrt{E^*/a}$ 是热源的温度, $C$ 是归一化常数. 对于从热核体系发出粒子的情形, $T$ 就是剩余核温度, $I(\epsilon)$ 则是出射粒子谱.

实际上, 出射粒子的分布, 还依赖于粒子从体系穿越边界势垒的几率 $P(\epsilon)$,

$$I(\epsilon)\mathrm{d}\epsilon \propto P(\epsilon)w(\epsilon)W(E^* - \epsilon)\mathrm{d}\epsilon. \tag{5.108}$$

由细致平衡, 有 $P(\epsilon) = gv\sigma(\epsilon)/V$, 其中 $\sigma(\epsilon)$ 是粒子射入剩余核回到初始核体系的截面, $g$ 是与角动量和简并度相关的运动学因子. 考虑到 $\sigma(\epsilon)$ 随 $\epsilon$ 变化很慢, 可近似为常数, $\sigma(\epsilon) \approx \sigma_0$, 有 $P(\epsilon) \propto \sqrt{\epsilon}$, 即得

$$I(\epsilon)\mathrm{d}\epsilon \approx C\epsilon e^{-\epsilon/T}\mathrm{d}\epsilon, \tag{5.109}$$

这就是 Weisskopf 蒸发模型 的 蒸发谱, 其中 $T = \sqrt{E^*/a}$ 是剩余核温度, $C$ 是归一化常数. 注意这里的推导使用有限体系的核温度, 而 2.3 节费米气体蒸发的讨论, 则是把统计力学直接用于有限核物质液滴, 两者的结果形式相同.

作为参数化的公式, Maxwell 谱 (5.107) 和蒸发谱 (5.109) 都被用来拟合实验测量的结果 [78]. 在物理上, 前者适用于体积发射的情形, 后者适用于表面发射的情形, 而 Boltzmann 因子 $e^{-\epsilon/T}$ 适用于粒子谱的高能尾部 [79][80]. 由拟合粒子分布的实验数据得到的核温度, 文献上常称为 表观温度 (apparent temperature)[81]. 特别是, 在对数坐标中, 用直线拟合出射粒子能谱的高能端, 所得斜率即 $-1/T$. 这样得到的核温度, 称为 谱温度 或 斜率温度.

考虑发射的粒子本身也是热核体系的情形, 如处于热激发的 $^4$He, $^5$Li, $^6$Li, $^7$Li, $^8$Be. 假设母体在发射粒子时已达到热平衡, 则发出的子体温度也就是母体温度. 子核温度 $T$ 可由其不同态的相对布居数来确定. 设其 1, 2 两态的能级和布居数分别为 $\epsilon_1$, $\epsilon_2$ 和 $N_1$, $N_2$, 则有

$$\frac{N_2}{N_1} = ge^{-(\epsilon_2-\epsilon_1)/T}, \tag{5.110}$$

其中 $g$ 为与自旋有关的简并因子. 于是温度 $T$ 可由相对产额 $N_2/N_1$ 来测定. 这是 Morrissey 等提出的方法 [82]. 这样得到的核温度是发射母体的温度, 称为发射温度 (emission temperature)[83], 亦称 相对态布居比温度 [84].

还可利用同位素或同量异位数产额之比来测定温度, 这与体系组元的变化有关, 涉及化学平衡. 考虑发射粒子是核子数为 $A$ 质子数为 $Z$ 的核, 结合能为 $B(A,Z)$. 设核 $(A,Z)$ 与自由核子在相互作用体积 $V$ 内处于统计平衡, 并假设温度足够高而密度并不高, $\rho < \rho_0/2$, Maxwell-Boltzmann 统计适用, 则其平均密度可写成 [85]

$$\rho(A,Z) = \frac{1}{V}\sum_i \int \frac{4\pi V p^2 \mathrm{d}p}{(2\pi)^3} g_i e^{[-(\epsilon_k+\epsilon_i^*)+\mu_p Z+\mu_n(A-Z)+B(A,Z)]/T}$$

$$= \frac{(2\pi mT)^{3/2}}{(2\pi)^3}\omega(A,Z)F_{\mathrm{MB}}(A,Z), \tag{5.111}$$

$$\omega(A,Z) = \sum_i g_i e^{-\epsilon_i^*/T}, \tag{5.112}$$

$$F_{\mathrm{MB}}(A,Z) = e^{[\mu_p Z+\mu_n(A-Z)+B(A,Z)]/T}, \tag{5.113}$$

其中 $\epsilon_k = p^2/2m$ 为粒子动能，$m = Am_N$ 为粒子质量，$\epsilon_i^*$ 为粒子内部激发能，$g_i$ 为其简并度，$\mu_p$ 和 $\mu_n$ 分别为自由质子和中子的化学势. 对于同一种粒子，$F_{MB}(A, Z)$ 相同，可以吸收到归一化常数中，对能谱的讨论无影响. 现在考虑同位素或同量异位数产额之比，这一项就是主要的因素. 注意此式有意义的前提，是处于化学平衡，亦即 $\mu_p$ 和 $\mu_n$ 有定义. 而能用此式的前提，则是发射粒子的激发体系已经处于热平衡和化学平衡，即达到 热冻结 和 化学冻结.

温度不太高时，$\epsilon_i^*/T \gg 1$，$\omega(A, Z) \approx g(A, Z)$，$g(A, Z)$ 为核 $(A, Z)$ 的基态自旋简并度. 由 (5.111)—(5.113) 式可以看出，对于给定的核 $(A, Z)$，$T$ 不仅依赖于 $\rho(A, Z)$，还依赖于 $\mu_p$ 和 $\mu_n$. 密度 $\rho(A, Z)$ 正比于产额 $Y(A, Z)$，而 $\mu_p$ 和 $\mu_n$ 与核 $(A, Z)$ 无关，可用同位素或同量异位数产额之比把它们消去，例如

$$R = \frac{Y(A_1, Z_1)/Y(A_1 + 1, Z_1)}{Y(A_2, Z_2)/Y(A_2 + 1, Z_2)} = \frac{e^{B/T}}{a}, \tag{5.114}$$

$$B = B(A_1, Z_1) - B(A_1 + 1, Z_1) - B(A_2, Z_2) + B(A_2 + 1, Z_2), \tag{5.115}$$

其中常数 $a$ 只与自旋和质量有关. Albergo 等人指出 [85]，根据 (5.114) 式，就可用两对同位素产额之比的比值来定温度. 用这种方法测定的核温度，称为 同位素温度 (isotopic temperature) [75][76].

上述三种定核温度的方法，是测量特定粒子的能谱或产额，属于 单举 (inclusive) 观测. 此外，还有需要测量所有粒子的 遍举 (exclusive) 观测 [86]. 冻结出来的激发体系，其激发能 $E^*$ 在碎裂中转变为碎块激发能 $\epsilon_i^*$ 和动能 $\epsilon_{ik}$. 由 (5.101) 式有 $\epsilon_i^* = a_i T^2$，由能量均分定理有 $\epsilon_{ik} = 3T/2$，于是有

$$\langle E^* \rangle = \Big\langle \sum_{i=1}^{M} a_i \Big\rangle T^2 + \frac{3}{2} \langle (M - 1) \rangle T, \tag{5.116}$$

其中 $M$ 为碎裂的碎块数，动能项 $E_k = 3(M - 1)T/2$ 已经减去了质心动能. $a_i$ 与碎块质量数 $A_i$ 等有关，设法定出所有的 $a_i$，就可用上式从平均激发能 $\langle E^* \rangle$ 定出 $T$. 此外，(5.116) 式中的动能项 $E_k$，可通过对所有碎块和电荷分布的测量反推出来. 于是，也可由平均动能 $\langle E_k \rangle$ 来定温度，

$$T(E^*) = \frac{\langle E_k \rangle}{3\langle (M - 1) \rangle/2}. \tag{5.117}$$

### c. 液气相变的临界温度

前面已经提到，碰撞参与者区域先是快速压缩热化，然后膨胀发生关联，接着在核介质中出现界面，结团形成碎块，最后在库仑作用下发射飞出. 这是一个复杂的微观动力学过程，但可尝试在适当的简化近似下，用平衡态统计力学来分析和处理.

在低于临界温度的气液混合区域, 快速压缩热化的体系, 处于不稳定的过热态, 在扰动下会蒸发形成气泡. 而膨胀稀释的体系, 则处于不稳定的过冷态, 在扰动下会凝聚形成液滴, 成为出射的碎块. Siemens 形象地把这两个过程定性描绘在一张密度 - 温度相图中 [87], 见图 5.25. 就是在高于临界温度的气态区域, 核子也有一定几率凝聚成核射出.

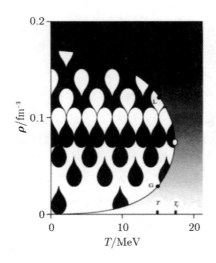

图 5.25　核物质液 → 气 (上部) 和气 → 液 (下部) 相变示意 [87]

对于出射核来说, 发射体系不仅是热源, 还是粒子源, 出射核与它既有能量交换, 还有粒子交换. 设此体系已经达到热冻结和化学冻结, 与出射核构成孤立系, 总能量为 $E_T$, 粒子数为 $A_T$. 于是, 出射核能量为 $E$ 核子数为 $A$ 的几率

$$P(E, A) = \frac{1}{\Xi} w(E, A) W_R(E_T - E, A_T - A), \tag{5.118}$$

其中 $w$ 与 $W_R$ 分别为出射核与发射粒子后剩余体系的态密度, $\Xi$ 为归一化常数. 用 (5.93) 式, 有 $w = e^S$, $W_R = e^{S_R}$, 其中 $S$ 与 $S_R$ 分别是出射核与剩余体系的熵. 假设剩余体系足够大, $E \ll E_T$, $A \ll A_T$, 可取近似

$$S_R(E_T - E, A_T - A) \approx S_R(E_T, A_T) - \beta E + \beta \mu A, \tag{5.119}$$

$$\beta = \frac{\partial S_R}{\partial E_R} = \frac{1}{T}, \qquad \beta \mu = -\frac{\partial S_R}{\partial A_R}, \tag{5.120}$$

其中 $E_R = E_T - E$, $A_R = A_T - A$, $T$ 为热源温度, $\mu$ 为粒子源的核子化学势. 于是

$$P(E, A) = \frac{1}{\Xi} e^{-\beta(-ST + E - \mu A)}, \tag{5.121}$$

其中因子 $e^{S_R(E_T, A_T)}$ 与出射核无关, 已吸收到 $\varXi$ 中. 注意 $e^{\beta ST} = e^S = w$ 是出射核的态密度,

$$\varXi = \sum_{E,A} e^{-\beta(-ST + E - \mu A)} = \sum_{\{E,A\}} e^{-\beta(E - \mu A)}, \tag{5.122}$$

其中第一个等式是对出射核能级 $E$ 和核子数 $A$ 求和, 第二个等式是对用 $E$ 和 $A$ 标记的全部量子态求和. 这正是巨正则系综的配分函数, 有 [2.3]

$$T \ln \varXi = pV, \tag{5.123}$$

其中 $p$ 为体系压强. 于是可写出 [87]

$$P(\overline{E}, A) = e^{-(G - \mu A)/T}, \tag{5.124}$$

其中 $G = \overline{E} - TS + pV$ 为出射核液滴的 Gibbs 自由能, $\overline{E} = \langle E \rangle$ 为出射核在温度为 $T$ 时的平均激发能, 而 $\mu A$ 为出射前这 $A$ 个核子处于气态时的 Gibbs 自由能. 物理上看, 上式也就是 $A$ 个核子的气体发生凝聚, 转变为液滴的几率.

$A$ 足够大时, $G$ 可取液滴展开 (参考 3.2 节) [88]

$$G = \mu_L A + \sigma \varSigma(A) + kT \ln A, \tag{5.125}$$

其中 $\mu_L$ 为液相每核子自由能, 即核液体的化学势, $\sigma$ 为表面张力系数, $\varSigma(A)$ 为核表面积, $k$ 为临界指数. 对于球形核, $\varSigma(A) = 4\pi r_0^2 A^{2/3}$, 其中 $r_0$ 依赖于温度, 由液态密度确定. $\sigma$ 也依赖于温度, 当温度趋近临界温度 $T_C$ 时, $\sigma \sim (T - T_C)^\gamma$, $\gamma > 1$. 于是有 [89][90]

$$P(\overline{E}, A) \propto A^{-k} X^{A^{2/3}} Y^A, \tag{5.126}$$

$$X = e^{-a(T)/T}, \tag{5.127}$$

$$Y = e^{-b(T)/T}, \tag{5.128}$$

其中 $a(T) = 4\pi r_0^2(T)\sigma(T)$, $b(T) = \mu_L - \mu$. 注意在临界点 $a(T_C) = b(T_C) = 0$, 有 $X = Y = 1$. 当 $T < T_C$ 时 $a(T) > 0$, 有 $X < 1$, 而气液混合, 两相化学势相等, $b(T) = 0$, 有 $Y = 1$. 当 $T > T_C$ 时 $a(T) = 0$, 有 $X = 1$, 而 $b(T) > 0$, 有 $Y < 1$. 所以

$$P(\overline{E}, A) \propto \begin{cases} A^{-k} X^{A^{2/3}}, & T < T_C, \\ A^{-k}, & T = T_C, \\ A^{-k} Y^A, & T > T_C. \end{cases} \tag{5.129}$$

上式表明, 出射核大小 $A$ 的分布为被一指数因子调制的幂次型, 调制指数在临界温度时为 0, 低于临界温度时正比于表面能, 高于临界温度时正比于液气两相自由能差.

在碰撞实验中, 从出射核按核子数 $A$ 的分布 $P(\overline{E}, A)$, 可拟合定出参数 $k$,

$a(T)$ 和 $b(T)$. 幂律指数 $k$ 与温度无关， $a(T)$ 和 $b(T)$ 随温度改变. 调节碰撞入射核的能量，即可改变核温度 $T$. 由得到幂律分布的条件 $a(T_C) = b(T_C) = 0$, 即可定出临界温度 $T_C$. 这是理想的情形. 实际上，有限的实验数据不足以拟合定出这么多参数. 于是退而求其次，可以尝试拟合只含一个参数的分布

$$P(\overline{E}, A) \propto A^{-\tau}, \tag{5.130}$$

其中 $\tau$ 称为 表观指数 (apparent exponent). 从 (5.129) 式可以看出，表观指数 $\tau$ 依赖于温度 $T$, $\tau = \tau(T)$. 由于 $X^{A^{2/3}}$ 和 $Y^A < 1$, 调制因子 $\leqslant 1$, 在临界点表观指数为极小，并等于临界指数 $k$,

$$k = \tau(T_C) \leqslant \tau(T). \tag{5.131}$$

图 5.26 是 Panagiotou 等人对实验数据拟合的结果，他们这样定出的液气相变临界温度和指数分别为 [89]

$$T_C = 12.0 \pm 0.2 \, \text{MeV}, \qquad k \sim 1.7. \tag{5.132}$$

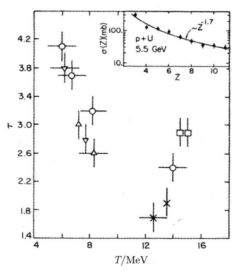

图 5.26　碎片分布拟合幂律的表观指数 $\tau$ 随温度 $T$ 的变化 [89]

### d. 量热曲线

体系温度与所吸收能量的关系，称为 量热曲线 (caloric curve). 从量热曲线的形状，可看出体系发生相变的情形 [91][92]. 为寻求核激发体系发生液气相变的信号，一个直接的途径，就是测量和分析其量热曲线. 图 5.27 是 Pochodzalla 等人给出的结果 [93].

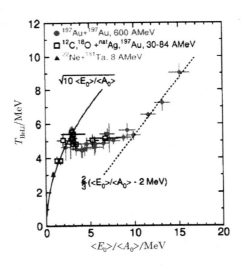

图 5.27   同位素温度 $T_{\text{HeLi}}$ 随每核子激发能 $\langle E_0\rangle/\langle A_0\rangle$ 变化的量热曲线 [93]

他们用 GSI 的 ALADIN 向前谱仪, 观测 $600A\,\text{MeV}$ 的 Au+Au 碰撞. 为避开碰撞过程中复杂的动力学因素的影响, 实验只探测来自入射核中旁观者的荷电碎片和中子, 而把来自参与者区域的排除在外. 一个给定事件的平均激发能, 可由下式来测定:

$$\langle E_0\rangle = \left(\left\langle \sum_i m_i\right\rangle + \left\langle \sum_i K_i\right\rangle\right) - \left(\langle m_0\rangle + \langle K_0\rangle\right), \tag{5.133}$$

其中求和下标 $i$ 遍历该事件中所有衰变产物, $m_i$ 为其质量, $K_i$ 为其动能, 而 $m_0$ 和 $K_0$ 分别为衰变前具有核子数 $A_0 = \sum_i A_i$ 和电荷数 $Z_0 = \sum_i Z_i$ 的碎片的质量和动能. 体系的温度, 取由产额比 $^3\text{He}/^4\text{He}$ 与 $^6\text{Li}/^7\text{Li}$ 定义的同位素温度:

$$T_{\text{HeLi}} = \frac{16}{\ln\left(2.18 \times \dfrac{Y_{6\text{Li}}/Y_{7\text{Li}}}{Y_{3\text{He}}/Y_{4\text{He}}}\right)}, \tag{5.134}$$

其中系数由理论和实验的分析来选择和检验 [93].

除了 $600A\,\text{MeV}$ Au+Au 的结果 (圆点), 图中也给出了中能区 (30—84) $A\,\text{MeV}$ $^{12}\text{C}$, $^{18}\text{O}$+Ag, $^{197}\text{Au}$ 的结果 (方块), 这些点的平均激发能 $\langle E_0\rangle$ 和温度 $T_{\text{HeLi}}$, 均测自靶核的剩余区 (旁观者). 此外, 还给出了一个 $8.1A\,\text{MeV}$ $^{22}\text{Ne}+^{181}\text{Ta}$ 融合反应的点 (三角形). 这些实验点所描绘的量热曲线, 可分成三段. 随着平均每核子激发能从 0 增加到 2 MeV, 温度从 0 大约上升到 4.5 MeV, 这是液体加热升温蒸发的过程. 然后, 激发能从 2 MeV 增加到 10 MeV, 温度保持为约 4.5—5.5 MeV 的平台, 这是从液态相变到气态的液气混合区. 激发能从 10 MeV 继续增加, 温度开始直线上升, 这则是气体的加热升温.

液体加热升温段的实线按 (5.101) 式画出, 即

$$T = \sqrt{E^*/a} = \sqrt{\langle E_0 \rangle/a} = \sqrt{k\langle E_0 \rangle/\langle A_0 \rangle}, \tag{5.135}$$

其中 $a = \langle A_0 \rangle/k$, 取 $k = 10\,\mathrm{MeV}$. 由 (5.105) 式可算出这时 $\rho/\rho_0 \approx 0.54$. 气体加热升温段的虚线按经典气体能量均分定理画出, 即

$$T = \frac{2}{3}\big(\langle E_0 \rangle/\langle A_0 \rangle - b\big), \tag{5.136}$$

其中参数 $b = 2\,\mathrm{MeV}$ [93].

### e. 简单讨论

从物理上看, (5.136) 式中 $b = -e(\rho, T)$ 是核子从液态蒸发所需能量, $e(\rho, T)$ 为液体物态方程. 可取唯象的

$$e(\rho, T) = e(\rho_0) + \frac{K}{18}\Big(1 - \frac{\rho}{\rho_0}\Big)^2 + \frac{\pi^2 T^2}{4\epsilon_{\mathrm{F}}}\Big(\frac{\rho}{\rho_0}\Big)^{-2/3}, \tag{5.137}$$

其中右边前两项为 Scheid-Ligensa-Greiner 零温物态方程 (见 (2.34) 式), 第三项为低温费米子体系平均每核子动能 (见 (2.88) 式), 即 (5.101) 式. 取 $e(\rho_0) = -8\,\mathrm{MeV}$, $K = 220\,\mathrm{MeV}$, $\epsilon_{\mathrm{F}} = 37\,\mathrm{MeV}$, 和前面由 $k = 10\,\mathrm{MeV}$ 估计的 $\rho/\rho_0 \approx 0.54$, 即可由 $e(\rho, T) = -2\,\mathrm{MeV}$ 算出 $T \approx 5.8\,\mathrm{MeV}$, 与图 5.27 的温度平台基本相符.

从图上可以看出, 与相变温度约 $5\,\mathrm{MeV}$ 相应的液态每核子激发能约 $2\,\mathrm{MeV}$, 气态每核子激发能约 $9\,\mathrm{MeV}$, 所以相变潜热约 $7\,\mathrm{MeV}$, 大约等于原子核的平均每核子结合能. 量热曲线有一温度平台, 从液态到气态发生突变, 存在相变潜热, 这是一级相变的特征 [1], 与物理直觉和理论分析相符.

理论分析表明 [94][95], 这样测出的液气相变温度, 明显低于无限核物质的相变温度. 这是因为核体系的体积和粒子数有限, 有表面能, 并且存在长程的库仑排斥, 平均每核子结合能比无限核物质的低. 实际上, 由于体积和粒子数有限, 不能取 热力学极限 ($A \to \infty$, $V \to \infty$, $A/V \to$ 常数), 这种在统计力学意义上的 小系统, 还会呈现一些奇特的性质.

例如, 核碰撞中多重碎裂产物大小的分布, 能用幂律拟合, 可解释为临界现象, 符合 Fisher 的小液滴模型 [96][97]. 而碎片分布的这种临界指数和标度行为, 是二级相变的特征! 这是由于体系的粒子数有限, 观测量涨落很大, 从而使一级相变表现得类似于在临界点的二级相变.

更奇特的, 是在相变温度附近比热成为负的: 供给系统能量加热, 系统的温度不是上升反而下降! 这是因为未取热力学极限, 热力学势是系统变量的解析函数, 量热曲线是光滑的, 不存在微商不连续的平台. 图 5.27 中的 "平台",

应是一段先缓慢上升到极大, 然后下降到极小, 最后再缓慢上升的平缓光滑曲线, 曲线由上凸变为下凹, 曲率变号. 于是, 在从极大下降到极小的这一段, 斜率为负, 比热是负的. 而由图可以看出, 这段曲线极大与极小之差在实验误差之内, 斜率不易直接测定. 实际的测量, 利用了比热与能量涨落的关系[98].

把体系能量 $E$ 分成互相独立的两部分, $E = E_1 + E_2$, 就可写出与之相应的量子态数 $W_i(E_i) = \mathrm{e}^{S_i(E_i)}$, $i = 1, 2$, 其中 $S_i(E_i)$ 是相应的熵. 对于不含动量相关相互作用的体系, 动能 $E_\mathrm{k}$ 和势能 $E_\mathrm{v}$ 就是这样的两部分, 可令 $E_1 = E_\mathrm{k}$, $E_2 = E_\mathrm{v}$. 由于与势能独立, 动能分布可写成

$$P_1(E, E_1) = \frac{W_1(E_1)W_2(E - E_1)}{W(E)} = \mathrm{e}^{S_1(E_1)+S_2(E-E_1)-S(E)}. \tag{5.138}$$

取级数展开

$$S_i(E_i) = S_i(\overline{E}_i) + \frac{E_i - \overline{E}_i}{T_i} - \frac{(E_i - \overline{E}_i)^2}{2T_i^2 C_i} + \cdots, \tag{5.139}$$

其中温度 $T_i = \partial E_i/\partial S_i$, 比热 $C_i = \partial E_i/\partial T_i$,

$$\frac{1}{T_i} = \frac{\partial S_i}{\partial E_i}, \qquad \frac{1}{C_i} = -T_i^2 \frac{\partial^2 S_i}{\partial E_i^2}, \tag{5.140}$$

于是有

$$S_1(E_1) + S_2(E - E_1) = S_1(\overline{E}_1) + S_2(\overline{E}_2) + \Big(\frac{1}{T_1} - \frac{1}{T_2}\Big)(E_1 - \overline{E}_1)$$
$$- \frac{1}{2}\Big(\frac{1}{T_1^2 C_1} + \frac{1}{T_2^2 C_2}\Big)(E_1 - \overline{E}_1)^2 + \cdots, \tag{5.141}$$

其中 $\overline{E}_2 = E - \overline{E}_1$. 由此可以看出, 保留到 $E_1 - \overline{E}_1$ 的二次项, 分布 $P(E, E_1)$ 就近似为 Gauss 型. $T_1 = T_2 = T$ 时, 分布的峰值为 $\overline{E}_1$,

$$P(E, E_1) \propto \mathrm{e}^{(E-\overline{E}_1)^2/2\sigma_1^2}, \tag{5.142}$$

$$\sigma_1^2 = \frac{C_1 C_2}{C_1 + C_2} T^2. \tag{5.143}$$

从上式解出 $C_2$, 再与 $C_1$ 相加, 就得体系的比热

$$C = C_1 + C_2 = \frac{C_1^2}{C_1 - \sigma_1^2/T^2}. \tag{5.144}$$

这就表明, 当动能涨落 $\sigma_1$ 大于一阈值, 比热就成为负的,

$$C < 0, \qquad 当 \sigma_1 > \sqrt{C_1}\, T. \tag{5.145}$$

按照 (5.144) 式, 针对 $35A\,\mathrm{MeV}$ Au+Au 碰撞, D'Agostino 等人研究其中准入射粒子源的能量涨落, 得到了核激发体系比热为负的结果[99]. 每核子比热 $C/A$ 随每核子激发能 $E^*/A$ 的变化如图 5.28 中的黑点所示, 左右两图相应于关于冻结的两种假设, 灰色带为 $C_i$ 的置信范围. 碎片分配约在激发能 $4.5A\,\mathrm{MeV}$

附近呈现临界现象，围绕此值比热出现负的分岔，这就提供了一级液气相变的直接证据．

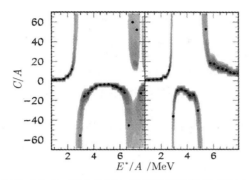

图 5.28    每核子比热 $C/A$ (黑点) 随每核子激发能 $E^*/A$ 的变化 [99]

这里必须指出，按通常的理解，相变是在热力学极限下物态方程的反常行为 [100]，并按热力学势在相变点非解析的程度分类．所以，这里的讨论隐含了一个基本问题：对于不能取热力学极限的小系统，如何定义相变 [101]，以及如何为相变分级？更进一步的问题：统计力学的各种系综，在热力学极限下才互相等效，对于不能取热力学极限的小系统，如何选择适用的系综？这就涉及统计力学的基础 [102]，属于理论物理最深层的研究．

有限体系的统计热力学，还是一个正在探索和研究的领域．可以期待，现在无限体系的统计热力学，只是将来的理论在体系趋于无限时的极限情形．前面的讨论，假设统计热力学的概念适用于有限核体系，并假设体系冻结时已达到热平衡，而实际上热核碎裂前是否达到热平衡，在实验和理论上都还需要仔细的探讨 [103]．在这样借用现有理论和概念时，对推理过程和所得结果，需要保持审慎和批判的态度．

## 参 考 文 献

[1] 王竹溪，  热力学 (第二版)，北京大学出版社，  2005.

[2] C.K. Walters and W.M. Fairbank, *Phys. Rev.* **103** (1956) 262.

[3] Horst Müller and Brian D. Serot, *Phys. Rev.* **C 52** (1995) 2072.

[4] Hong-qiu Song, Guo-dong Zheng, and Ru-keng Su, *J. Phys.* **G 16** (1990) 1861.

[5] 刘波，吕才典，郭华，贺泽君，  高能物理与核物理, **26** (2002) 1056.

[6] Jun Xu, Lie-Wen Chen, Bao-An Li, and Hong-Ru Ma, *Phys. Rev.* **C 77** (2008) 014302.

[7] Cheng-Shing Wang, *Commun. Theor. Phys.* (Beijing) **8** (1987) 187.

[8] W.A. Küpper, G. Wegmann and E.R. Hilf, *Ann. Phys.* (N.Y.) **88** (1974) 454; W.A. Küpper, Ph. D. thesis, University of Munich, 1978.

[9] G. Sauer, H. Chandra and U. Mosel, *Nucl. Phys.* **A 264** (1976) 221.

[10] H.A. Bethe, G.E. Brown, J. Cooperstein and J.R. Wilson, *Nucl. Phys.* **A 403** (1983) 625; J. Cooperstein, *Nucl. Phys.* **A 438** (1985) 722.

[11] D.G. Ravenhall, C.J. Pethick and J.M. Lattimer, *Nucl. Phys.* **A 407** (1983) 571; J.M. Lattimer, C.J. Pethick, D.G. Ravenhall and D.Q. Lamb, *Nucl. Phys.* **A 432** (1985) 646.

[12] P. Bonche, S. Levit and D. Vautherin, *Nucl. Phys.* **A 436** (1985) 265.

[13] Kai Cheong Chung and Cheng-Shing Wang, *Commun. Theor. Phys.* (Beijing) **11** (1989) 499.

[14] X. Vinas, M. Barranco, J. Treiner and S. Stringari, *Astron. Astrophys.* **182** (1987) L34.

[15] Cheng-Shing Wang, *Commun. Theor. Phys.* (Beijing) **8** (1987) 187.

[16] 王正行， 近代物理学 (第二版), 北京大学出版社， 2010.

[17] 黄卓然 (Cheuk-Yin Wong) 著, 张卫宁译， 高能重离子碰撞导论, 哈尔滨工业大学出版社， 2002.

[18] R. Stock, et al., *Phys. Rev. Lett.* **49** (1982) 1236.

[19] J. Cugnon, *Phys. Rev.* **C22** (1980) 1885.

[20] H. Kruse, B.V. Jacak, and H. Stöcker, *Phys. Rev. Lett.* **54** (1985) 289.

[21] J. Aichelin and Che Ming Ko, *Phys. Rev. Lett.* **55** (1985) 2661.

[22] G.Q. Li and C.M. Ko, *Phys. Lett.* **B 349** (1995) 405.

[23] C. Gale, G. Bertsch and S. Das Gupta, *Phys. Rev.* **C35** (1987) 1666.

[24] J.D. Bjorken, *Phys. Rev.* **D 27** (1983) 140.

[25] P. Danielewicz, arXiv:nucl-th/0009091v2, 4 Oct 2000.

[26] A.A. Vlasov, *JETP* **8** (1938) 291.

[27] E.A. Uehling and G.E. Uhlenbeck, *Phys. Rev.* **43** (1933) 552.

[28] G.F. Bertsch, H. Kruse, and S. Das Gupta, *Phys. Rev.* **C 29** (1984) 673.

[29] Leo P. Kadanoff and Gordon Baym, *Quantum Statistical Mechanics*, W.A. Benjamin, Inc., New York, 1962.

[30] 葛凌霄，卓益忠， 高能物理与核物理 **13** (1989) 652.

[31] Che Ming Ko, Qi Li, and Renchuan Wang, *Phys. Rev. Lett.* **59** (1987) 1084; Che Ming Ko and Qi Li, *Phys. Rev.* **C 37** (1988) 2270.

[32] Bernhard Blättel, Volker Koch, Wolfgang Cassing, and Ulrich Mosel, *Phys. Rev.* **C 38** (1988) 1767.

[33] Shun-Jin Wang, Bao-An Li, Wolfgang Bauer, and Jørgen Randrup, *Ann. Phys.* (N.Y.) **209** (1991) 251.

[34] Guangjun Mao, Zhuxia Li, and Yizhong Zhuo, *Phys. Rev.* **C 53** (1996) 2933.

[35] E. Wigner, *Phys. Rev.* **40** (1932) 749.

[36] P. Danielewicz, *Nucl. Phys.* **A 673** (2000) 375.

[37] Paweł Danielewicz, Roy Laccey and William G. Lynch, *Science* **298** (2002) 1592.

[38] P. Danielewicz et al., *Phys. Rev. Lett.* **81** (1998) 2438.

[39] C.W. de Jager, H. de Vries and C. de Vries, *At. Data Nucl. Data Tables* **14** (1974) 479.

[40] H. Feldmeier and J. Lindner, *Zeit. f. Phys.* **A 341** (1991) 83.

[41] E.A. Brieva and J.R. Rook, *Nucl. Phys.* **A 291** (1977) 299.

[42] B. Friedman and V.R. Pandharipande, *Phys. Lett.* **B 100** (1981) 205.

[43] Cheuk-Yin Wong, *Phys. Rev.* **C 25** (1982) 1460.

[44] G.F. Bertsch and S. Das Gupta, *Phys. Rep.* **160** (1988) 189.

[45] Guangjun Mao, Zhuxia Li, Yizhong Zhuo, and Enguang Zhao, *Phys. Rev.* **C55** (1997) 792.

[46] W. 海森伯，原子物理学的发展和社会，马名驹等译，中国社会科学出版社，1985, 北京.

[47] D. Brill et al., *Zeit. f. Phys.* **A 355** (1996) 61.

[48] K.G.R. Doss et al., *Phys. Rev. Lett.* **57** (1986) 302.

[49] P. Danielewicz, *Nucl. Phys.* **A 661** (1999) 82c.

[50] H.A. Gustafsson et al., *Mod. Phys. Lett.* **A 3** (1988) 1323.

[51] M.D. Partlan et al., *Phys. Rev. Lett.* **75** (1995) 2100.

[52] J. Barrette et al., *Phys. Rev.* **C 56** (1997) 3254.

[53] H. Liu et al., *Phys. Rev. Lett.* **84** (2000) 5488.

[54] Paweł Danielewicz, Roy Laccey and William G. Lynch, arxiv.org/pdf/nucl-th/0208016.

[55] A. Akmal, V.R. Pandhairpande and D.G. Ravenhall, *Phys. Rev.* **C 58** (1998) 1804.

[56] S. Typel and H.H. Wolter, *Nucl. Phys.* **A 656** (1999) 331.

[57] J. Boguta, *Phys. Lett.* **B 109** (1982) 251.

[58] 雍高产，陈列文，李宝安，原子核物理评论 **26** (2009) 85.

[59] M.B. Tsang et al., *Phys. Rev. Lett.* **92** (2004) 062701.

[60] Lie-Wen Chen, Che Ming Ko, and Bao-An Li, *Phys. Rev. Lett.* **94** (2005) 032701.

[61] Lie-Wen Chen, Che Ming Ko, and Bao-An Li, *Phys. Rev.* **C 72** (2005) 064309.

[62] Bao-An Li and Lie-Wen Chen, *Phys. Rev.* **C 72** (2005) 064611.

[63] Bao-An Li and Wolfgang Bauer, *Phys. Rev.* **C 44** (1991) 450.

[64] C.B. Das, S. Das Gupta, C. Gale, and Bao-An Li, *Phys. Rev.* **C 67** (2003) 034611.

[65] Bao-An Li, Champak B. Das, Subal Das Gupta, and Charles Gale, *Phys. Rev.* **C 69** (2004) 011603(R); *Nucl. Phys.* **A 732** (2004) 563.

[66] I. Bombaci and U. Lombardo, *Phys. Rev.* **C 44** (1991) 1892.

[67] M.B. Tsang et al., *Phys. Rev. Lett.* **86** (2001) 5023.

[68] M.B. Tsang et al., *Phys. Rev.* **C 64** (2001) 054615.

[69] V. Baran et al., *Nucl. Phys.* **A 632** (1998) 287.

[70] M. Jaminon and C. Mahaux, *Phys. Rev.* bf C 40 (1989) 354.

[71] Edward G. Harris, *Introduction to Modern Theoretical Physics*, John Wiley & Sons, 1975.

[72] V.F. Weisskopf, the document prepared in 1944 for use at the Los Alamos Scientific Laboratory as LA-24, and declassified 1945 as MDDC 1175, in the *Lecture Series in Nuclear Physics* (MDDC 1175), United States Government Printing Office, 1947; John M. Blatt and Victor F. Weisskopf, *Theoretical Nuclear Physics*, John Wiley & Sons, Inc., New York, 1952.

[73] H.A. Bethe, *Rev. Mod. Phys.* **9** (1937) 69.

[74] J.P. Bondorf, A.S. Botvina, A.S. Iljinov, I.N. Mishustin, and K. Sneppen, *Phys. Rep.* **257** (1995) 133.

[75] M. D'Agostino, A.S. Botvina, M. Bruno, et al., *Nucl. Phys.* **A 650** (1999) 329.

[76] M. D'Agostino, R. Bougault, F. Gulminelli, et al., *Nucl. Phys.* **A 699** (2002) 795.

[77] G.D. Westfall, R.G. Sextro, A.M. Poskanzer, A.M. Zebelman, Gilbert W. Butler, and Earl K. Hyde, *Phys. Rev.* **C 17** (1978) 1368.

[78] 胡济民，王正行，高能物理与核物理 **3** (1979) 772.

[79] Alfred S. Goldhaber, *Phys. Rev.* **C 17** (1978) 2243.

[80] T.C. Awes, G. Poggi, C.K. Gelbke, et al., *Phys. Rev.* **C 24** (1981) 89.

[81] A.M. Poskanzer, Gilbert W. Butler, and Earl K. Hyde, *Phys. Rev.* **C 3** (1971) 882.

[82] D.J. Morrisey et al., *Phys. Lett.* **B 148** (1984) 423.

[83] J. Pochodzalla et al., *Phys. Rev. Lett.* **55** (1985) 177.

[84] 靳根明，原子核物理评论，**15** (1998) 227.

[85] S. Albergo, S. Costa, E. Costanzo, and A. Rubbino, *Nuovo Cimento* **A 89** (1985) 1.

[86] M. D'Agostino, M. Bruno, F. Gulminelli, et al., *Nucl. Phys.* **A 749** (2005) 55c.

[87] Philip J. Siemens, *Nature* **305** (1983) 410.

[88] M.E. Fisher, *Physics* **3** (1967) 255.

[89] A.D. Panagioutou, M.W. Curtin, H. Toki, D.K. Scott, and P.J. Siemens, *Phys. Rev. Lett.* **52** (1984) 496.

[90] A.D. Panagioutou, M.W. Curtin, and D.K. Scott, *Phys. Rev.* **C 31** (1985) 55.

[91] Y.-G. Ma, A. Siwek, J. Péter, F. Gulminelli et al., *Phys. Lett.* **B 390** (1997) 41.

[92] Jorge A. López and Claudio O. Dorso, *Phase Transformations in Nuclear Matter*, World Scientific, Singapore, 2000.

[93] J. Pochodzalla et al., *Phys. Rev. Lett.* **75** (1995) 1040.

[94] Wang Neng-ping, Yang Shan-de, and Xu Gong-ou, *J. Phys.* **G 20** (1994) 101.

[95] Yi-Jun Zhang, Ru-Keng Su, Hongqiu Song, and Fu-Min Lin, *Phys. Rev.* **C 54** (1996) 1137.

[96] J.B. Elliott et. al., *Phys. Rev. Lett.* **88** (2002) 042701.

[97] J.B. Elliott et. al., *Phys. Rev.* **C 67** (2003) 024609.

[98] Ph. Chomaz and F. Gulminelli, *Nucl. Phys.* **A 647** (1999) 153.

[99] M. D'Agostino, F. Gulminelli, Ph. Chomaz, et. al., *Phys. Lett.* **B 473** (2000) 219.

[100] C.N. Yang and T.D. Lee, *Phys. Rev.* **87** (1952) 404.

[101] Ph. Chomaz and F. Gulminelli, *Nucl. Phys.* **A 749** (2005) 3c.

[102] Qi-Ren Zhang, *Physica* **A 388** (2009) 4041.

[103] 萨本豪, 原子核物理评论 **15** (1998) 207.

# 6  中子星中的核物质

前面三章, 依次讨论了从基态核、巨共振核以及碰撞核实验所得到的核物质信息, 现在来考虑从超新星爆发和中子星观测获取核物质信息的问题. 这里中子星 一词, 是指以不对称度很大的核物质为主要成分, 但也可能包含各种强作用粒子甚至退禁闭夸克物质的 致密星体 (compact stars). 而通常说的致密星体, 则还包括 白矮星 (white dwarfs) [1][2].

超新星爆发和中子星中的核物质, 具有很高密度和很大不对称度, 这在地面实验中目前还做不到. 而中子星中的物态平衡, 要考虑引起不对称度变化的弱作用过程, 如中子质子的转化, 以及相应的电荷和电子成分问题, 这在强作用占支配的核物理实验中则可以忽略. 所以, 对超新星爆发和中子星的观测, 可以获得核物理实验不能提供的核物质信息, 而这些信息的获得与处理, 则包含更多与核物理实验不同的物理.

核物质的信息, 主要包含在星体结构的特征之中. 中子星从表面到内核, 密度和压强均呈急剧上升跨度很大的分布. 除了表面 大气 (atmosphere) 和一层表皮 (envelope) 外, 中子星内依次由 星壳 (crust), 外核 (outer core) 和 内核 (inner core) 构成 [3]. 以核子自由度为主的致密物质, 存在于星壳内层及其所包围的星核中, 星核几乎集中了中子星的全部质量. 中子星的质量和大小, 基本上由核物质性质确定. 其中的物理, 主要是引力与压强的平衡, 涉及物质的压缩性质. 所以用中子星的质量和半径, 可以提取关于核物质抗压系数的信息. 中子星中核物质不对称度很大, 高密度核物质不对称系数及其随密度的变化也是一个重要的物理.

在过去的一二十年间, 伴随着上千颗脉冲星的发现, 中子星物理成了研究的前沿和热点, 这就不是本书所要讨论的主题, 有兴趣的读者, 可以参阅有关的专著 [1.10][4][5]. 在这里, 只能简略描述几个涉及核物质性质的问题, 详细的讨论可参阅有关评述 [6][7].

## a. TOV 方程

考虑球对称情形. 由于万有引力的作用, 星球内部压强 $p(r)$ 沿半径 $r$ 有一分布. 相应地, 星球物质密度 $\rho_{\mathrm{m}}(r)$ 也有一分布. 若令 $m(r)$ 是星球物质在半径 $r$ 以内的总质量, 则在牛顿近似下, 星内 $r$ 到 $r + \mathrm{d}r$ 的一层物质所受内外压强差 $\mathrm{d}p$ 与所受万有引力平衡的条件, 亦即 流体平衡条件, 为

$$4\pi r^2 \mathrm{d}p = -\frac{Gm(r)}{r^2}\rho_{\mathrm{m}}(r)4\pi r^2 \mathrm{d}r, \tag{6.1}$$

$$m(r) = \int_0^r \rho_{\mathrm{m}}(r)4\pi r^2 \mathrm{d}r, \tag{6.2}$$

写成微分方程就是

$$\frac{\mathrm{d}p}{\mathrm{d}r} = -\frac{Gm(r)\rho_{\mathrm{m}}(r)}{r^2}, \tag{6.3}$$

$$\frac{\mathrm{d}m}{\mathrm{d}r} = 4\pi r^2 \rho_{\mathrm{m}}(r), \tag{6.4}$$

其中 $G$ 是万有引力常数. 这是关于 $p(r)$, $\rho_{\mathrm{m}}(r)$ 和 $m(r)$ 的非线性微分方程组, 称为 星体结构方程. 上述推导用了牛顿万有引力定律, 所以只适用于密度不高引力不强的星体.

对于中子星, 其密度为核物质密度的量级,

$$\rho_{\mathrm{m}} \sim m_{\mathrm{N}}\rho_0, \tag{6.5}$$

注意这里仍用 $\rho$ 和 $\rho_0$ 表示核子数密度, 而用加下标 m 的 $\rho_{\mathrm{m}}$ 表示物质密度. 由于密度高, 万有引力强, 广义相对论效应是主要的物理. 从爱因斯坦引力场方程出发, 对于球对称情形, 可以推得 (见附录 E)

$$\frac{\mathrm{d}p}{\mathrm{d}r} = -\frac{G[m(r) + 4\pi r^3 p/c^2](\mathcal{E} + p)/c^2}{r^2[1 - 2Gm(r)/c^2 r]}, \tag{6.6}$$

$$\frac{\mathrm{d}m}{\mathrm{d}r} = \frac{4\pi r^2}{c^2}\mathcal{E}, \tag{6.7}$$

其中 $\mathcal{E} = \rho_{\mathrm{m}}c^2$ 是星体物质的能量密度. 这组方程 (6.6) 和 (6.7) 称为 Tolman-Oppenheimer-Volkoff 方程 或 Oppenheimer-Volkoff 方程 [8][9], 简称 TOV 方程, 它们是广义相对论的星体结构方程, 在非相对论近似下成为方程 (6.3) 和 (6.4).

TOV 方程是一组关于 $p(r)$, $\mathcal{E}(r)$ 和 $m(r)$ 的非线性微分方程. 为了求解, 还需要知道星体物质的物态方程

$$p = p(\mathcal{E}). \tag{6.8}$$

这组方程的解析解很难求 [8], 通常都是算数值解. 给定中心密度

$$\rho_{\mathrm{mc}} = \rho_{\mathrm{m}}(0), \tag{6.9}$$

联立 (6.6)—(6.8) 式, 用迭代法求积分, 就可算出 $p(r)$, $m(r)$ 和 $\mathcal{E}(r)$ 从中心向外随半径的变化, 从而得到星体结构函数 $\rho_{\mathrm{m}}(r)$. 星体半径 $R$ 和质量 $M$ 由压强为

零的边条件确定,

$$p(R) = 0, \qquad M = m(R). \tag{6.10}$$

从 TOV 方程算出的结构函数 $\rho_{\mathrm{m}}(r)$，从中心到表面有很大的变化，它所包含的物理，来自力学平衡条件 (6.6) 和物态方程 (6.8). 定性的看，$r \to 0$ 时 $m(r) \sim r^3$，$1 - 2Gm(r)/c^2r \to 1$，方程 (6.6) 与其牛顿近似 (6.3) 的行为相似，$\mathrm{d}P/\mathrm{d}r < 0$，即压强和密度在中心最高，从中心向外平缓下降. 而当 $r \to R$ 时，(6.6) 与 (6.3) 式明显不同，它包含了广义相对论的时空弯曲效应，使得压强和密度在趋向表面时急剧下降，星体质量 $M$ 和半径 $R$ 是中心密度 $\rho_{\mathrm{mc}}$ 的函数，质量存在上限.

物态方程 (6.8) 的物理，与星体物质有关，即与星体模型有关. 早期的模型，假设中子星由自由中子气体组成 [9]，这过于简单. 实际上，随着压强的变化，亦即随着密度的变化，核物质中中子与质子的相对组分在变化，相应的电子含量也在跟着变. 密度低于正常核物质时，会出现浸泡于核物质中的丰中子核. 密度再低，就成为以原子核为主的物态. 而密度高于正常核物质时，会出现浸泡于核物质中的强作用粒子. 密度再高，还可能出现退禁闭夸克物质，甚至成为完全由奇异夸克组成的星体 [10][11][12]. 即便是在单纯的核物质中，也可能出现中子超流态和质子超导态等 [1.10][5][6][7]，这都是当前中子星物理研究的热点. 下面只是简略讨论一下，如何从中子星观测数据来提取核物质的有关信息.

**b. 中子星质量上限与核物质抗压系数**

考虑适当的模型，可以给出中子星物质的物态方程. 把它代入 TOV 方程，对于一个给定的中心密度 $\rho_{\mathrm{mc}}$，就可算出中子星质量 $M$ 和半径 $R$. 这样算出的中子星，随着中心密度的增加，其质量增加，存在一个上限 $M_{\mathrm{max}}$，称为 临界质量. 质量大于临界质量时，从动力学考虑星体就不稳定，在万有引力作用下会发生引力塌缩，最后变成黑洞，这是中子星存在质量上限的物理原因. 物态方程越硬，中子星物质抵抗引力塌缩的力量就越大，相应的中子星临界质量 $M_{\mathrm{max}}$ 也就越大. 从天文观测的中子星质量上限 $M_{\mathrm{max}}$，可以定出中子星物质的硬度下限，即定出其抗压系数 $K_0$ 的下限.

Müller 与 Serot 的计算，采用相对论性平均场模型 [13]. 其模型的非线性自作用项为

$$-\frac{\kappa}{3!}\phi^3 - \frac{\lambda}{4!}\phi^4 + \frac{\zeta}{4!}g_\omega^4\left(\omega_\mu\omega^\mu\right)^2 + \frac{\xi}{4!}g_\rho^4\left(\boldsymbol{b}_\mu\boldsymbol{b}^\mu\right)^2, \tag{6.11}$$

与 (4.217) 式相比，这里还考虑了 $\rho$ 介子的自作用，其强度参数为 $\xi$. 这一项对对称核物质无影响，在原子核的计算中可以忽略，但对高密度和高不对称核物

质的贡献不能忽略, 在中子星问题中需要考虑. 模型参数用标准核物质性质定出, 这是 $\xi = 0$ 的情形, 可把 $\zeta$ 作为调节参数. 他们用的核物质参数如表 6.1, 算得的物态方程如图 6.1, 中子星质量随中心密度的变化如图 6.2, 星内球层质量 $4\pi r^2 \rho_{\mathrm{m}}(r)$ 随半径的变化如图 6.3.

**表 6.1  Müller-Serot 模型的核物质参数** [13]

| $k_{\mathrm{F0}}/\mathrm{fm}^{-1}$ | $\rho_0/\mathrm{fm}^{-3}$ | $m_{\mathrm{N}}^*/m_{\mathrm{N}}$ | $e_0/\mathrm{MeV}$ | $K_0/\mathrm{MeV}$ | $J/\mathrm{MeV}$ |
|---|---|---|---|---|---|
| 1.30 | 0.1484 | 0.60 | $-15.75$ | 250 | 35 |

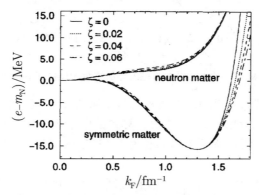

图 6.1   Müller-Serot 相对论性平均场模型的物态方程 [13]

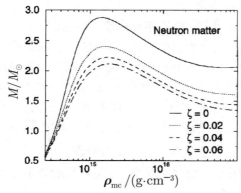

图 6.2   Müller-Serot 模型的中子星质量随中心密度的变化 [13]

前面 (2.6 和 4.5 节) 已经指出, σ 和 ω 介子场的非线性自耦合会降低 $K_0$, 使物态方程软化, 而这里 ρ 介子的自作用也会使物态方程软化, 从而使星体质量的上限降低. Müller-Serot 用这个模型算出的星体质量上限约为 $(2.2\text{—}2.8)M_\odot$ (图 6.2), 而相应的星体半径约为 $(12.8\text{—}13.6)\mathrm{km}$ (图 6.3), 这里 $M_\odot = 1.99 \times 10^{30}\mathrm{kg}$

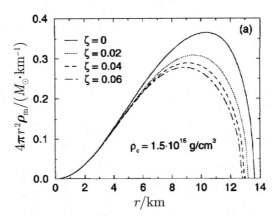

图 6.3   Müller-Serot 模型的星内球层质量密度随半径的变化 [13]

是太阳质量. 与此类似, 用 4.5 节讨论的 σ-ω-ρ 模型和表 4.3 的参数, 把中子物质 $\delta = 0$ 的物态方程代入 TOV 方程, 算得的中子星质量上限 $M_{max}$ 和相应半径 $R$ 如表 4.4 最后两行所示, 其范围为 $2.45M_\odot \leqslant M_{max} \leqslant 3.26M_\odot$, $12.2\text{km} \leqslant R \leqslant 15.1\text{km}$ [4.42].

中子星质量上限反映了物态方程的硬度, 所以可用 $M_{max}$ 的观测值来定抗压系数 $K_0$ 的下限. 早期观测到的中子星还很少, Glendenning 根据当时已确定质量的五、六颗中子星中质量最大的 4U 0900−40, 取其质量 $1.85^{+0.35}_{-0.30}M_\odot$ 作为中子星质量上限 $M_{max}$ [3.23]. 他把相对论性平均场的 σ-ω-ρ 模型推广到 β 稳定的电中性中子星物质, 包含所有重子, 并要求它们在相关的密度均达到平衡 [14]. 把耦合常数调整到保持饱和对称核物质的各项性质, 只使抗压系数 $K_0$ 为可变. 这就可以改变中子星物质物态方程的硬度. 计算结果如图 6.4 所示. 因为对于确定的对称核物质性质, 有效质量 $m^*/m$ 的取值有一范围, 图中给出有效质量在此范围的结果. 这样定出物态方程的 $K_0$ 至少是 $335^{+365}_{-110}\,\text{MeV}$,

$$K_0 \geqslant 335^{+365}_{-110}\,\text{MeV}, \tag{6.12}$$

这给出了一个很宽的范围. 而现在看来, 这里所用的质量上限 $1.85^{+0.35}_{-0.30}M_\odot$ 显然偏低.

现已测出质量的中子星约有四十多颗 [6][7][15], 其中 PSR B1516+02B 的质量为 $2.08 \pm 0.19M_\odot$ [16], PSR J1614−2230 的质量为 $1.97 \pm 0.04M_\odot$ [17], 而 2S 0921−630 [18] 和 4U 1700−37 [19] 的质量已经接近 $2.5M_\odot$, 但后两颗也可能是黑洞, 并且因为属于 X 射线吸积双星, 测量精度不高. 测得最精确的是双脉冲星 PSR 1913+16, 其质量分别为 $1.3867 \pm 0.0002M_\odot$ 和 $1.4414 \pm 0.0002M_\odot$ [20]. 质量

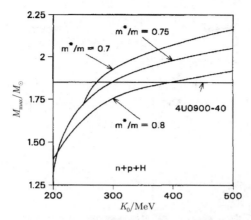

图 6.4 中子星质量上限对核物质抗压系数的依赖 [3.23]

可信而最小的是 J 1756 − 2251, 只有 $1.18 \pm 0.02 M_\odot$ [21]. 注意 PSR J1614−2230
的质量测定, 是利用光线经过引力场中弯曲时空发生的 引 力 延 迟, 即 Shapiro 延
迟 [22][5.16], 精度比 PSR B1516+02B 的高, 其数值范围的下限 $1.93 M_\odot$ 比 PSR
B1516 +02B 的 $1.89 M_\odot$ 要高. 还要注意, 由于质量的确定涉及许多观测量的分
析和处理, 定出的质量后来往往又要重新调整, 例如 PSR J0751+1807 的质量先
定为 $2.1 \pm 0.2 M_\odot$ [23], 后又改为 $1.26 \pm 0.14 M_\odot$ [24].

　　质量上限的提升, 将排除一批软的物态方程. 在物理上, 除了非线性自作用
以外, 在核物质中掺入其他物质成分和形态, 如强子物质、夸克物质、超导、超
流和玻色 - 爱因斯坦凝聚等, 由于这些成分的分压会减轻核物质所承受的引力
压强, 或者由于发生相变, 从而也会使得整个中子星物质的物态方程软化.

　　当然, 仅仅用质量 $M$, 还只能对物态方程加以一定的约束, 因为 $M$ 依赖于
星体中心密度 $\rho_{mc}$, 亦即依赖于星体半径 $R$, 即有关系 $M = M(R)$. 倘若同时知
道了中子星的 $M$ 和 $R$, 就可用它们来选定物态方程. 这在中子星的质量 - 半径
图上可以清楚和直观地看出.

### c. 中子星质量 - 半径图

　　描绘中子星质量 $M$ 与半径 $R$ 关系的图形, 称为 质量 - 半径图. 给定物态
方程, 就可用 TOV 方程算出曲线 $M = M(R)$. 所以, 这个关系包含了物态方程
的相关信息, 质量 - 半径图是分析研究物态方程的一个重要手段. 物理上对中子
星物态方程的约束, 无论是理论的还是观测的, 都可在这个图上表示出来. 下面
的图 6.5, 取自文献 [6].

  图 6.5 中没有画出具体的 $M$-$R$ 曲线, 而是用粗实线围出三个互相重叠的区域, 分别对应于星体和物态方程的三种类型. 从左上延伸到右下角的区域, 属于以核物质为主, 包含中子、质子、电子、中微子以及原子核等成分的 核星体 (nuclear stars). 从右上延伸到左下角的区域, 是由自束缚奇异夸克物质 (SQM) 构成的 奇异星体 (strange stars). 再就是与核星体区域的中部重合而向左边伸出的区域, 这是除核星体成分外还有 K 介子、 $\pi$ 介子、超导、超流、玻色 - 爱因斯坦凝聚等多相组分的 混杂星体 (hybrid stars) [6].

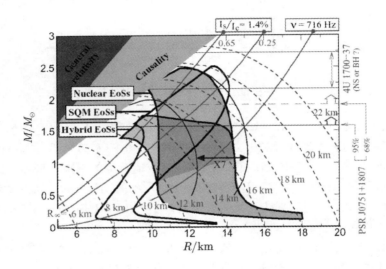

图 6.5   中子星质量 - 半径图 [6]

  图上画出了两条一般性的物理约束. 一条是左上部把深色和灰色区域分开的直线,

$$R = \frac{2GM}{c^2},\qquad(6.13)$$

这称为 Schwarzschild 半径, 或 引力半径 [5,16]. 小于这个半径的深色区域, 被广义相对论排除. 另一条是灰色区域的右下边界曲线,

$$v_{\mathrm{s}} = \sqrt{\frac{\mathrm{d}p}{\mathrm{d}\rho}} = c,\qquad(6.14)$$

这是星体物质声速的上限. 在此曲线左上方的区域, 声速超过光速, $v_{\mathrm{s}} > c$, 违背 因果性条件 (causality), 因而也被排除.

  图上还画出了一些来自观测的具体约束. 中子星的脉冲频率 $\nu$, 是最主要和最基本的观测量. 高速旋转的中子星, 其赤道上的惯性离心力不能超过万有引

力, 否则就会甩出物质而碎裂解体. 所以半径有一个上限, 牛顿近似的公式为

$$R = \left( \frac{GM}{4\pi^2\nu^2} \right)^{1/3}. \tag{6.15}$$

PSR J1748−2446ad 是已知频率最高的脉冲星, 其旋转周期只有 1.39ms. 图上标有 $\nu = 716$Hz 的曲线, 就是这颗脉冲星旋转半径的上限.

对于船帆座脉冲星和其他几颗年轻的脉冲星, 观测到脉冲 突变 (glitch), 即转动频率发生了突然的跳动. 通常认为这种转速的突变, 是由于星壳受到了来自星体内部的冲击, 而这种冲击传递给星壳的角动量, 则储存于星壳内层流动的超流中子中. 脉冲突变的观测量, 和这个流动部分的转动惯量 $I_s$ 与星体内部转动惯量 $I_c$ 之比 $I_s/I_c$ 有关. 相关模型的计算, 涉及 TOV 方程从星壳内侧到星体表面的积分, 取决于星壳内侧的压强 $p_t$. 根据实际的物态方程, $p_t$ 的范围为 $0.25\,\mathrm{MeV \cdot fm^{-3}} < p_t < 0.65\,\mathrm{MeV \cdot fm^{-3}}$. 船帆座脉冲星脉冲突变的观测数据表明 $I_s/I_c \geqslant 1.4\%$, 这给出了星体半径的一个下限. 图 6.5 中标有 $I_s/I_c = 1.4\%$ 的两条曲线, 分别对应于 $p_t$=0.25, 0.65\,\mathrm{MeV \cdot fm^{-3}}$, 给出了船帆座脉冲星半径下限的范围 [25].

图中还给出了有关中子星质量和半径的一些观测信息. 下面两条水平线, 是中子星 PSR J0751+1807 的质量范围, 粗实线的置信度 95%, 虚线的置信度 68%, 注意这还是修正前的数据 [23]. 上面两条水平线, 则是 4U 3700−37 的质量估计范围. 这是目前观测到的质量较大的两个例子, 不过后者还不能肯定是不是中子星. 标有 X7 的水平箭头所指的两条弧线, 是低质量 X 射线双星 LMXB X7 的辐射半径 $R_\infty$ 的范围 [26]. 这里所说的 辐射半径 (radiation radius), 是指在远处通过辐射观测到的星体等效半径, 用引力红移的关系定义为

$$R_\infty = \frac{R}{\sqrt{1 - 2GM/c^2R}}. \tag{6.16}$$

图中的虚线, 是辐射半径的等值曲线, 其数值标在每条曲线的右侧. 可以看出, 这也就是曲线在 $M = 0$ 处的 $R$.

在图上表示出来的各种条件, 无论是理论的还是观测的, 都是对物态方程的约束, 可用来分析其中所包含的物理, 并用来对有关的参数进行选择. 从天体物理的角度, 现在关注的是中子星的结构和性质, 即中子星物理. 而从核物理的角度, 所关注的则是核物质的性质, 特别是高密度和高不对称度核物质的性质. 无论从哪个角度来看, 同时精确测定一个星体的质量 $M$ 和半径 $R$ 这两者, 亦即在这个质量 - 半径图中给出一个观测点, 而不仅仅是一条受观测约束的曲线, 都将对进一步的分析起到重要的作用.

### d. Özel 的工作及其引起的争论

已测定质量的四十多颗中子星, 都属于双星系统, 测量方法涉及天体力学, 主要是进行计时测量. 而星体半径的测定, 测量方法涉及光谱和光度学, 比前者复杂和困难, 所以关于中子星半径的观测知识还很有限. 这里简单介绍 Özel 利用几个观测量同时确定星体质量和半径的工作 [27].

Özel 的工作是针对 EXO 0748−676 的, 她利用了这颗星体的 爱丁顿极限 (Eddington limit) $F_{\text{Edd}}$、红移 $z$ 和表面发射 $F_{\text{cool}}/\sigma T_c^4$ 这三个观测量. 爱丁顿极限 $F_{\text{Edd}}$, 作为星体在向外的辐射作用与向内的引力作用达到平衡时的辐射通量, 是伴随着星体光球半径的膨胀, 从热核 X 射线的爆发中发出的极限通量, 可以表示为 [27]

$$E_{\text{Edd}} = \frac{1}{4\pi D^2} \frac{4\pi GMc}{\kappa_{\text{es}}} \left(1 - \frac{2GM}{Rc^2}\right)^{1/2}, \tag{6.17}$$

其中 $D$ 是星体距离, $\kappa_{\text{es}}$ 是电子散射阻光度, 取经验公式 $\kappa_{\text{es}} = 0.2(1+X)\,\text{cm}^2/\text{g}$, $X$ 为吸积物质中的氢原子质量组分数, $0 \leqslant X \leqslant 1$. 星体红移为

$$z = \left(1 - \frac{2GM}{Rc^2}\right)^{-1/2} - 1, \tag{6.18}$$

而表面发射

$$F_{\text{cool}}/\sigma T_c^4 = f_\infty^{-4} \frac{R^2}{D^2} \left(1 - \frac{2GM}{Rc^2}\right)^{-1}, \tag{6.19}$$

其中 $F_{\text{cool}}$ 和 $T_c$ 分别为从 X 射线爆发谱得到的热辐射通量和色温度, $\sigma$ 为 Stefan-Boltzmann 常数, $f_\infty = T_c/T_{\text{eff}}$ 为无限远处观测者的色修正因子, 取经验公式 $f_\infty = 1.34 + 0.25\left[(1+X)T_{\text{eff}}^4/1.7g\right]^{2.2}$, 其中有效温度 $T_{\text{eff}}$ 的单位取 $10^7$K, 星面重力加速度 $g$ 的单位取 $10^{13}\,\text{cm/s}^2$.

(6.17)—(6.19) 式左边是三个已知的观测量, 右边包含星体质量 $M$、半径 $R$ 和距离 $D$ 三个未知量. 联立这组方程, 就可解出 $M, R, D$. 对于 EXO 0748−676, Özel 得到

$$M = 2.10 \pm 0.28 M_\odot, \qquad R = 13.8 \pm 1.8\text{km}, \qquad D = 9.2 \pm 1.0\text{kpc}. \tag{6.20}$$

这可以用质量 - 半径图来表示. 设三个观测量的误差都是 10%, 对于给定的 $D$, 方程 (6.17)—(6.19) 在 $M\text{-}R$ 图上就对应于三条带, 如图 6.6, 它们描绘了爱丁顿极限 $F_{\text{Edd}}$、红移 $z$ 和表面发射 $F_{\text{cool}}/\sigma T_c^4$ 这三个观测量对 EXO 0748−676 质量和半径的约束, 三者相交的区域 (深色斜梯形块), 则给出了这颗星体的质量 $M$ 和半径 $R$. 图中竖直的带, 是由于星体转动使得谱线展宽引起的误差范围.

从图 6.3 可以看出, 星内质量分布集中在半径约为 5—12 km 的范围, 这是核物质为主的区域 [3]. 这意味着, 中子星质量主要来自核物质, 作为初步和近

似的估计, 可用只含核物质的模型来计算. 对于核物质而言, 表 4.4 中的物态方程, 虽然有一些被 (6.20) 式的质量和半径值排除, 但仍有许多与之相容. 所以, 把 Özel 的结果 (6.20) 画在图 6.5 中就可看出, 它与以核物质为主的核星体是相容的, 但对于混杂星体和奇异星体, 就要进行仔细的研究和分析. 图 6.7 是 Özel 给出的分析.

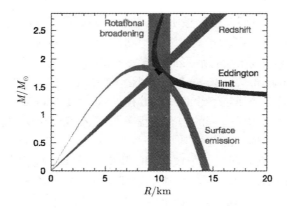

图 6.6　EXO 0748-676 的观测量约束 $M$-$R$ 图 [27]

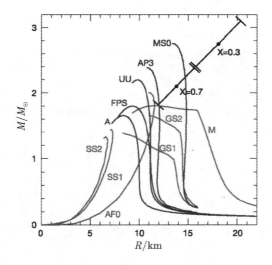

图 6.7　Özel 的中子星质量 - 半径图 [27]

Özel 的计算依赖于参数 $X$ 的选取, (6.20) 式是取极端值 $X = 0.7$ 的结果, 它给出的质量和半径最小. 若取较小的 $X$, 比如 0.3, 对伴星氢丰度较高的 EXO

0748−676 也许更合理, 但给出的质量和半径都会更大. 在图 6.7 上画出了这两个 $X$ 值的结果, 以及由一些典型的中子星物态方程算出的 $M$-$R$ 曲线. 其中 A, FPS, UU, AP3, MS0 是不含凝聚的核星体, GS1, GS2, M 是含凝聚的混杂星体, AF0, SS1, SS2 是奇异星体. Özel 由此图得出结论: EXO 0748−676 的观测量要求非常硬的中子星物态方程, 排除了软的物态方程, 在星体核心不大可能存在凝聚和退禁闭夸克物质.

需要指出的是, 早期的中子星研究, 包括对超新星爆发的模拟计算, 倾向于认为中子星质量不高, 物态方程较软. 特别是, 为了解释超新星 SN1987A 的爆发能量, 并使其核心残余物最后形成质量不到 $2M_\odot$ 的中子星, 而不是质量大于 $2M_\odot$ 的黑洞, Brookhaven-Stony Brook 小组的 Baron 等人用他们的物态方程进行的计算表明, 只能选择足够软的物态方程, $K_0 \leqslant 180\,\mathrm{MeV}$ [28]. 当然, 他们用以模拟爆发的整个动力学过程的物态方程 [29], 还不像今天这样能自洽地覆盖全部温度、密度和不对称度的范围 [30][31].

Özel 的上述结论立即引起争议. Alford 等人给出一些物态方程的 $M$-$R$ 曲线, 表明 Özel 用 EXO 0748−676 的观测数据定出的质量和半径, 不能排除混杂星体和奇异星体 [32]. Lattimer 和 Prakash 又进一步指出, 在 Özel 对观测数据的分析和处理中, 还有一些引起误差的因素需要仔细考虑, 她对 EXO 0748−676 给出的质量和半径值还不能肯定 [7]. 但随后就有 Demorest 等人表明 [17], 他们对观测数据的新的分析结果支持 Özel 的结论, 见图 6.8.

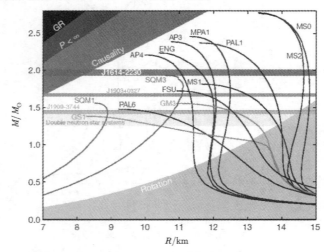

图 6.8  Demorest 等人的中子星质量 - 半径图 [17]

Demorest 等人分析对脉冲星 J1614−2230 计时观测中的 Shapiro 延迟, 得出

的质量为 $1.97 \pm 0.04 M_\odot$, 其下限 $1.93 M_\odot$ 高于 EXO 0748−676 的 $1.82 M_\odot$, 这对物态方程的硬度要求更高 [17]. 图 6.8 是 Demorest 等人的中子星质量 - 半径图, 图中自上而下的三条横带, 依次是脉冲星 J1614−2230, J1903+0327, J1909−3744 的质量范围, SQM1 和 SQM3 两条曲线是奇异夸克物质, GS1 和 GM3 是核子与奇特物质, 其余是核物质的物态方程. 与 J1614−2230 质量带不相交的都应排除, 他们由此作出与 Özel 相似的结论: 脉冲星 J1614−2230 的质量 $1.97 \pm 0.04 M_\odot$ 排除了几乎所有现在建议的超子或玻色子凝聚的物态方程; 夸克物质可以形成这么重的星体, 但这要求夸克有很强的作用, 从而不是 "自由" 夸克的情形 [17][33].

看来, Özel 的这一工作, 在追求同时确定中子星质量与半径的目标上迈出了重要的一步, 但这个问题仍然是开放的 (open problem).

### e. 简单的期待和展望

能为物态方程提供实际信息和约束的中子星观测量, 除了前面具体讨论和涉及的脉冲频率、频率突变、质量、红移、温度和辐射, 以及观测计时的引力延迟外, 还有在一些低质量 X 射线双星的微秒级周期中观测到的准周期振荡, 密近星体的瞬间吸积, 引力波, ……, 等等. 此外, 在超新星爆发中的一些观测量, 如来自 原初中子星 (proto-neutron stars) 的中微子辐射等, 也都能为物态方程提供实际信息和约束. 总之, 从中子星和超新星爆发的观测量来提取有关核物质性质的实际信息, 是一个十分活跃的充满机会和挑战的领域. 无论是对观测量的分析, 还是从中获得物理的了解, 以及对这些物理的理论描述和计算, 都有大量工作要做. 将来等到每一颗中子星都可用质量 - 半径图中的一个点来表示, 像原子核的核素图那样, 并且可以从一颗中子星的观测性质就能分析和定出模型的主要参数, 以及有足够和完整的数据用来进行系统学分析, 到了那时, 就可像原子核的情形那样, 从中子星和超新星爆发的观测量, 对核物质的性质提供更多精确和定量的了解.

## 参 考 文 献

[1] 徐仁新, 天体物理导论, 北京大学出版社, 2006.

[2] 李宗伟, 肖兴华, 天体物理学, 高等教育出版社, 2000.

[3] J.M. Lattimer and M. Prakash, *Science* **304** (2004) 536.

[4] Norman K. Glendenning, *Compact Stars: nuclear physics, particle physics, and general relativity*, 2nd ed. New York, Springer, 2000.

[5] A. Schmitt, *Dense Matter in Compact Stars*, Springer-Verlag Berlin Heidelberg, 2010.

[6] Dany Page and Sanjay Reddy, *Annu. Rev. Nucl. Part. Sci.* **56** (2006) 1.

[7] James M. Lattimer and Madappa Prakash, *Phys. Rep.* **442** (2007) 109.

[8] Richard C. Tolman, *Phys. Rev.* **55** (1939) 364.

[9] J.R. Oppenheimer and G.M. Volkoff, *Phys. Rev.* **55** (1939) 374.

[10] E. Witten, *Phys. Rev.* **D 30** (1984) 272.

[11] N.K. Glendenning, *J. Phys.* **G 15** (1989) L255.

[12] Wang Chengshing and Wang Wenyan, *Commun. Theor. Phys.* **15** (1991) 347.

[13] Horst Müller and Brian D. Serot, *Nucl. Phys.* **A 606** (1996) 508.

[14] N.K. Glendenning, *Astrophys. J.* **293** (1985) 470.

[15] Ingrid H. Stairs, *Science* **304** (2004) 547.

[16] P.C.C. Freire, A. Wolszczan, M.V.D. Berg, J.W.T. Hessels, *Astrophys. J.* **679** (2008) 1433.

[17] P.B. Demorest, T. Pennucci, S.M. Ransom, M.S.E. Roberts, and J.W.T. Hessels, *Nature*, **467** (2010) 1081.

[18] P.G. Jonker, D. Steeghs, G. Nelemans and M. van der Klis, *Mon. Not. R. Astron. Soc.* **356** (2005) 621.

[19] J.S. Clark et al., *Astron. Astrophys.* **392** (2002) 909.

[20] J.M. Weisberg and J.H. Taylor, astro-ph/0407149.

[21] A.J. Faulkner et. al., *Astrophys. J. Lett.* **618** (2004) L119.

[22] I.I. Shapiro, *Phys. Rev. Lett.* **13** (1964) 789.

[23] D.J. Nice, E.M. Splaver, I.H. Stairs, O. Löhmer, A. Jessner, M. Kramer, J.M. Cordes, *Astrophys. J.* **634** (2005) 1242.

[24] D.J. Nice, I.H. Stairs, L. Kasian, *Bull. Am. Astron. Soc.* **39** (2007) 918.

[25] Bennett Link, Richard I. Epstein, and James M. Lattimer, *Phys. Rev. Lett.* **83** (1999) 3362.

[26] C.O. Heinke, G.B. Rybicki, R. Narayan, and J.E. Grindlay, *Astrophys. J.* **644** (2006) 1103.

[27] F. Özel, *Nature* **441** (2006) 1115; **445** (2007) E8.

[28] E. Baron, H.A. Bethe, G.E. Brown, J. Cooperstein and S. Kahana, *Phys. Rev. Lett* **59** (1987) 736.

[29] E. Baron, J. Cooperstein and S. Kahana, *Phys. Rev. Lett.* **55** (1985) 126.

[30] J.M. Lattimer and F.D. Swesty, *Nucl. Phys.* **A 535** (1991) 331.

[31] H. Shen, H. Toki, K. Oyamatsu, K. Sumiyoshi, *Nucl. Phys.* **A 637** (1998) 435.

[32] M. Alford, D. Blaschke, A. Drago, et al., *Nature* **445** (2007) E7.

[33] 徐仁新，来小禹，物理 **40** (2011) 40.

# 7  结　语

作为物质的一种宏观凝聚态, 按照热力学, 核物质的性质完全由其物态方程描述. 由于是含中子 n 和质子 p 两种组元的二元系, 描述物态的独立变量, 除了温度 $T$, 体积 $V$ 或与之等价的密度 $\rho = N/V$, 还有两种组元的相对浓度 $f = \rho_n/\rho_p$ 或与之等价的中子过剩度 $\delta = (\rho_n - \rho_p)/\rho$. 于是, 按照热力学的习惯, 用压强 $p$ 把物态方程写为

$$p = p(T, V, f), \tag{7.1}$$

而按照核物理的习惯, 则常用每核子能量 $e$ 把物态方程等价地写为

$$e = e(T, \rho, \delta). \tag{7.2}$$

三个独立变量 $T, \rho, \delta$ 的取值, 都有一定范围. 温度 $T$ 不能太高, 因为动能超过一定阈值, 核子碰撞会产生新的粒子, 体系就不再是二元系, 而成为三元、四元、$\cdots\cdots$ 多元系, 在物态方程中还要引进新的独立变量. 产生阈值最低的强作用粒子为 $\pi$ 介子, 用其质量 $m_\pi \approx 140\,\mathrm{MeV}$ 来粗略估计, 就要求

$$0 \leqslant T < 70\,\mathrm{MeV}. \tag{7.3}$$

密度 $\rho$ 也不能太高. 密度高于一定阈值, 核子气体费米能超过 $70\,\mathrm{MeV}$, 费米面上两个核子碰撞就会产生 $\pi$ 介子. 由 $\mu_F = (3\pi^2\rho/2)^{2/3}/2m_N$ (见 (2.84) 式), 可估计

$$0 \leqslant \rho = \left(\frac{\mu_F}{37\,\mathrm{MeV}}\right)^{3/2}\rho_0 < \left(\frac{70}{37}\right)^{3/2}\rho_0 = 2.6\rho_0. \tag{7.4}$$

中子过剩度 $\delta$ 的范围是

$$-1 \leqslant \delta \leqslant 1, \tag{7.5}$$

但由于 $n \rightleftharpoons p$ 的对称性, $\delta < 0$ 的情形可以不予考虑.

对于定义在上述范围的核物质, 物态方程的探索和研究包含实验观测和理论分析两个方面. 实验观测方面的研究, 从上一世纪七十年代开始逐渐活跃, 这主要涉及基态核、巨共振核、核碰撞、中子星和超新星爆发等领域. 各个领域的条件和适用范围不同, 从中提取的核物质信息和达到的精度也不同, 这可以简单归纳如表 7.1 所示.

**表 7.1　核物质研究涉及的几个实际领域及主要结果**

|  | 基态核 | 巨共振核 | 核碰撞 | 中子星 |
|---|---|---|---|---|
| 温度 $T/\mathrm{MeV}$ | 0 | 0 | 0— 几十 | $\approx 0$ |
| 密度 $\rho/\rho_0$ | $\approx 1$ | $\approx 1$ | 0—5(?) | 0—5(?) |
| 不对称度 $\delta$ | 0—0.2 | 0—0.2 | 0—0.3 | $\approx 1$ |
| 主要观测量 | 质量, 分布和半径 | 共振能 | 多重数, 横向流 | 质量, 半径 |
| $\rho_0/\mathrm{fm}^{-3}$ | $\approx 0.16$ | — | — | — |
| $a_1/\mathrm{MeV}$ | $\approx 16$ | — | — | — |
| $J/\mathrm{MeV}$ | $\approx 32$ | — | $\approx 32$ | — |
| $L/\mathrm{MeV}$ | $\sim 50$ | — | $\approx 88$ | — |
| $e_{\mathrm{sym}}/\mathrm{MeV}$ | — | — | $\approx 31.6(\rho/\rho_0)^{0.69}$ | — |
| $K_0/\mathrm{MeV}$ | $\approx 230$ | $\approx 220$ | $\approx 210$ | $> 220(?)$ |
| $K_{\mathrm{s}}/\mathrm{MeV}$ | $-160$—$50$ | $-2000$—$200$ | $\approx 28$ | — |
| $K_{\mathrm{as}}/\mathrm{MeV}$ | $-(460$—$250)$ | — | $\approx -500$ | — |
| $T_{\mathrm{C}}/\mathrm{MeV}$ | — | — | $\sim 12$ | — |

核物质饱和密度 $\rho_0$ 和体积能系数 $a_1$ 确定零温物态方程饱和点位置, 对称能系数 $J$, 密度对称系数 $L$ 和对称能 $e_{\mathrm{sym}}(\rho)$ 描述物态方程对于不对称度 $\delta$ 的依赖, 其中 $J$ 和 $L$ 描述饱和点附近的性质, 它们与 $e_{\mathrm{sym}}(\rho)$ 的关系见 (5.78) 式. 抗压系数 $K_0$, 对称抗压系数 $K_{\mathrm{s}}$ 和 $K_{\mathrm{as}} = K_{\mathrm{s}} - 6L$ 描述物态方程在饱和点附近的硬度, 临界温度 $T_{\mathrm{C}}$ 则是核物质液气相变的特征参数. 表中列出的数值, 都还或多或少存在不同程度的争议, 特别是与对称能和硬度有关的几个参数, 如何进一步提高精度和确定性, 还有大量工作要做.

与基态核相关的研究虽然已经相当深入, 但这一部分资源并没有完全开发, 比如从重核中子皮厚度来提取对称能信息, 就是一个正在探索的问题. 同样, 除了单极巨共振以外, 如何从偶极和多极巨共振来提取核物质的硬度以及其他参数, 也是值得深入探索的问题. 而充满机会和最具挑战的, 无疑是重离子碰撞和中子星这两大领域. 这两个领域在含温、高密、高不对称度方面, 都已经和将会继续发现全新的物理, 在实验和理论两方面, 都有望进一步获得重要的突破与进展.

在第 2 章末尾已经提到, 以相互作用多体理论为基础, 对物态方程进行的理论分析, 大体上可分为唯象理论、有效场论和从头开始等三类. 前面讨论的 Seyler-Blanchrd 相互作用、Myers-Świątecki 相互作用、Skyrme 相互作用和 Gogny 相互作用, 以及 Walecka 平均场及其各种推广, 均属于唯象理论, 这是本书讨论的主体. 这种理论根据物理的考虑, 引入一些唯象的可调参数, 多的达到十多个,可与实验测量数据较好的拟合, 目前关于核物质所有定量的知识和了解, 如表7.1 所示, 主要均得自这种理论. 但其适用范围受实验的限制, 推广到实验范围之外的可信度不高. 有效场论, 如前面提到的 Serot-Walecka 的工作 [2.39], 立足于对小量的系统展开, 自由参数很少, 理论干净利落, 没有手工操作, 但需引入附加的可调参数才能与实验较好拟合, 从而降低了预言能力. 所谓从头开始, 是从第一原理出发, 在基本的层次对核多体问题作微观计算, 与 N-N 散射等实验拟合, 不含可调参数, 如前面提到的 Friedman-Pandharipande 的物态方程 [3.34], Akmal 等人的物态方程 [5.55], 但计算相当复杂和困难, 目前还只是用作对唯象模型提供理论指导与检验. 而在重离子碰撞和中子星领域, 在含温、高密、高不对称度方面面对全新的实验观测和物理经验, 在需要推广现有唯象模型和创建新的唯象理论时, 无疑迫切期待这种从头开始的理论来引导和提供新的物理概念和图像.

总的说来, 目前对核物质性质特别是抗压性的了解, 还存在很大的不确定性. 造成这种不确定性的原因, 除了实验或观测技术和精度方面的限制, 也可能还有理解和分析方面的局限. 这两方面的改进, 将会把对核物质物态方程本身的了解提升到一个新的水平. 不过, 需要指出的是, 目前所有关于核物质性质的实际知识, 都是依赖于模型的, 而这种实际知识的模型相关性, 在近期内不大可能改变, 并且很可能在原则上就是不可避免的.

# 附　录

## 附录 A　自然单位

用光速 $c$, 约化 Planck 常数 $\hbar$ 和万有引力常数 $G$, 可以组合出量纲为时间、长度和质量的三个量,

$$t_{\mathrm{P}} = \frac{l_{\mathrm{P}}}{c} = \sqrt{\frac{\hbar G}{c^5}} = 5.391\,24 \times 10^{-44}\,\mathrm{s}, \tag{A1}$$

$$l_{\mathrm{P}} = \sqrt{\frac{\hbar G}{c^3}} = 1.616\,252 \times 10^{-35}\mathrm{m}, \tag{A2}$$

$$m_{\mathrm{P}} = \frac{\hbar}{c\,l_{\mathrm{P}}} = \sqrt{\frac{\hbar c}{G}} = 2.176\,44 \times 10^{-8}\mathrm{kg}, \tag{A3}$$

分别称之为 Planck 时间、Planck 长度 和 Planck 质量. Planck 用它们作为时间、长度和质量的单位, 建立了一个单位制 [1], 称为 Planck 单位制 或 自然单位制. 在这个单位制中, 所有量的单位都可以用它们表示和计算出来, 是自然的, 并且固定和不能改变. 所以这是没有量纲的单位制. 特别是, 速度的单位是 $l_{\mathrm{P}}/t_{\mathrm{P}} = c$, 从而作用量的单位是 $l_{\mathrm{P}} \cdot m_{\mathrm{P}} c = \hbar$. 所以在 Planck 单位制中 $c = \hbar = 1$, 于是还有 $G = 1$. 此外, 再用 $k_{\mathrm{B}}$ 定义 Planck 温度

$$T_{\mathrm{P}} = \frac{1}{k_{\mathrm{B}}} \frac{\hbar}{t_{\mathrm{P}}} = \frac{1}{k_{\mathrm{B}}} \sqrt{\frac{\hbar c^5}{G}} = 1.416\,785 \times 10^{32}\,\mathrm{K}, \tag{A4}$$

并用它作为温度的单位, 则又有 $k_{\mathrm{B}} = 1$. 这就是说, 在 Planck 单位制中常数 $c$, $\hbar$, $G$ 和 $k_{\mathrm{B}}$ 都等于 1, 物理公式得到极大的简化. 而 $c$, $\hbar$, $G$ 和 $k_{\mathrm{B}}$ 是基本物理常数, 所以 Planck 单位包含了最基本的物理.

现在量子领域的文献上说的自然单位制 NU, 通常只取 $c = \hbar = 1$, 涉温时再取 $k_{\mathrm{B}} = 1$, 于是, 仍然还有一个物理量作为基本量, 其单位可以自由选取. 可以取长度 $l$ 为基本量, 时间 $t$ 是用 $c = 1$ 定义的导出量. 也可以取时间为基本量, 而长度是用 $c = 1$ 定义的导出量. 从而, 时间与长度有相同的量纲和单位,

$$[t] = [l]. \tag{A5}$$

另外, 由于 $\hbar$ 是由正则坐标 $q$ 与正则动量 $p$ 的对易关系引入和定义的 [4.7],

$$[q, p] = qp - pq = \mathrm{i}\hbar, \tag{A6}$$

它的量纲是长度乘动量或时间乘能量, 从而可以用 $\hbar = 1$ 定义动量和能量的单位. 这样定义的动量 $p$ 和能量 $E$ 的量纲相同, 都是长度或时间的倒数,

$$[p] = [E] = [l]^{-1}. \tag{A7}$$

反过来说, 长度和时间的量纲都是能量的倒数.

　　这里的基本量, 通常取能量或长度. 取能量为基本量时, 基本单位原子物理取 eV, 原子核物理取 MeV 或 GeV, 粒子物理取 GeV 或 TeV. 取长度为基本量时, 基本单位原子物理取 nm, 原子核物理和粒子物理取 fm. 很容易从 $c$ 与 $\hbar$ 在国际单位制 SI 的数值推出这两个单位制的换算关系. 例如, 从组合常数

$$\hbar c = 0.197\,327 \text{GeV} \cdot \text{fm} = 1, \tag{A8}$$

有

$$1\text{fm} = 5.068\text{GeV}^{-1}, \tag{A9}$$

即 SI 的 1fm 等于 NU 的 5.068 长度单位 (取 GeV 为基本量的基本单位时). 又如, 从

$$\hbar = 6.582\,12 \times 10^{-22} \text{MeV} \cdot \text{s} = 1, \tag{A10}$$

有

$$1\text{s} = 1.519 \times 10^{21} \text{MeV}^{-1}, \tag{A11}$$

即 SI 的 1s 等于 NU 的 $1.519 \times 10^{21}$ 时间单位 (取 MeV 为基本量的基本单位时). 再如, 从

$$c = 2.997\,924\,58 \times 10^{23} \text{fm/s} = 1, \tag{A12}$$

有

$$1\text{s} = 2.998 \times 10^{23} \text{fm}, \tag{A13}$$

即 SI 的 1s 等于 NU 的 $2.998 \times 10^{23}$ 时间单位 (取 fm 为基本量的基本单位时). 表 A1 分别给出了上述两种 NU 中物理量的量纲指数 $d$ 和它们在 SI 的表达式.

表 A1　　两种 NU

| 物理量 | NU | $d([E]^d)$ | SI | $d([l]^d)$ | SI |
|---|---|---|---|---|---|
| 时间 | $t$ | $-1$ | $t/\hbar$ | $1$ | $ct$ |
| 长度 | $l$ | $-1$ | $l/\hbar c$ | $1$ | $l$ |
| 能量 | $E$ | $1$ | $E$ | $-1$ | $E/\hbar c$ |
| 动量 | $p$ | $1$ | $pc$ | $-1$ | $p/\hbar$ |
| 质量 | $m$ | $1$ | $mc^2$ | $-1$ | $mc/\hbar$ |

　　另外, 在涉及引力的文献中, 常取 $c = G = 1$ 的单位, 涉温时再取 $k_{\text{B}} = 1$. 与前面的情形一样, 在这种单位中, 有一个物理量为基本量, 时间与长度有相同

的量纲和单位, 质量和能量有相同的量纲和单位,

$$[t] = [l], \qquad [m] = [E].\tag{A14}$$

再把 $[t] = [l]$ 代入 $G$ 的量纲式中, 有 $[G] = [l]^3/[m][t]^2 = [l]/[m] = 1$, 所以质量与长度有相同的量纲和单位,

$$[m] = [l].\tag{A15}$$

## 附录 B　Fermi 积分

本附录基于文献 [3.13]. 考虑费米函数

$$f(x,y) = \frac{1}{1 + \mathrm{e}^{x-y}}, \qquad 0 \leqslant x < \infty, \ \ 0 \leqslant y < \infty,\tag{B1}$$

它具有下列对称性

$$f(-x,-y) = f(y,x), \qquad f(x,y) + f(y,x) = 1,\tag{B2}$$

$$\frac{\partial^n f}{\partial x^n} = (-1)^n \frac{\partial^n f}{\partial y^n}.\tag{B3}$$

$f$ 的 $n$ 阶微商可表示为 $f$ 的 $n+1$ 次多项式,

$$\frac{\partial f}{\partial x} = f^2 - f,\tag{B4}$$

$$\frac{\partial^2 f}{\partial x^2} = 2f^3 - 3f^2 + f,\tag{B5}$$

$$\cdots\cdots$$

$$\frac{\partial^n f}{\partial x^n} = a_{n0}f^{n+1} - a_{n1}f^n + \cdots = \sum_{k=0}^{n}(-1)^k a_{nk}f^{n+1-k},\tag{B6}$$

$$a_{nk} = (n+1-k)a_{n-1,k-1} + (n-k)a_{n-1,k}.\tag{B7}$$

对于正规函数 $g(x)$ 和 $h(x)$, 可以定义费米积分

$$G_\mu(y) = \int_0^\infty \mathrm{d}x f^\mu(x,y)g(x), \quad H_\mu(y) = \int_0^\infty \mathrm{d}x f^\mu(x,y)h(x), \quad \mu > 0.\tag{B8}$$

由 (B3) 和 (B4) 式, 可得递推公式

$$G_{\mu+1}(y) = G_\mu(y) - \frac{1}{\mu}\frac{\mathrm{d}G_\mu(y)}{\mathrm{d}y}.\tag{B9}$$

类似地, 由 (B4) 和 (B5) 式, 可得积分公式

$$\int_0^\infty \mathrm{d}x \frac{\partial f^\mu(x,y)}{\partial x}f^\nu(x,y)g(x) = \mu[G_{\mu+\nu+1}(y) - G_{\mu+\nu}(y)],\tag{B10}$$

$$\int_0^\infty \mathrm{d}x \frac{\partial^2 f^\mu(x,y)}{\partial x^2}f^\nu(x,y)g(x) = \mu(\mu+1)G_{\mu+\nu+2}(y)$$

$$- \mu(2\mu + 1)G_{\mu+\nu+1}(y) + \mu^2 G_{\mu+\nu}(y). \quad (B11)$$

利用 (B9) 式, 可把 (B10) 和 (B11) 二式改写为

$$\int_0^\infty \mathrm{d}x \frac{\partial f^\mu(x,y)}{\partial x} f^\nu(x,y)g(x) = -\frac{\mu}{\mu+\nu}\frac{\mathrm{d}G_{\mu+\nu}(y)}{\mathrm{d}y}, \quad (B12)$$

$$\int_0^\infty \mathrm{d}x \frac{\partial^2 f^\mu(x,y)}{\partial x^2} f^\nu(x,y)g(x) = -\frac{\mu(\mu+1)}{\mu+\nu+1}\frac{\mathrm{d}G_{\mu+\nu+1}(y)}{\mathrm{d}y}$$
$$+ \frac{\mu^2}{\mu+\nu}\frac{\mathrm{d}G_{\mu+\nu}(y)}{\mathrm{d}y}. \quad (B13)$$

此外, 若 $h(x) = \mathrm{d}g(x)/\mathrm{d}x$, $\lim_{x\to\infty} f^\mu(x,y)g(x) = 0$, 则可表明

$$H_\mu(y) = \int_0^\infty \mathrm{d}x f^\mu(x,y)h(x) = \frac{\mathrm{d}G_\mu(y)}{\mathrm{d}y} - g(0)f^\mu(0,y), \quad (B14)$$

从而

$$G_\mu(y) = G_\mu(0) + \int_0^y \mathrm{d}y H_\mu(y) + g(0)\int_0^y \mathrm{d}y f^\mu(0,y). \quad (B15)$$

若 $g(0) = 0$, 还有

$$\int_0^\infty \mathrm{d}x \frac{\partial f^\mu(x,y)}{\partial x} f^\nu(x,y)g(x) = \frac{\mu}{\mu+\nu}\int_0^\infty \mathrm{d}x \frac{\partial f^{\mu+\nu}(x,y)}{\partial x} g(x) = -\frac{\mu}{\mu+\nu}H_{\mu+\nu}(y),$$
$$(B16)$$

并可把递推公式 (B9) 改写成

$$G_{\mu+1}(y) - G_\mu(y) = -\frac{1}{\mu}H_\mu(y). \quad (B17)$$

考虑 $g(x) = x^\nu$ 的下述积分,

$$I_{\mu\nu}(y) = \int_0^\infty \mathrm{d}x f^\mu(x,y)x^\nu, \qquad \mu > 0, \quad \nu > -1. \quad (B18)$$

根据 (B9), (B14) 和 (B17) 式, 可得下列递推关系,

$$I_{\mu\nu}(y) = I_{\mu-1,\nu}(y) - \frac{1}{\mu-1}\frac{\mathrm{d}I_{\mu-1,\nu}(y)}{\mathrm{d}y}, \quad (B19)$$

$$\frac{\mathrm{d}I_{\mu\nu}(y)}{\mathrm{d}y} = \nu I_{\mu\nu-1}(y), \qquad I_{\mu\nu}(y) = I_{\mu\nu}(0) + \nu\int_0^y \mathrm{d}y I_{\mu\nu-1}(y), \quad (B20)$$

$$I_{\mu+1,\nu}(y) = I_{\mu\nu}(y) - \frac{\nu}{\mu}I_{\mu,\nu-1}(y). \quad (B21)$$

$I_{\mu\nu}(y)$ 的一般表达式, $\nu \geqslant 0$ 为整数的情形可在文献中查到 [2][3][4], 这里只给出 $\mu = m = 1, 2, 3, \cdots$ 和 $\nu = n = 0, 1, 2, \cdots$ 的一些简单关系. 在此情形, $I_{mn}(y)$ 的具体表达式可由最简单的 $I_{10}(y)$ 和数值 $I_{1n}(0)$ 给出:

$$I_{10}(y) = \int_0^\infty \frac{\mathrm{d}x}{1 + \mathrm{e}^{x-y}} = y + \omega_{10}(y), \qquad \omega_{10}(y) = -\sum_{k=1}^\infty \frac{(-1)^k}{k}\mathrm{e}^{-ky}, \quad (B22)$$

$$I_{1n}(0) = \int_0^\infty \frac{x^n \mathrm{d}x}{1 + \mathrm{e}^x} = \Gamma(n+1)\left(1 - \frac{1}{2^n}\right)\zeta(n+1), \qquad n > -1, \tag{B23}$$

其中 $\Gamma(p)$ 为 $\Gamma$ 函数, $\Gamma(n+1) = n!$, $\zeta(p)$ 为 Riemann $\zeta$ 函数, $\zeta(n) = \sum_{k=1}^\infty 1/k^n$, $\zeta(2m) = 2^{2m-1}\pi^{2m}B_m/(2m)!$, $B_1 = 1/6, B_2 = 1/30, \cdots$ 为 Bernoulli 数[2.18].

从 (B22) 式的 $I_{10}(y)$ 开始, 用 (B20) 式迭代 $n$ 次, 可算出 $I_{1n}(y)$,

$$I_{1n}(y) = I_{1n}(0) + n\int_0^y \mathrm{d}y I_{1n-1}(y) = P_{1n}(y) + \omega_{1n}(y), \tag{B24}$$

其中

$$P_{1n}(y) = n\int_0^y \mathrm{d}y P_{1n-1}(y) + P_{1n}(0) \tag{B25}$$

为 $y$ 的 $n+1$ 次多项式, 含积分常数 $P_{10}(0), P_{11}(0), \cdots, P_{1n}(0)$, 而

$$\omega_{1n}(y) = -n\int_y^\infty \mathrm{d}y \, \omega_{1n-1}(y) = (-1)^{n-1} n! \sum_{k=1}^\infty (-1)^k \frac{1}{k^{n+1}} \mathrm{e}^{-ky}. \tag{B26}$$

积分常数 $P_{1n}(0)$ 可由 (B24), (B23) 和 (B26) 式算出,

$$P_{1n}(0) = I_{1n}(0) - \omega_{1n}(0) = \left[1 - (-1)^n\right]\left(1 - 2^{-n}\right) n! \zeta(n+1), \tag{B27}$$

它当 $n$ 为偶数时为零, $n$ 为奇数时有 $P_{11}(0) = \pi^2/6$, $P_{13}(0) = 7\pi^4/60$, 等等.

从 (B24) 式的 $I_{1n}(y)$ 开始, 用 (B19) 式迭代 $m-1$ 次, 可算出 $I_{mn}(y)$,

$$I_{mn}(y) = I_{m-1,n}(y) - \frac{1}{m-1}\frac{\mathrm{d}I_{m-1,n}(y)}{\mathrm{d}y} = P_{mn}(y) + \omega_{mn}(y), \tag{B28}$$

其中

$$P_{mn}(y) = P_{m-1,n}(y) - \frac{1}{m-1}\frac{\mathrm{d}P_{m-1,n}(y)}{\mathrm{d}y} \tag{B29}$$

为 $y$ 的 $n+1$ 次多项式, 而

$$\omega_{mn}(y) = \omega_{m-1,n}(y) - \frac{1}{m-1}\frac{\mathrm{d}\omega_{m-1,n}(y)}{\mathrm{d}y} \tag{B30}$$

为 $\mathrm{e}^{-y}$ 的无穷幂级数. 特别是从 (B22) 式的 $P_{10}(y)$ 和 $\omega_{10}(y)$ 开始, 可算出

$$P_{m0}(y) = y - y_{m0}, \tag{B31}$$

$$y_{m0} = 1 + \frac{1}{2} + \frac{1}{3} + \cdots + \frac{1}{m-1} = \sum_{n=1}^{m-1} \frac{1}{n}, \quad m > 1, \tag{B32}$$

$$\omega_{m0}(y) = -\sum_{k=1}^\infty (-1)^k \left[\frac{1}{k} + y_{m0} + \cdots + \frac{k^{m-2}}{(m-1)!}\right] \mathrm{e}^{-ky}. \tag{B33}$$

根据 (B20) 式, $I_{mn}(y)$ 也可用 $I_{m0}(y)$ 表示为

$$I_{mn}(y) = \int_0^\infty \frac{x^n \mathrm{d}x}{(1 + \mathrm{e}^x)^m} + n\int_0^y \mathrm{d}y I_{mn-1}(y). \tag{B34}$$

以下是 $P_{mn}(y)$ 的一些例子：

$$P_{10}(y) = y, \qquad P_{11}(y) = \frac{y^2}{2} + \frac{\pi^2}{6}, \qquad P_{12}(y) = \frac{y^3}{3} + \frac{\pi^2 y}{3}, \tag{B35}$$

$$P_{20}(y) = y - 1, \quad P_{21}(y) = \frac{y^2}{2} - y + \frac{\pi^2}{6}, \quad P_{22}(y) = \frac{y^3}{3} - y^2 + \frac{\pi^2 y}{3} - \frac{\pi^2}{3}. \tag{B36}$$

## 附录 C   含 $\sqrt{1+x^2}$ 的积分

本附录基于文献 [4.42]. 在相对论性平均场论的理论分析和数值计算中，常用到以下两个积分函数：

$$F_m(x) = \int_0^x \mathrm{d}x \, x^{2m} \sqrt{1+x^2}, \qquad m \geqslant 1, \tag{C1}$$

$$f_m(x) = \int_0^x \mathrm{d}x \frac{x^{2m}}{\sqrt{1+x^2}}, \qquad m \geqslant 1. \tag{C2}$$

有下列公式：

$$F_m(x) = f_m(x) + f_{m+1}(x), \tag{C3}$$

$$f'_{m+1}(x) = x^2 f'_m(x), \tag{C4}$$

$$F'_{m+1}(x) = x^2 F'_m(x), \tag{C5}$$

$$F'_m(x) = (1+x^2) f'_m(x), \tag{C6}$$

$$f_m(x) = x F'_{m-1}(x) - (2m-1) F_{m-1}(x), \tag{C7}$$

$$f_m(x) = -x F'_m(x) + 2(m+1) F_m(x). \tag{C8}$$

$F_m(x)$ 和 $f_m(x)$ 的几个例子：

$$F_1(x) = \frac{1}{8} \left[ (1+2x^2) x \sqrt{1+x^2} + \ln \left( \sqrt{1+x^2} - x \right) \right], \tag{C9}$$

$$f_1(x) = \frac{1}{2} \left[ x \sqrt{1+x^2} + \ln \left( \sqrt{1+x^2} - x \right) \right], \tag{C10}$$

$$f_2(x) = -\frac{3}{8} \left[ \left( 1 - \frac{2}{3} x^2 \right) x \sqrt{1+x^2} + \ln \left( \sqrt{1+x^2} - x \right) \right]. \tag{C11}$$

对 $x \ll 1$, 有

$$F_m(x) = \frac{x^{2m+1}}{2m+1} + \frac{x^{2m+3}}{2(2m+3)} - \frac{x^{2m+5}}{8(2m+5)} + \cdots, \tag{C12}$$

$$f_m(x) = \frac{x^{2m+1}}{2m+1} - \frac{x^{2m+3}}{2(2m+3)} + \frac{x^{2m+5}}{8(2m+5)} + \cdots. \tag{C13}$$

# 附录 D　快度

自由粒子的运动, 可用从实验室参考系 $S$ 到随粒子运动的参考系 $S'$ 的 Lorentz 变换来描述, 称为沿纵向的 Lorentz *推动* (Lorentz boost). 设运动沿 $z$ 轴, 则

$$
\begin{pmatrix} x' \\ y' \\ z' \\ t' \end{pmatrix} = \begin{pmatrix} 1 & 0 & 0 & 0 \\ 0 & 1 & 0 & 0 \\ \mathrm{ch}\,y & 0 & 0 & -\mathrm{sh}\,y \\ -\mathrm{sh}\,y & 0 & 0 & \mathrm{ch}\,y \end{pmatrix} \begin{pmatrix} x \\ y \\ z \\ t \end{pmatrix},
\tag{D1}
$$

其中

$$
\mathrm{ch}\,y = \gamma = \frac{1}{\sqrt{1-\beta^2}}, \qquad \mathrm{sh}\,y = \gamma\beta, \qquad \mathrm{th}\,y = \beta,
\tag{D2}
$$

$\beta = v/c$ 为粒子运动速度, 注意在自然单位中光速 $c = 1$. (D1) 式表示在 $(z, \mathrm{i}t)$ 平面坐标轴绕原点的转动, 转角正比于 $y$, 这就是 $y$ 的几何意义. $y$ 的物理意义, 可从它与相对速度 $\beta$ 的关系看出. 从 (D2) 式可以解出 $y$ 随速度 $\beta$ 变化的关系

$$
y = \frac{1}{2} \ln \frac{1+\beta}{1-\beta},
\tag{D3}
$$

如图 D1 所示. 可以看出, $y$ 与速度 $\beta$ 之间具有单值和单调的关系. 所以 $y$ 与速度 $\beta$ 一样, 描述 $S'$ 相对于 $S$ 运动的快慢. 因此把 $y$ 称为 *快度* (rapidity), (D1) 式则是用快度来表示的 Lorentz 变换. 文献上习惯用 $y$ 表示快度, 为了与坐标 $y$ 区分, 这里用了不同的字体.

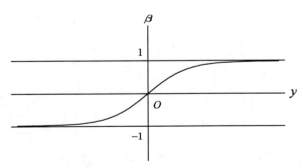

图 D1 速度 $\beta$ 与快度 $y$ 的关系

实验上, 直接测量的是粒子能量 $E$ 和动量 $\boldsymbol{p} = (p_{\parallel}, p_{\perp})$, 可用 $\beta = p_{\parallel}/E$ 把 (D3) 式改写成文献中常用的形式

$$
y = \frac{1}{2} \ln \frac{E + p_{\parallel}}{E - p_{\parallel}}.
\tag{D4}
$$

用 横向质量 (transverse mass) $m_\perp$,

$$m_\perp^2 = m^2 + \boldsymbol{p}_\perp^2, \tag{D5}$$

还可写出

$$E = m_\perp \mathrm{ch}\, y, \tag{D6}$$

$$p_\parallel = m_\perp \mathrm{sh}\, y. \tag{D7}$$

从图 D1 可以看出，速度很小时，快度近似等于速度，

$$y \approx \beta, \qquad \text{当}\ |\beta| \ll 1; \tag{D8}$$

而速度接近光速时，$|\beta| \lesssim 1$，速度 $\beta$ 的微小改变，对应于快度 $y$ 的较大改变. 所以，在粒子速度十分接近光速的高能物理中，描述粒子的运动，用快度比用速度更合适.

可比较粒子沿 $z$ 轴的快度相加和速度叠加. 这相当于从 S 系先变换到 S′ 系，再从 S′ 系变换到 S″ 系. 根据 Lorentz 变换的几何意义，从 S 到 S′ 转过 $y'$，从 S′ 到 S″ 又转过 $y''$，所以从 S 到 S″ 共转过

$$y = y' + y'', \tag{D9}$$

即快度在相继两次 Lorentz 变换中相加. 换算成速度，为

$$\beta = \mathrm{th}\, y = \mathrm{th}\,(y' + y'') = \frac{\mathrm{th}\, y' + \mathrm{th}\, y''}{1 + \mathrm{th}\, y' \cdot \mathrm{th}\, y''} = \frac{\beta' + \beta''}{1 + \beta'\beta''}, \tag{D10}$$

这就不如快度相加的运算简单.

再看两个粒子相对快度的变换. 两粒子在 S 系中沿 $z$ 轴运动，相对快度

$$\Delta y = y_1 - y_2. \tag{D11}$$

它们在 S′ 系的相对快度

$$\Delta y' = (y_1 + y) - (y_2 + y) = y_1 - y_2 = \Delta y, \tag{D12}$$

即两个粒子的相对快度在 Lorentz 变换下不变，相对速度就没有这样简单的关系.

由于快度在相继两次 Lorentz 变换中相加，相对快度在 Lorentz 变换下不变，使得计算十分简便. 所以在高能物理中，更多的是用快度而不是速度来进行数据处理和理论分析. 在文献中，还有一些与快度有关的量. 如 赝快度 (pseudorapidity)

$$\eta = \frac{1}{2} \ln \frac{|\boldsymbol{p}| + p_\parallel}{|\boldsymbol{p}| - p_\parallel}, \tag{D13}$$

从 $E = \sqrt{|\boldsymbol{p}|^2 + m^2}$ 可以看出，在极端相对论情形，$|\boldsymbol{p}| \gg m, E \approx |\boldsymbol{p}|$，有近似

$$y \approx \eta. \tag{D14}$$

又如 *时空快度* (space-time rapidity)

$$\eta_s = \frac{1}{2}\ln\frac{t+z}{t-z},\tag{D15}$$

这里就不讨论. 有兴趣的读者, 可参阅有关文献, 例如 [5].

## 附录 E    Tolman-Oppenheimer-Volkoff 方程

中子星物质的密度极高, 在其尺度 $\sim 10$km 的范围, 时空弯曲不能忽略, 理论分析要用广义相对论 [6][7][8]. 这里从 *爱因斯坦引力场方程* 出发,

$$G^{\mu\nu} = R^{\mu\nu} - \frac{1}{2}g^{\mu\nu}R = -\frac{8\pi G}{c^4}T^{\mu\nu} - \Lambda g^{\mu\nu},\tag{E1}$$

方程左边 $G^{\mu\nu}$ 为描述时空弯曲的 *爱因斯坦张量*, $g^{\mu\nu}$ 为描述引力场的 *度规张量*, $R = g^{\mu\nu}R_{\nu\mu} = R^\mu_\mu$, $R^{\mu\nu}$ 为 Ricci 张量,

$$R_{\mu\nu} = R^\lambda_{\mu\nu\lambda} = \Gamma^\lambda_{\mu\lambda,\nu} - \Gamma^\lambda_{\mu\nu,\lambda} + \Gamma^\sigma_{\mu\lambda}\Gamma^\lambda_{\sigma\nu} - \Gamma^\sigma_{\mu\nu}\Gamma^\lambda_{\sigma\lambda},\tag{E2}$$

其中 $R^\kappa_{\mu\nu\lambda}$ 为 Riemann-Christoffel 张量, $A_{,\mu} = \partial A/\partial x^\mu$, $\Gamma$ 为 Christoffel 记号,

$$\Gamma^\kappa_{\mu\nu} = \frac{1}{2}g^{\kappa\lambda}(g_{\mu\lambda,\nu} + g_{\nu\lambda,\mu} - g_{\mu\nu,\lambda}).\tag{E3}$$

方程 (E1) 右边的 $T^{\mu\nu}$ 为物质的能量动量密度张量, $\Lambda$ 为 *宇宙常数*. $\Lambda$ 的数值很小, 只在宇宙学讨论的大尺度范围起作用, 在星体结构的问题中可以略去. 取 $c = G = 1$ 的单位 (见附录 A), 方程 (E1) 就简化为

$$R^{\mu\nu} - \frac{1}{2}g^{\mu\nu}R = -8\pi T^{\mu\nu}.\tag{E4}$$

考虑静态球对称情形. 取球坐标 $(x^\mu) = (t, r, \theta, \phi)$, 可把线元写成

$$\mathrm{d}s^2 = g_{\mu\nu}\mathrm{d}x^\mu\mathrm{d}x^\nu = \mathrm{e}^{2\nu}\mathrm{d}t^2 - \mathrm{e}^{2\lambda}\mathrm{d}r^2 - r^2(\mathrm{d}\theta^2 + \sin^2\theta\mathrm{d}\phi^2),\tag{E5}$$

即

$$(g_{\mu\nu}) = \begin{pmatrix} \mathrm{e}^{2\nu} & 0 & 0 & 0 \\ 0 & -\mathrm{e}^{2\lambda} & 0 & 0 \\ 0 & 0 & -r^2 & 0 \\ 0 & 0 & 0 & -r^2\sin^2\theta \end{pmatrix},\tag{E6}$$

等号右边的 $\nu = \nu(r)$ 和 $\lambda = \lambda(r)$ 是待定函数, 这里采用文献 [6] 的符号, 注意不要与张量指标混淆. 由此算出 Christoffel 记号, 非零项为

$$\Gamma^t_{tr} = \nu', \quad \Gamma^r_{tt} = \mathrm{e}^{2\nu-2\lambda}\nu', \quad \Gamma^r_{rr} = \lambda', \quad \Gamma^r_{\theta\theta} = -r\mathrm{e}^{-2\lambda}, \quad \Gamma^r_{\phi\phi} = -r\sin^2\theta\,\mathrm{e}^{-2\lambda},$$

$$\Gamma^\theta_{r\theta} = r^{-1}, \quad \Gamma^\theta_{\phi\phi} = -\sin\cos\theta, \quad \Gamma^\phi_{r\phi} = r^{-1}, \quad \Gamma^\phi_{\theta\phi} = \cot\theta.\tag{E7}$$

再用 (E2) 式算 Ricci 张量, 结果只有对角分量不为零,

$$R_{tt} = -\Big(\nu'' - \nu'\lambda' + (\nu')^2 + \frac{2\nu'}{r}\Big)\mathrm{e}^{2\nu-2\lambda}, \tag{E8}$$

$$R_{rr} = \nu'' - \nu'\lambda' + (\nu')^2 - \frac{2\lambda'}{r}, \tag{E9}$$

$$R_{\theta\theta} = (1 + r\nu' - r\lambda')\mathrm{e}^{-2\lambda} - 1, \tag{E10}$$

$$R_{\phi\phi} = \Big[(1 + r\nu' - r\lambda')\mathrm{e}^{-2\lambda} - 1\Big]\sin^2\theta = R_{\theta\theta}\sin^2\theta. \tag{E11}$$

由此进一步算得

$$\begin{aligned} R = R_\sigma^\sigma &= g^{\sigma\mu}R_{\mu\sigma} \\ &= -2\Big[\nu'' - \nu'\lambda' + (\nu')^2 + \frac{2(\nu' - \lambda')}{r} + \frac{1}{r^2}\Big]\mathrm{e}^{-2\lambda} + \frac{2}{r^2}. \end{aligned} \tag{E12}$$

此外, 对中子星物质, 作为简化假设, 可取理想流体模型, 即

$$T^{\mu\nu} = u^\mu u^\nu(\mathcal{E} + p) - g^{\mu\nu}p, \tag{E13}$$

其中 $u^\mu = \mathrm{d}x^\mu/\mathrm{d}s$ 和 $u^\nu = \mathrm{d}x^\nu/\mathrm{d}s$ 为流体的四维速度, $p$ 和 $\mathcal{E}$ 分别为流体压强和能量密度, 对静态球对称情形, 它们只是 $r$ 的函数, $p = p(r), \mathcal{E} = \mathcal{E}(r)$. 这时 $\mathrm{d}s = \mathrm{e}^\nu\mathrm{d}t$, 有

$$T_t^t = \mathcal{E}, \qquad T_r^r = T_\theta^\theta = T_\phi^\phi = -p. \tag{E14}$$

把上述 $R_{\mu\nu}$, $R$, $g_{\mu\nu}$ 和 $T^{\mu\nu}$ 代入方程 (E4), 就得到 [6.8]

$$8\pi\mathcal{E} = \mathrm{e}^{-2\lambda}\Big(\frac{2\lambda'}{r} - \frac{1}{r^2}\Big) + \frac{1}{r^2}, \tag{E15}$$

$$8\pi p = \mathrm{e}^{-2\lambda}\Big(\frac{2\nu'}{r} + \frac{1}{r^2}\Big) - \frac{1}{r^2}, \tag{E16}$$

$$8\pi p = \mathrm{e}^{-2\lambda}\Big[\nu'' - \nu'\lambda' + (\nu')^2 + \frac{\nu' - \lambda'}{r}\Big], \tag{E17}$$

这就是静态球对称理想流体的引力场方程, 它们给出流体在引力场中的力学平衡条件. 这里的 $\nu(r)$ 和 $\lambda(r)$, 描述 $\mathcal{E}(r)$ 和 $p(r)$ 引起的时空弯曲. 而时空的弯曲, 又会反过来影响流体的运动. 所以 $\mathcal{E}(r)$ 和 $p(r)$ 应在求解 $\nu(r)$ 和 $\lambda(r)$ 的同时自洽地解出. 为了同时解出 $\nu(r)$, $\lambda(r)$, $\mathcal{E}(r)$ 和 $p(r)$, 除了上述三个方程, 还要补充一个独立的方程. 物理上, 可取联系 $p(r)$ 和 $\mathcal{E}(r)$ 的物态方程

$$p = p(\mathcal{E}). \tag{E18}$$

可把 (E17) 式中的二阶微商项和一阶微商的二次项消去. 为此, 先把 (E16) 与 (E15) 式相加, 得

$$\mathrm{e}^{-2\lambda}\frac{\nu' + \lambda'}{r} = 4\pi(p + \mathcal{E}). \tag{E19}$$

再求 (E16) 式对 $r$ 的微商, 并用 (E17)、 (E16) 和 (E19) 式, 即得 [9]

$$p' = -(p + \mathcal{E})\nu'. \tag{E20}$$

现在, (E15), (E16), (E20), (E18) 四式, 构成了关于 $\nu(r)$, $\lambda(r)$, $p(r)$, $E(r)$ 四个函数的完备的方程组. 前三个是引力场方程, 是一阶非线性常微分方程, 第四个是物态方程. 给出物态方程和适当的边条件, 就可联立求解.

考虑流体分布在球面半径 $R$ 内的解. 球面外为真空, 球面上流体压强为零,

$$\left. \begin{array}{ll} p(r) = \mathcal{E}(r) = 0, & r > R, \\ p(r) = 0, & r = R. \end{array} \right\} \tag{E21}$$

球面外 $r > R$, 只需求 $\nu(r)$ 和 $\lambda(r)$ 的解. 由于 $\mathcal{E} = 0$, (E15) 式可写成

$$\left( r\mathrm{e}^{-2\lambda} \right)' = 1, \tag{E22}$$

于是

$$\mathrm{e}^{-2\lambda(r)} = 1 - \frac{2M}{r}, \qquad r > R, \tag{E23}$$

其中 $M$ 为积分常数. 另外, 由于 (E19) 式右边为零, 有

$$\nu(r) + \lambda(r) = C, \qquad r > R, \tag{E24}$$

其中 $C$ 为积分常数. 当 $r \to \infty$ 时, 时空趋于平直, $\nu(r)$ 和 $\lambda(r) \to 0$, 所以 $C = 0$, 即

$$\nu(r) + \lambda(r) = 0, \qquad r > R. \tag{E25}$$

把 $\lambda(r) = -\nu(r)$ 代入 (E23) 式, 即得

$$\mathrm{e}^{2\nu} = 1 - \frac{2M}{r}, \qquad r > R. \tag{E26}$$

下面将看到, $M$ 为半径 $R$ 内的总质量, 所以 (E23) 和 (E26) 式就是球对称质量分布外部空间引力场的 Schwarzschild 解 [6].

对于球面内的情形, $r \leqslant R$, 可把引力场方程 (E15), (E16) 和 (E20) 改写一下. (E20) 式可以直接积分,

$$\nu(r) = \nu(R) - \int_0^{p(r)} \frac{\mathrm{d}p}{p + \mathcal{E}}, \qquad r \leqslant R. \tag{E27}$$

其中 $\nu(R)$ 为解在球面上的值, 应与外部空间解 (E26) 衔接, 有

$$\mathrm{e}^{2\nu(R)} = 1 - \frac{2M}{R}, \tag{E28}$$

所以

$$\mathrm{e}^{2\nu(r)} = \left( 1 - \frac{2M}{R} \right) \mathrm{e}^{-2\int_0^{p(r)} \mathrm{d}p/(p+\mathcal{E})}, \qquad r \leqslant R. \tag{E29}$$

另外, 可引入函数 $m(r)$, 把 $\mathrm{e}^{-\lambda(r)}$ 写成

$$\mathrm{e}^{-2\lambda(r)} = 1 - \frac{2m(r)}{r}, \qquad r \leqslant R. \tag{E30}$$

用这个函数 $m(r)$, 方程 (E15) 就成为

$$\frac{\mathrm{d}m}{\mathrm{d}r} = 4\pi r^2 \mathcal{E}, \tag{E31}$$

即

$$m(r) = \int_0^r 4\pi r^2 \mathrm{d}r \mathcal{E}, \tag{E32}$$

其中已取初值 $m(0) = 0$, 否则从 (E30) 式可以看出, $r \to 0$ 时 $e^{-2\lambda(r)} \to$ 无穷, 原点 $r = 0$ 成为非物理的奇点 [6.9]. 记住这里取 $c = G = 1$ 的单位, 能量密度 $\mathcal{E}$ 也就是质量密度, (E32) 式表明 $m(r)$ 是球面半径 $r$ 内的总质量, $M = m(R)$ 是半径 $R$ 内的总质量.

最后, 把 (E30) 式代入 (E16) 式, 再把从它解出的 $\nu'$ 代入 (E20) 式, 就得到

$$\frac{\mathrm{d}p}{\mathrm{d}r} = -\frac{(m + 4\pi r^3 p)(\mathcal{E} + p)}{r^2(1 - 2m/r)}. \tag{E33}$$

方程 (E32) 和 (E33), 是 Oppenheimer 与 Volkoff 最先利用 Tolman 的方程 (E20) 推出的 [6.9], 现在文献上称为 Tolman-Oppenheimer-Volkoff 方程 或 Oppenheimer-Volkoff 方程, 简称 TOV 方程. 从上述推导可以看出, 实际上, 它们是在理想流体近似下球对称质量分布内部空间的引力场方程. 对给定的物态方程 (E18), 先从它们解出 $p(r)$ 和 $m(r)$, 代入 (E27) 和 (E30) 式, 即得引力场的内部解 $\nu(r)$ 和 $\lambda(r)$.

前面已经指出, 爱因斯坦引力场方程给出物质分布对时空弯曲的影响, 而时空的弯曲又反过来会影响物质的运动. 所以严格的做法, 要把引力场方程和粒子场方程耦合起来, 求自洽的解. 这里的做法, 隐含了两个近似. 在粒子作用尺度的范围 $\sim 1\,\mathrm{fm}$, 可近似取局部惯性的平直时空, 忽略时空的弯曲. 在此近似下, 微观粒子的动力学仍在平直时空中处理, 这是其一. 其二, 物态方程 $p = p(\mathcal{E})$ 的统计力学也在平直时空中处理, 略去了引力场的作用, 然后再把结果手加到引力场方程中. 当然, 这两个近似, 在物理上都完全可以接受. 但必须记住, 对这样手加进来的物态方程, 还存在它与引力场方程是否自洽的问题 [6.8][6.9].

## 参 考 文 献

[1] M. Planck, *Sitzungsber. Dtsch. Akad. Wiss. Berlin, Math-Phys. Tech. Kl.*, (1899) 440.

[2] H. Krivine and J. Treiner, *J. Math. Phys.* (N.Y.) **22** (1981) 2484.

[3] D. K. Srivastava, *Phys. Lett.* **B 112** (1982) 289.

[4] J. Treiner and H. Krivine, *Ann. Phys.* (N.Y.) **170** (1986) 406.

[5] S. Sarkar, H. Satz, B. Sinha Eds., *The Physics of the Quark-Gluon Plasma: Introductory Lectures*, Lect. Notes Phys. 785, Springer, Berlin Heidelberg, 2010.

[6] P.A.M. Dirac, *General Theory of Relativity*, John Wiley, 1975.

[7] 俞允强，广义相对论引论 (第二版), 北京大学出版社, 1997.

[8] 刘辽，赵峥，广义相对论 (第二版), 高等教育出版社, 2004.

[9] R.C. Tolman, *Relativity, Thermodynamics and Cosmology*, Oxford, Clarendon Press, 1934.

# 名 词 索 引

这里给出正文和附录中不易由内容目录查到的部分名词和论题的索引

# 人名索引

这里给出正文和附录的文字叙述中部分人名的索引